"十四五"职业教育国家规划教材

国家"双高计划"建设院校
人工智能技术应用专业群课程改革系列教材

> 本书是"智能工厂"系列教材之一,是国家"双高计划"建设院校人工智能技术应用专业群课程改革成果。

江苏省高等学校重点教材
编号:2021-2-046

传感器与传感电路技术

主　编　李桂秋　刘翠梅
副主编　李飞高　林世舒

北京理工大学出版社
BEIJING INSTITUTE OF TECHNOLOGY PRESS

内 容 简 介

本书是一本将传感器与传感电路外围器件知识以及电路分析、设计、制作技术有机融合的项目引领、任务驱动的跨学科整合教材。

本书以光敏传感电路、热敏传感电路、气敏传感电路、红外传感电路、湿敏传感电路、霍尔传感电路和数字温度传感电路等 7 个电路设计与制作项目为载体,通过典型传感电路的分析、设计、制作等 20 个任务驱动,有机地融合了传感器与电阻器、电容器、二极管、晶体管、MOS 管、集成运算放大器、电压比较器、逻辑门、译码器、锁存器、触发器、寄存器、计数器、模/数转换器、555 定时器等物联网底层硬件知识及电路分析、设计、制作技术。

本书突出了实践应用性,实现了学与用的无缝衔接,是高职高专物联网应用技术等专业相关课程的教学用书,也可作为计算机类其他专业学习物联网底层硬件知识和技术的参考用书。

版权专有　侵权必究

图书在版编目(CIP)数据

传感器与传感电路技术 / 李桂秋,刘翠梅主编. —
北京:北京理工大学出版社,2021.9(2024.1 重印)
ISBN 978-7-5763-0395-7

Ⅰ.①传… Ⅱ.①李…②刘… Ⅲ.①传感器-高等学校-教材②传感器-电子电路-高等学校-教材　Ⅳ.
①TP212

中国版本图书馆 CIP 数据核字(2021)第 199387 号

责任编辑:王艳丽	**文案编辑**:王艳丽
责任校对:周瑞红	**责任印制**:施胜娟

出版发行 / 北京理工大学出版社有限责任公司
社　　址 / 北京市丰台区四合庄路 6 号
邮　　编 / 100070
电　　话 / (010)68914026(教材售后服务热线)
　　　　　　 (010)68944437(课件资源服务热线)
网　　址 / http://www.bitpress.com.cn
版 印 次 / 2024 年 1 月第 1 版第 3 次印刷
印　　刷 / 三河市天利华印刷装订有限公司
开　　本 / 787 mm×1092 mm　1/16
印　　张 / 17.25
字　　数 / 391 千字
定　　价 / 49.00 元

图书出现印装质量问题,请拨打售后服务热线,负责调换

本书微课资源列表（46 个）

项目	资源列表
项目 1（11 个）	1.1　光敏电阻器认知 1.2.1　电阻器特性及应用 1.2.3　电阻器识别与检测 1.3.1　半导体与 PN 结 1.3.2　二极管认知与检测 1.3.4　二极管典型应用 1.4　晶体管认知 1.5　集成运算放大器认知 任务 1.1　光敏传感电路案例分析 任务 1.2　基于分立元件的光控照明电路制作 任务 1.3　光控照明电路的仿真设计
项目 2（8 个）	2.1　半导体热敏电阻认知 2.2　直流电桥认知 2.3.1　逻辑门认知 2.3.4　基本 SR 锁存器认知 2.4　电容器认知 2.5　电磁继电器认知 任务 2.1　热敏电阻应用案例 任务 2.2　温度监视电路仿真设计
项目 3（4 个）	3.1　气体传感器认知 3.2　LM3914 认知 任务 3.1　气敏传感器应用案例 任务 3.2　酒精测试仪的仿真设计与制作

续表

项目	资源列表
项目4（7个）	4.1　红外光电传感器认知 4.2.1　555 定时器认知 4.2.2　555 定时器典型应用 4.3　逻辑门多谐振荡电路 4.4　CX20106 简介 4.5　红外传感电路其他外围器件 任务 4.1　红外传感器应用案例
项目5（2个）	5.1　湿敏传感器认知 任务 5.1　湿敏传感器应用案例
项目6（3个）	6.1　霍尔传感器认知 6.2　计数器认知 任务 6.1　霍尔传感器应用案例
项目7（11个）	7.1　ADC0809 的结构及功能 7.2　ADC0809 的地址译码与锁存原理 7.3　触发器认知 7.4　寄存器认知 7.5　开关树型 D/A 转换电路 7.6　逐次比较型 A/D 转换电路 7.7.1　C51 单片机的硬件系统认知 7.7.3　单片机 C 语言控制程序简介 7.7.4　C51 单片机的定时/计数器及应用 任务 7.1　基于 ADC0809 的数字温度监测电路的仿真设计 任务 7.2　数字温度监测系统程序的仿真设计与调试

前言

　　2005年，针对高职计算机及应用专业学科型课程体系所存在的专业基础理论课程门类多、课时多、教学内容冗余、针对性不强以及课程之间内容重复、衔接不好等问题，由常州机电职业技术学院李桂秋老师主持立项，开展了"高职计算机及应用专业硬件课程整合的研究"，并编写了《计算机硬件技术基础》整合教材。教材基于当时对信息产业计算机应用职业岗位人才需求的调研和论证，以"必需、够用"为原则，将包含在"电路技术""模拟电子技术""数字电子技术""微型计算机原理及应用"等课程中的计算机应用职业岗位必需的硬件知识和技术，以8086微型计算机结构为主线，以计算机电路器件为载体，进行了跨课程的整合。此项改革，解决了高职计算机类专业学科型课程体系所存在的前述问题，在当时对高职计算机类专业课程体系改革起到了积极的示范作用，得到了相关院校、职教专家和社会的认可。

　　2006年，此项改革的成果之一《计算机硬件技术基础》整合教材由高等教育出版社出版，并被教育部批准为普通高等教育"十一五"国家级规划教材。2007年该教材被评为江苏省高等学校精品教材。以该教材为载体建设的"计算机硬件技术基础"课程，被评为2008年江苏省高等学校精品课程。《计算机硬件技术基础》多媒体课件被评为2008年江苏省高等学校优秀多媒体教学课件一等奖。教材的使用院校——黑龙江农业职业技术学院、南京交通职业技术学院、常州信息职业技术学院等对该教材都给予了充分的肯定和高度的评价。

　　2010年中国物联网发展被正式列入国家发展战略，驱动了物联网产业的迅速兴起，物联网应用技术专业人才需求迅猛增加。2011年教育部准予高职高专院校开设"物联网应用技术"专业。为适应产业发展和专业人才培养需求，常州机电职业技术学院于2010年率先将物联网应用技术专业列为国家骨干高职院校重点建设专业，2011年成功申报并开设物联网应用技术专业。"计算机硬件技术基础"课程被确立为物联网应用技术专业的专业基础课，并获批国家（示范）骨干高职院校重点建设专业课程资源库建设立项。

　　2012年常州机电职业技术学院以"立足常州及周边地区物联网产业发展，服务区域企业制造业信息化转型升级，培养区域亟需的高素质技术技能型人才"为目标，以物联网应用技术专业、电子信息工程技术专业为核心，以计算机网络技术、软件技术、移动互联应用技术等专业为支撑，启动建设物联网与制造业信息化专业群，并获批"'十二五'江苏省高等学校重点专业建设项目"。"计算机硬件技术基础"课即成为专业群的平台课程。对于新的课程定位，"计算机硬件技术基础"原有的课程内容体系已不能完全适应产业发展和升级引发的职业岗位群对知识和技术的需求。项目组经过对职业岗位及岗位群的充分调研和论证，启动了《计算机硬件技术基础》教材的重编工作，2015 年 1 月由北京理工大学出版社出版。基于课程在专业群人才培养方案中的新定位及高职教育教学要求，重编教材将物联网底层硬件技术必需的单片机技术内容充实到教材中，删除了教材原来的微型计算机系统结构的相关内容，并对教材结构进行了优化和重构，依据"以器件为载体、以任务为导向"的编写思路，将教材内容按照"分立→集成→嵌入"的逻辑关系，划分为"模拟电子元器件应用技术""数字逻辑元器件应用技术"和"单片机应用技术"3 个模块。每个模块又根据器件进一步划为 16 个子模块和 40 个学习、操作任务，将理论知识融入学习和操作任务中，实现了理论实践一体化。

  传感技术是物联网技术的基础和关键。教育部《高等职业学校物联网应用技术专业教学标准》要求，物联网应用技术专业一般开设"电工技术""电子技术""单片机技术""传感器应用技术"等课程或包含上述课程内容的学校自主开发课程。2012—2014 年，常州机电职业技术学院物联网应用技术专业的人才培养方案中"计算机硬件技术基础"与"传感器技术"是串行的专业基础课程。由于教学条件及效果等原因，2015—2017 年"传感器技术"课程停开，部分内容融入"物联网传感层综合实训"课程中。2018 年，常州机电职业技术学院在物联网与制造业信息化专业群的专业人才培养方案修订中，将"计算机硬件技术基础"课调整为"物联网感知技术基础"，开始"计算机硬件技术基础"与"传感器技术"的课程整合改革探索。基于"以改促建、边建边用"的思路，"物联网感知技术基础"课程先以《计算机硬件技术基础》教材为基础，借助讲义和在线课程资源平台，逐渐融入传感器知识和技术等内容。经过几年的探索和实践，最终形成了以物联网典型传感电路为载体，融合传感器与传感电路外围器件知识及电路分析、设计、制作技术等物联网底层硬件知识、技术的课程内容体系，并以校本教材在教学中使用，取得了较好的教学效果。为了让这一改革成果落地并推广，故正式出版《传感器与传感电路技术》教材。

  为适时跟随党和国家对职业教育和教材建设的要求，本教材在贯彻落实《国家职业教育改革实施方案》关于教师、教材、教法改革的任务、目标的基础上，进一步以党的二十大精神为指导，服务"建设全民终身学习的学习型社会、学习型大国"战略，以"为党育人，为国育才""办好人民满意的教育"的使命担当，努力打造有助于培养德智体美劳全面发展的社会主义建设者和接班人的高品质职教教材。

  基于这一指导思想，教材编写团队在对物联网产业发展现状及人才需求的调研、分析的基础上，对教材内容进一步进行了研究和梳理，确定了"项目引领，任务驱动"的教材编写思路，选择了"光敏传感器应用电路设计或制作""热敏传感器应用电路设计或制作""气敏传感器应用电路设计或制作""红外传感器应用电路设计或制作""湿敏传感器应用电路的设计或制作""霍尔传感器应用电路的设计或制作""数字温度传感电路设计"7 个传感器典型应用项目，设计了 20 个典型传感电路分析、设计、制作的学习、操作任务。并通过拓展知识和任务，创设自主学习、自我提升的情境，培养学生的可持续发展能力；以知识点嵌入、活动渗透、评价引领、延伸阅读等方式融入社会主义核心价值观、劳动教育等内容。

  "光敏传感器应用电路设计或制作"项目，包含"光敏传感器典型应用电路分析""基于分立元件的光控照明电路的制作""基于 Proteus 的光控照明电路仿真设计"3 个任务，融入了光敏电阻传感器、电阻器、二极管、晶体管、集成运算放大器和电压比较器等知识和电路分析、设计、制作应用技术。

"热敏传感器应用电路设计或制作"项目,包含"热敏电阻典型应用电路分析""温度监控电路的设计与制作""基于实验平台的温度/光照控制电路实验"3个任务,融入了热敏电阻传感器、直流电桥、逻辑门与锁存器、电容器、电磁继电器等知识和应用技术。

"气敏传感器应用电路设计或制作"项目,包含"气敏传感器典型应用电路分析""声光警示酒精测试仪的仿真设计与制作""基于实验平台的空气质量监测实验"3个任务,融入了半导体电阻型气敏传感器和LM3914集成电平显示器等知识和应用技术。

"红外传感器应用电路设计或制作"项目包含"红外传感器典型应用电路分析""红外烟雾报警器电路制作""基于实验平台的红外车位管理电路实验"3个任务,融入了红外发光二极管、光敏二极管、光敏三极管、555定时器、多谐振荡电路、单稳态触发电路、施密特触发器、MOS管、逻辑门反相器、逻辑门脉冲信号发生器、CX20106红外接收处理芯片、7805集成三端稳压器、KD9561等知识和应用技术。

"湿敏传感器应用电路设计或制作"项目包含"湿敏传感器典型应用电路分析""育秧棚湿度指示器电路的设计与制作""基于实验平台的湿度传感实验"3个任务,主要介绍湿敏传感器知识及其应用技术。

"霍尔传感器应用电路的设计或制作"项目包含"霍尔传感器典型应用电路分析""霍尔计数电路制作""基于实验平台的霍尔传感器应用实验"3个任务,融入了霍尔效应、霍尔传感器、计数器等知识和应用技术。

"数字温度传感电路设计"项目,以基于ADC0809的温度监测系统硬件电路的仿真设计、基于ADC0809的温度监测系统控制程序设计及调试为任务,融入了译码器、锁存器、触发器、寄存器、开关树型D/A转换电路、逐次比较型A/D转换电路和C51单片机等知识和应用技术。

本书的组织结构遵循了项目化课程的编写体例,每个项目由"项目描述""知识准备""项目实施""项目总结""项目练习"和"知识拓展"5个部分构成。其中,"知识拓展"模块,主要是对教材选用的项目中没有涉及但在现实应用中可能用到的传感器、传感电路外围器件及电路分析等知识补充介绍。

考虑教材使用对象主要为高职学生和一线技术人员,教材对知识点等内容的阐述风格力求简明扼要、通俗易懂。

本书可作为高职物联网应用技术或计算机相关专业群的平台课程教学、学习用书,建议根据各校的具体情况开设64~80学时,学习内容和实践任务可视院校的具体情况和教学安排选择。

本书由常州机电职业技术学院李桂秋教授、刘翠梅老师,河南职业技术学院的李飞高老师和北京新大陆时代教育科技有限公司林世舒工程师合作编写。其中,刘翠梅老师编写了项目7,李飞高老师编写了项目5,林世舒工程师编写了各项目的基于实验平台的传感器实验内容,李桂秋教授编写了其余部分并与刘翠梅老师共同进行全书统稿。常州机电职业技术学院陶国正教授审阅了本书。本书在编写过程中还得到了常州机电职业技术学院部分教师和相关领导的大力支持,在此深表感谢。

由于本书是一个持续的课改项目,虽经反复修订和不断完善,仍难免存在一些不足之处,恳请各位同行和广大读者给予批评指正。

编 者

目 录

项目1　光敏传感器应用电路设计或制作 ………………………………………………… 1

项目描述 …………………………………………………………………………………………… 1
知识准备 …………………………………………………………………………………………… 2
 1.1　半导体光敏电阻 …………………………………………………………………………… 2
 1.2　电阻器及应用 ……………………………………………………………………………… 3
 1.3　二极管及应用 ……………………………………………………………………………… 9
 1.4　晶体管及应用 ……………………………………………………………………………… 18
 1.5　集成运算放大器及应用 …………………………………………………………………… 22
项目实施 …………………………………………………………………………………………… 25
 任务1.1　光敏传感器典型应用电路分析 …………………………………………………… 25
 任务1.2　基于分立元件的光控照明电路的制作 …………………………………………… 28
 任务1.3　基于Proteus的光控照明电路仿真设计 ………………………………………… 31
项目总结 …………………………………………………………………………………………… 34
项目练习 …………………………………………………………………………………………… 35
知识拓展 …………………………………………………………………………………………… 38
 拓展1.1　电路基本分析方法简介 …………………………………………………………… 38
 拓展1.2　单晶体管放大电路分析方法简介 ………………………………………………… 41

项目2　热敏传感器应用电路设计或制作 ………………………………………………… 44

项目描述 …………………………………………………………………………………………… 44
知识准备 …………………………………………………………………………………………… 45
 2.1　半导体热敏电阻 …………………………………………………………………………… 45
 2.2　直流电桥 …………………………………………………………………………………… 47
 2.3　逻辑门与基本SR锁存器 ………………………………………………………………… 48
 2.4　电容器及应用 ……………………………………………………………………………… 58
 2.5　电磁继电器简介 …………………………………………………………………………… 66

项目实施 ·· 67
    任务 2.1　热敏电阻典型应用电路分析 ··· 67
    任务 2.2　温度监控电路的设计与制作 ··· 72
    任务 2.3　基于实验平台的温度/光照控制电路实验 ·· 73
项目总结 ·· 78
项目练习 ·· 79
知识拓展 ·· 82
    拓展 2.1　热电偶简介 ·· 82
    拓展 2.2　热电阻简介 ·· 84
    拓展 2.3　逻辑代数基础 ··· 85

项目 3　气敏传感器应用电路设计或制作 ··· 90

项目描述 ·· 90
知识准备 ·· 91
    3.1　半导体电阻型气敏传感器 ·· 91
    3.2　集成电平显示器 LM3914 ··· 93
项目实施 ·· 95
    任务 3.1　气敏传感器典型应用电路分析 ··· 95
    任务 3.2　声光警示酒精测试仪的仿真设计与制作 ·· 99
    任务 3.3　基于实验平台的空气质量监测实验 ··· 106
项目总结 ··· 108
项目练习 ··· 109
知识拓展 ··· 111
    拓展 3.1　气敏二极管简介 ·· 111
    拓展 3.2　红外吸收式气敏传感器简介 ··· 112

项目 4　红外传感器应用电路设计或制作 ··· 113

项目描述 ··· 113
知识准备 ··· 114
    4.1　光电传感器件 ·· 114
    4.2　555 定时器及应用 ·· 116
    4.3　逻辑门脉冲信号发生器 ·· 122
    4.4　CX20106 红外接收处理芯片 ··· 126
    4.5　红外传感电路其他外围器件 ·· 127
项目实施 ··· 129
    任务 4.1　红外传感器典型应用电路分析 ·· 129
    任务 4.2　红外烟雾报警器电路制作 ·· 136
    任务 4.3　基于实验平台的红外车位管理电路实验 ··· 138
项目总结 ··· 140

项目练习 ··· 141
知识拓展 ··· 147
    拓展 4.1　热释电型红外传感器简介 ··· 147
    拓展 4.2　数字智能热释电红外传感器 AS612 简介 ·································· 148

项目 5　湿敏传感器应用电路设计或制作 ·· 151

项目描述 ··· 151
知识准备 ··· 152
    5.1　湿敏传感器简介 ··· 152
    5.2　湿敏电阻式传感器的应用 ·· 155
项目实施 ··· 156
    任务 5.1　湿敏传感器典型应用电路分析 ··· 156
    任务 5.2　育秧棚湿度指示器电路的设计与制作 ······································ 161
    任务 5.3　基于实验平台的湿度传感器实验 ··· 165
项目总结 ··· 167
项目练习 ··· 168
知识拓展 ··· 170
    拓展 5.1　DHT11 型集成温湿度传感器简介 ·· 170
    拓展 5.2　AHT10 型集成温湿度传感器简介 ·· 172
    拓展 5.3　SHT20 型集成温湿度传感器简介 ·· 172

项目 6　霍尔传感器应用电路设计或制作 ·· 174

项目描述 ··· 174
知识准备 ··· 175
    6.1　霍尔传感器 ··· 175
    6.2　计数器简介 ··· 179
项目实施 ··· 186
    任务 6.1　霍尔传感器典型应用电路分析 ··· 186
    任务 6.2　霍尔计数电路制作 ··· 189
    任务 6.3　基于实验平台的霍尔传感器应用实验 ····································· 191
项目总结 ··· 193
项目练习 ··· 194
知识拓展 ··· 196
    拓展 6.1　霍尔位移传感器 ··· 196
    拓展 6.2　霍尔压力传感器 ··· 196
    拓展 6.3　霍尔转速传感器 ··· 197
    拓展 6.4　霍尔开关 ·· 197

项目 7　数字温度传感电路设计 ··· 198

项目描述 ··· 198

知识准备 ··· 199
    7.1 ADC0809 结构及功能 ··· 199
    7.2 ADC0809 的地址译码及锁存电路 ··· 201
    7.3 触发器 ·· 206
    7.4 寄存器 ·· 209
    7.5 ADC0809 的 D/A 转换电路 ··· 213
    7.6 ADC0809 的逐次比较型 A/D 转换电路 ··· 215
    7.7 单片机简介 ·· 217
项目实施 ··· 228
    任务 7.1 基于集成模－数转换器的数字温度监测系统硬件电路的仿真设计
        ··· 228
    任务 7.2 基于集成模－数转换器的数字温度监测系统控制程序设计及调试
        ··· 229
项目总结 ··· 238
项目练习 ··· 239
知识拓展 ··· 242
    拓展 7.1 码转换器 74LS248 简介 ··· 242
    拓展 7.2 基于 DS18B20 的温度监测系统 ··· 243
    拓展 7.3 基于 DHT11 的温湿度监控系统 ··· 253

参考文献 ·· 261

项目 1

光敏传感器应用电路设计或制作

项目描述

1. 项目背景

本项目是物联网感知技术的入门项目。在科学技术飞速发展的今天,云计算、大数据、物联网、移动互联、人工智能等新型技术不断涌现。作为工业革命和信息技术革命的重要产物,物联网技术在短短的10余年间得到了飞速发展。智能工业、智能农业、智能交通、智能医疗、智能物流、智慧城市、智慧校园等已经给人们的生产、生活、工作、学习带来了翻天覆地的变化。顾名思义,"物联网"就是指"物物相联的网络",是由各种传感设备或传感网络通过适当的网络接入技术与互联网连接而成。

物联网系统由感知层、网络层和应用层3层架构组成。各层相互协作,实现了物与物、人与物无处不在的泛在联系。感知层是物联网系统的物理基础,由传感器等各种传感设备或传感网络构成,其功能是进行物体识别和信息采集,以供物联网的网络层和应用层进行智能控制。

在智慧城市和智能楼宇领域,光控照明灯的应用已较为普遍。智能光控照明设施的普及,既能节约人力,又能节能减排,对于生态文明建设和实现"碳达峰""碳中和"战略目标都有重要意义。

延伸阅读 1

本项目将以光敏电阻为传感器,设计或制作由分立元件和集成电压比较器构成的光控制照明电路。以此来认识物联网感知技术的基本应用。

2. 项目任务

任务1.1 光敏传感器典型应用电路分析
任务1.2 基于分立元件的光控照明电路的制作
任务1.3 基于Proteus的光控照明电路仿真设计

3. 知识导图

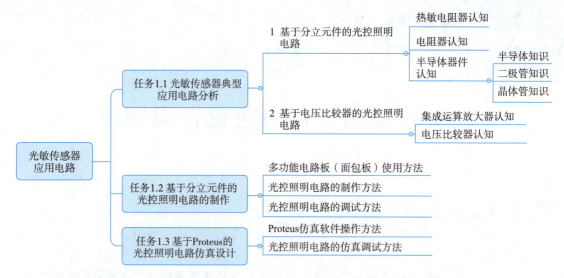

4. 学习目标

- ✓ 能描述半导体光敏电阻的特性。
- ✓ 能描述二极管的结构、特性，会识别二极管的极性。
- ✓ 能描述晶体管的结构、特性，会识别晶体管的极性、测量晶体管的类型。
- ✓ 会识读和测量电阻器的参数，能理解电阻器的分压、分流原理。
- ✓ 能描述集成运算放大器的结构、特性，会分析电压比较器的输入输出关系。
- ✓ 会分析电阻器、二极管、晶体管的典型电路原理。
- ✓ 能分析和描述基于分立元件光控照明电路的工作原理。
- ✓ 能分析和描述基于集成电压比较器的光控照明电路工作原理。
- ✓ 能从项目学习和实践活动中树立正确、积极的价值观，培育良好的职业品质。

知识准备

1.1　半导体光敏电阻

光敏电阻是一种利用半导体光电效应制成的、电阻值随入射光的强弱而改变的半导体电阻器件。光照强，电阻减小；光照弱，电阻增大。一般用硫化镉、硫化铝、硫化铅等半导体材料制成。

微课　光敏电阻器认知

因这些制作材料具有在特定波长的光照射下其阻值迅速减小的特性,所以光敏电阻的阻值随入射光强弱而变化。入射光强,电阻减小;入射光弱,电阻增大。

如硫化镉光敏电阻器在黑暗条件下,阻值(暗阻)可达 1~10 MΩ,在强光条件(100 lx①)下,阻值(亮阻)仅有几百至数千欧。光敏电阻器通常用于光的测量、光的控制和光电转换等。光敏电阻器的外形如图 1-1 所示。

光敏电阻的电极常采用梳状图案,是为了获得更高的灵敏度。光敏电阻对光的敏感性(即光谱特性)与人眼对可见光 0.4~0.76 μm 的响应很接近,只要人眼可感受的光,都会引起它的阻值变化。

图 1-1 CdS 光敏电阻器外观

1.2 电阻器及应用

1.2.1 电阻元件的伏安特性

微课 电阻器特性及应用

电路中常用的电阻元件一般都是线性电阻元件。对于线性电阻元件,在图 1-2 所示的电流、电压参考方向②下,电压与电流的关系为

$$u = iR \quad (直流电路\ U = IR)$$

上式又称为欧姆定律。

在电路分析中,小写字母用于表示交流电量的瞬时值,大写字母用于表示直流电量。

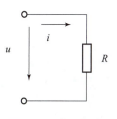

图 1-2 电阻电路

交流电是指大小和方向随时间周期性变化的物理量,单位时间内变化的次数称为频率(f),变化一周所需的时间称为周期(T),频率与周期互为倒数($f = 1/T$)。

直流电是指方向不变的物理量。直流电其实是交流电中 $f = 0$ 时的一种特例。

---

① lx:勒克斯,照度单位。1 lx = 1 lm/m²。lm:光通量的单位,一烛光(cd)在一个立体角上产生的总发射光通量。cd:坎德拉 Candela,发光强度单位,相当于一只普通蜡烛的发光强度。

② 参考方向是在电路分析时假设的方向。参考方向如与实际方向相同,电量为正数;如与实际方向相反,电量为负数。

1.2.2　电阻器的功能及应用

1. 分压

在实际应用中，当需要对电路进行限压、限流时，常采用电阻元件串联方式，即将电阻元件依次首尾连接，如图 1-3 所示。电路的等效电阻和分压大小按下述方法计算。

（1）等效电阻。

$$R = R_1 + R_2 + R_3$$

（2）分压公式。

$$u = u_1 + u_2 + u_3$$

$$u_1 = \frac{R_1}{R}u, u_2 = \frac{R_2}{R}u, u_3 = \frac{R_3}{R}u$$

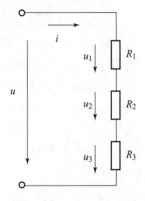

图 1-3　电阻串联电路

即：电路的总电压等于各电阻两端的电压之和，每个电阻两端的电压与其电阻值成正比。

2. 分流

当将电阻元件并联，即按图 1-4 所示将电阻元件首尾分别连接时，具有分流作用。电路的等效电阻和分流大小按下述方法计算。

（1）等效电阻。

$$\frac{1}{R} = \frac{1}{R_1} + \frac{1}{R_2} + \frac{1}{R_3}$$

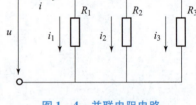

图 1-4　并联电阻电路

即总电阻的倒数等于各并联电阻的倒数之和。

若为两电阻并联，则有

$$R = \frac{R_1 \cdot R_2}{R_1 + R_2}$$

（2）分流公式。

$$i = i_1 + i_2 + i_3$$

$$i_1 = \frac{R}{R_1}i, i_2 = \frac{R}{R_2}i, i_3 = \frac{R}{R_3}i$$

即：电路的总电流等于各电阻支路电流之和，每个电阻支路的电流与其阻值成反比。

1.2.3　电阻器的识别

1. 电阻器的类型

微课　电阻器识别与检测

电阻器一般分为固定电阻、可变电阻和敏感电阻。按结构可分为线绕电阻和固体电阻，滑线变阻器就是最典型的线绕电阻。固体电阻器按材料可分为碳膜电阻、金属膜电阻、合成膜电阻、氧化膜电阻、实心电阻和贴片电阻等。电子电路中最常见的是碳膜电阻，随着电子设备的微型化和高集成化，贴片电阻器在微型计算机、通信设备、医疗仪器等电子产品中被广泛应用。常见电阻器的外观如图1-5所示。

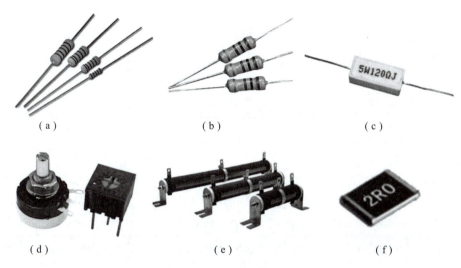

图1-5 常用电阻器实物

（a）金属膜电阻；（b）碳膜电阻；（c）水泥电阻；（d）电位器；（e）滑线变阻器；（f）贴片电阻

2. 电阻器的型号

电阻器的型号由4部分构成，其中第一部分和第二部分用字母表示，第三部分用数字或字母表示，第四部分用数字表示。如RJ7为精密金属膜电阻器；WSW1为普通微调有机实心电位器。电阻器型号含义如表1-1所示。

表1-1 电阻器的命名方法

第一部分		第二部分		第三部分		第四部分
主称		材料		分类		设计序号
符号	意义	符号	意义	符号	意义	
R W	电阻器 电位器	T	碳膜	1	普通	用数字表示 区别外形尺寸及性能
		P	硼碳膜	2	普通	
		U	硅碳膜	3	超高频	
		H	合成膜	4	高阻	
		I	玻璃釉膜	5	高温	
		J	金属膜（箔）	7	精密	
		Y	氧化膜	8	高压或特殊	
		S	有机实心	9	特殊	

续表

第一部分		第二部分		第三部分		第四部分
主称		材料		分类		设计序号
符号	意义	符号	意义	符号	意义	
R W	电阻器 电位器	N	无机实心	G	高功率	
		X	线绕	T	可调	
		R	热敏	X	小型	
		G	光敏	L	测量用	
		M	压敏	W D	微调 多圈	

3. 电阻器的主要参数

(1) 标称阻值。

电阻器的标称阻值是指按某种方法标注在电阻器上的电阻值。国家标准电阻标称值，普通电阻有 E6、E12、E24 系列，精密电阻常用的有 E48、E96、E192 系列，分别使用于允许误差为 ±20%、±10%、±5%、±2%、±1%、±0.5%、±0.2%、±0.1% 的电阻器。E 表示指数间距，E6 的含义是在 1~10 之间分 6 个值，系列值公比为 $\sqrt[6]{10}=1.4677992676221$；E12 的含义是在 1~10 之间分 12 个值，系列值公比为 $\sqrt[12]{10}=1.2115276586286$；其他系列依此类推，故分为以下型号。

E6（±20%）标称值系列：1.0，1.5，2.2，3.3，4.7，6.8。

E12（±10%）标称值系列：1.0，1.2，1.5，1.8，2.2，3.0，3.9，4.7，5.6，6.8，8.2。

E24（±5%）标称值系列：1.0，1.1，1.2，1.3，1.5，1.6，1.8，2.0，2.2，2.4，2.7，3.0，3.3，3.6，3.9，4.3，4.7，5.1，5.6，6.2，6.8，7.5，8.2，9.1。

(2) 允许偏差。

允许偏差是指电阻器实际阻值与标称阻值的偏离程度，用相对误差的百分数来表示。允许偏差标称系列有 ±0.1%、±0.2%、±0.5%、±1%、±2%、±5%、±10%、±20%。

允许偏差在 ±2% 内的电阻为精密电阻。

(3) 标称额定功率。

电阻器必须在其额定功率以下使用，超过其额定功率将会烧坏。线性电阻器的额定功率系列有 0.05 W、0.125 W、0.25 W、0.5 W、1 W、2 W、4 W、8 W、10 W、16 W、25 W、40 W、50 W、75 W、100 W、150 W、250 W、500 W。

4. 电阻器的参数标称方法

(1) 直标法。

将电阻器的标称阻值和允许偏差用数字、单位符号和百分数直接标注在电阻器上，适合体积较大的电阻器。

(2) 色标法。

用不同颜色的圆环表示电阻器的阻值和允许偏差。色环表示的含义如表 1-2 所示。颜色与数值的关系如图1-6所示。

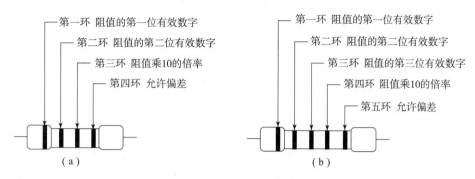

图1-6 电阻器的色环标识法
（a）普通电阻；（b）精密电阻

表1-2 电阻器的色环含义

颜色	有效数字	倍率	允许偏差/%
黑	0	10^0	—
棕	1	10^1	±1
红	2	10^2	±2
橙	3	10^3	—
黄	4	10^4	—
绿	5	10^5	±0.5
蓝	6	10^6	±0.25
紫	7	10^7	±0.1
灰	8	10^8	±0.05
白	9	10^9	—
金	—	10^{-1}	±5
银	—	10^{-2}	±10
无色	—	—	±20

如某四环电阻的颜色依次为绿、棕、红、金，则表示电阻值为5.1 kΩ，允许偏差为±5%；五环电阻的颜色依次为棕、绿、黑、金、红，则表示电阻值为15Ω，允许偏差为±2%。

（3）文字符号法。

用数字、单位、符号按照一定的规律组合表示，单位标识位置隐含小数点，如5Ω1表示5.1 Ω、9M1表示9.1 MΩ等。允许偏差用字母表示，其中：W为±0.05%，B为±0.1%，C为±0.2%，D为±0.5%，F为±1%，G为±2%，J为±5%，K为±10%，M为±20%。

（4）数字索位法。

电阻值用 3 位数字表示，第一、第二位数字为电阻有效值，第三位是乘 10 的倍率（即加 0 的个数）。10 Ω 以下的电阻用 "R" 表示小数点，电阻值的单位为 Ω。例如，0R3 表示阻值为 0.3 Ω；2R2 表示阻值为 2.2 Ω；154 表示阻值为 150 kΩ；470 表示阻值为 47 Ω 等。

1.2.4 电阻器的检测

1. 检测意义

电阻器等器件检测是电路装接的关键环节。这是因为，一方面任何电路基于其功能及安全性，对器件参数都有特定要求，参数错误将影响电路功能及可靠性等；另一方面，在电路装接时，如果因检测不当而将超出允许偏差的不合格电阻器用于电路中，会影响电路质量；如果把没有超差的电阻器淘汰掉，将造成器件的浪费。因此，在实际电路装接时，务必认真按照操作规范进行电阻器等器件的检测和筛选。

2. 测量方法

万用表又叫多用表、三用表或复用表，是一种多功能、多量程的测量仪表。万用表一般能测量电流、电压和电阻，有的还可以测量晶体管的放大倍数、频率、电容值、逻辑电位和分贝值等。目前万用表的种类主要有机械指针式万用表和数字式万用表，外形如图 1-7 所示。

图 1-7 万用表类型
(a) 指针式万用表；(b) 数字式万用表

（1）用指针式万用表测量电阻的方法。

① 接表笔：红表笔插入 "+" 孔，黑表笔插入 "-"（COM）孔。

② 选挡位：将转换开关旋转至 "Ω" 挡。

③ 选量程：根据被测电阻值的大小，选择合适量程，选择的原则是使指针不要指向刻度盘的 3/4 以上，因为这一区域刻度较密集，会产生读数误差。

④ 调零：指针式万用表的调零有机械调零和欧姆调零。机械调零可用螺丝刀旋转万用表刻度盘下方中间的螺钉，使其在无电量的状态下指针指向零电流或零电压刻度位置；欧姆调零是将红、黑表笔短接，旋转万用表刻度盘下的欧姆调零旋钮，使指针指向电阻刻度的

"0"位置。

⑤测量：分别将红、黑表笔接触电阻器的引线，需注意在测量 10 kΩ 以上的电阻时，不能用两手同时接触电阻器的两根引线；否则会将人体电阻并入，产生测量误差，影响准确性。

⑥读数：万用表的电阻刻度方向与电流、电压相反，电阻的零刻度位于仪表盘最右侧，指针逆时针方向偏转是电阻值增大。读取测量电阻值时，需保持眼睛、指针、刻度三点一线，读数需根据所选量程换算。如果量程为"×10"挡，读数为15，则测量电阻值应为 150 Ω；如果量程为"×1 k"挡，读数为 2.2，则测量电阻值为 2.2 kΩ。

（2）用数字万用表测量电阻的方法。

①接表笔：红表笔插接在"VΩHz"或"VΩ"孔，黑表笔插接在"COM"孔。

②调挡位：将转换开关旋转至"Ω"挡。

③选量程：根据被测电阻值的大小，选择合适量程，选择的原则是所选量程应大于被测电阻值；否则会显示"1"，表示过量程。

④测量：分别将红、黑表笔接触电阻器的引线，同样需注意不能将两手同时接触电阻器的两根引线；否则会并入人体电阻，产生测量误差。

⑤读数：数字万用表的读数可直接从显示屏读出，不需要进行量程换算，但需根据所选的量程确定单位。如果选择量程为 1 kΩ，测得电阻的显示数值为 .22，则电阻值应为 0.22 kΩ，即 220 Ω。还需注意的是，在测量 1 MΩ 的电阻时，需经数秒，待读数稳定后再读取测量值。

1.3　二极管及应用

1.3.1　半导体知识

微课　半导体与 PN 结

1. 半导体特性

导电能力介于导体和绝缘体之间，如硅、锗等，半导体的主要特点有以下几个。

（1）共价键结构。硅和锗等材料，外层有 4 个价电子，所以原子是以共价键结合，性质稳定，如图 1-8 所示。

（2）有"电子"和"空穴"两种载流子。纯净的半导体因其共价键结构，所以其性质较稳定，在热力学零度（-273.16 ℃）时没有电子挣脱共价键，所以半导体中无载流子，半导体不导电。在室温下，由于热激发，会有少数电子挣脱共价键，成为"自由电子"，共

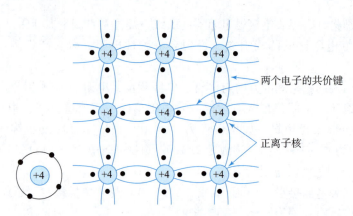

图1-8 硅原子的共价键结构示意图

价键失去一个电子,会留下一个空位,称为"空穴",空穴会吸引邻近的电子补充该空位,在电子原来的共价键中又留下一个空位。电子不断补充空位又形成新的空穴,可以看成是空穴在做与电子相反的"运动"。所以,半导体中有电子和空穴两种载流子,电子带负电,空穴带正电。半导体中的电流是两种载流子共同产生的。

(3) 具有热敏性、光敏性、掺杂性。

①热敏性:半导体大都具有负的电阻温度系数,其导电能力随温度升高而增强。

②光敏性:半导体与金属导体不同,对光和其他射线很敏感,在光照下,电阻减小,导电能力增强。

③掺杂性:在纯净的半导体中掺入微量杂质,可显著地提高其导电能力。如在纯净硅中掺入1亿分之一的硼元素,其导电能力可以增加2万倍以上。利用这种掺杂的特性,可以控制半导体的导电能力,制成各种半导体器件。

2. 半导体类型

(1) 本征半导体。

纯净的硅或纯净的锗等不含杂质的半导体,称"本征半导体"。本征半导体因载流子数量较少,所以导电能力很弱。

(2) 杂质半导体。

实际应用的半导体是在硅或锗元素中掺入微量的杂质元素的半导体,称"杂质半导体"。杂质半导体根据掺入的杂质不同,分为P型半导体和N型半导体。

①P型半导体:在硅或锗晶体中掺入微量的3价元素,如硼、铝、镓、铟等,因杂质原子的3个价电子与周围的硅原子形成共价键时,出现一个空穴,所以空穴是多数载流子,简称"多子",如图1-9所示。又由于热激发会从共价键中游离出少量的电子,故电子为少数载流子,简称"少子"。这种半导体称为P型半导体。

②N型半导体:在硅或锗晶体中掺入微量的5价元素,如磷、砷、锑等,因杂质中的5个价电子有4个与周围的硅原子形成共价键,多余的1个价电子游离于共价键之外,所以电子为多子,如图1-10所示。又由于热激发,少数电子会挣脱共价键束缚,在共价键中留下空穴,所以空穴为少数载流子。这种半导体称为N型半导体。

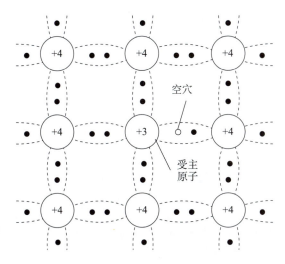

图 1-9　P 型半导体结构示意图

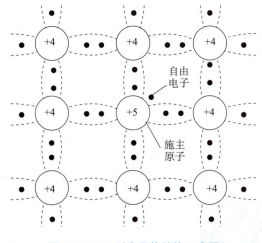

图 1-10　N 型半导体结构示意图

3. PN 结

PN 结即 P 型半导体和 N 型半导体的交界处,由不能移动的带电离子构成的区域。

(1) PN 结的形成。

在一块硅片上,用不同的掺杂工艺使其一边为 N 型半导体,另一边为 P 型半导体,由于两侧多子和少子的浓度差别很大,引起两侧的多子向对方扩散,扩散到 P 区的电子与空穴复合消失,扩散到 N 区的空穴与电子复合消失,这样在交界面附近,出现了由不能移动的带电离子组成的空间电荷区,因没有载流子,又称为"耗尽层"。P 区一侧为负离子区,N 区一侧为正离子区,由此形成了一个由 N 区指向 P 区的内电场。内电场一方面阻止多子扩散,另一方面引起少子漂移。扩散使空间电荷区加宽,漂移将使空间电荷区变窄,最终扩散和漂移达到平衡,空间电荷区宽度不再变化,扩散电流与漂移电流相等,PN 结电流为零。

PN 结的形成过程如图 1-11 所示。

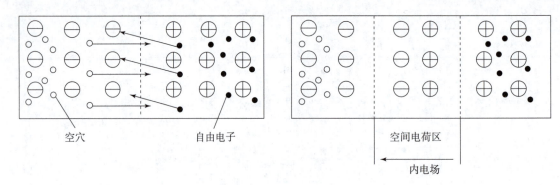

图 1-11 PN 结形成示意图

（2）PN 结的单向导电性。

PN 结在无外加电压的情况下，处于载流子扩散和漂移运动的动态平衡状态，PN 结的电流为 0。当外加电压时，PN 结呈现单向导电性。

PN 结正向偏置（即 P 区电位高于 N 区或 P 区接电源正极，N 区接电源负极）时，多子的扩散运动加强，形成较大的扩散电流，方向从 P 区流向 N 区，为正向电流；当 PN 结反向偏置时，内、外电场方向一致，阻碍多子扩散，流过 PN 结的仅仅是少子的漂移电流，方向从 N 区流向 P 区，为反向电流。所以，PN 结正向偏置时，呈导通状态，反向偏置时，呈截止状态，PN 结具有单向导电性。

1.3.2　二极管结构与特性

1. 二极管结构及符号

在一个 PN 结的两端引出电极，用外壳封装，就构成半导体二极管（简称二极管）。由 P 区引出的电极称阳极，由 N 区引出的电极称阴极。二极管的电路符号如图 1-12 所示。

微课　二极管认知与检测

图 1-12　二极管符号

2. 二极管的特性

二极管的核心结构是 PN 结，所以其特性与 PN 结的特性相似。PN 结单向导电，因此二极管也具有单向导电性。二极管的伏安特性如图 1-13 所示。

（1）阈值电压。

使二极管导通的正向电压的最小值称为阈值电压，又称"门槛电压"。只有当二极管所加正向电压超过某一数值时，二极管才导通，电流随电压迅速增大。

室温下，硅二极管的阈值电压约为 0.5 V，锗二极管约为 0.1 V。

（2）导通压降。

二极管导通后正向压降很小，硅管为 0.6~0.8 V（通常取 0.7 V），锗管为 0.2~0.3 V

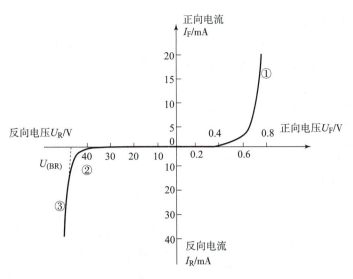

图 1-13 硅二极管的伏安特性

(通常取 0.3 V)。

(3) 反向击穿。

图 1-13 所示曲线中②段为反向特性,在外加反向电压时,二极管截止,反向电流(为反向饱和电流)很小。但在③段,当反向电压增大到某一数值,即反向击穿电压(U_{BR})时,二极管反向击穿,产生很大的反向击穿电流,但只要该电流限制在不烧毁 PN 结的范围,当反向电压减小到 U_{BR} 以下时,二极管还可使用。

利用二极管的反向击穿特性可以进行稳压。稳压二极管就是利用二极管的反向击穿特性工作的。

1.3.3 二极管识别与检测

1. 二极管类型

(1) 二极管主要类型。

常用的二极管按材料分,有硅二极管和锗二极管;按用途分,有整流二极管、稳压二极管、开关二极管、发光二极管和普通二极管等;按结构分,有点接触型、面接触型。常用二极管的外观如图 1-14 所示。

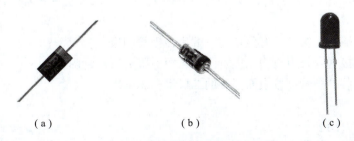

图 1-14 常用二极管外观
(a) 整流二极管;(b) 稳压二极管;(c) 发光二极管

(2) 发光二极管（LED）。

LED 导通后，电子与空穴复合时，释放能量，辐射光。不同的半导体材料，电子和空穴复合时释放出的能量不同，能量越多，则发出的光波长越短。因此，会发出不同颜色的光。

常见材料的发光二极管的发光颜色如表 1-3 所示。

表 1-3 发光二极管的材料与颜色对应关系

LED 材料	颜色
砷化镓、砷化镓磷化物	红色及红外线
磷化镓、铝磷化镓	绿色
磷化铝铟镓、砷化镓	高亮度的橘红色，橙色，黄色，绿色
磷砷化镓	红色，橘红色，黄色
铟氮化镓、碳化硅	红色，黄色，绿色
氮化镓	绿色，翠绿色，蓝色
硒化锌	蓝色
钻石	紫外线
氮化铝、氮化铝镓	波长为由远至近的紫外线

发光二极管在使用时，不能超过其额定工作电压及工作电流，否则将使二极管损坏。典型发光二极管的工作电压及工作电流如表 1-4 所示。

表 1-4 典型发光二极管的工作电压及工作电流

类型 \ 颜色	红色	绿色	黄色、橙色	蓝色
工作电压/V	1.6	2 或 3	2.2	3.2
工作电流/mA	2~20			

故发光二极管在使用时，需串联一个限流电阻，限流电阻的大小按下式计算，即

$$R = \frac{U - U_D}{I_F}$$

式中：U 为电源电压；U_D 为发光二极管正向压降；I_F 为发光二极管的正常工作电流。

2. 二极管管脚识别

(1) 普通直插式二极管：有色环的一端为二极管阴极。

(2) 发光二极管：长引脚为二极管阳极，短引脚为二极管阴极。

(3) 金属封装二极管：按表面标注的二极管标志识别。

3. 二极管检测

(1) 指针式万用表。

二极管具有单向导电性，所以正向电阻小，反向电阻大。根据万用表测量原理，可用 $R \times 1 \text{k}$ 挡或 $R \times 10 \text{k}$ 挡，用黑表笔（万用表电源正极）接触二极管的一端，红表笔（万用

表电源负极）接触另一端，测量其极间电阻。

①若表针停在刻度盘的适中位置，则说明黑表笔所接的一端是二极管的阳极，另一端是二极管的阴极。

②若表指针指在无穷大值或接近无穷大处，调换红、黑表笔后指针指在刻度盘的适中位置，则调换后的黑表笔所接的一端是二极管的阳极，另一端是二极管的阴极。

③若电阻值为0，调换红、黑表笔后仍然为0，说明管芯短路损坏。

④若电阻值接近无穷大，调换红、黑表笔仍为无穷大，说明管芯断路。

（2）数字式万用表。

因为其测量原理与指针式万用表不同，因此不能用测量电阻的方法测量二极管极性，而是用万用表专用的二极管测量挡。

1.3.4 二极管的功能及应用

1. 二极管开关作用

微课 二极管典型应用

根据二极管的单向导电性和开关特性，二极管可作为电子开关，当二极管正向导通时相当于开关闭合，二极管反向截止时相当于开关断开。

（1）二极管与门电路。

图1-15所示为二极管与门电路，在A、B端电位值分别取0 V和3 V时，二极管VD_1、VD_2的工作状态和输出端F点的电位分别如下。

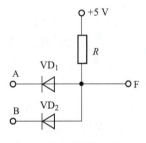

图1-15 二极管与门电路

①当A、B输入端电位分别为0 V、0 V时，二极管VD_1和VD_2承受的正向电压相同，同时导通，F点电位被钳制在0.7 V（硅二极管导通压降为0.7 V）。

②当A、B输入端电位分别为0 V、3 V时，二极管VD_1承受的正向电压比VD_2大，VD_1优先导通，F点电位为0.7 V，这时VD_2反偏截止。

③当A、B输入端电位分别为3 V、0 V时，二极管VD_2承受的正向电压比VD_1大，VD_2优先导通，F点电位也为0.7 V，这时VD_1反偏截止。

④当A、B输入端电位分别为3 V、3 V时，二极管VD_1和VD_2承受的正向电压相同，同时导通，F点电位被钳制在3.7 V。

分析结果如表1-5所示。

表1-5 二极管与门电路工作状态表

U_A/V	U_B/V	VD_1	VD_2	U_F/V
0	0	导通	导通	0.7
0	3	导通	截止	0.7
3	0	截止	导通	0.7
3	3	导通	导通	3.7

(2) 二极管只读存储电路。

图1-16所示为二极管只读存储电路,其中,$X_1 \sim X_4$为字线,与存储器地址译码器的输出连接,当进行存储器读操作时,译码器对所读存储器单元的地址码译码,对应字线为高电平;$W_1 \sim W_4$为位线,通过电阻接地,当字线和位线间所接的二极管不导通时,位线为低电平。

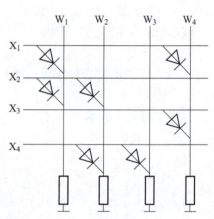

图1-16 二极管只读存储电路

存储单元$X_1 \sim X_4$所存储的信息分别如下:

① 当地址译码器选中X_1存储单元时,X_1为高电平[①],X_2、X_3、X_4为低电平,X_1与W_1间、X_1与W_4间所接的二极管导通,W_1、W_4为高电平,故X_1存储的信息为1001。

② 当地址译码器选中X_2存储单元时,X_2为高电平,X_1、X_3、X_4为低电平,X_2与W_1间、X_2与W_2间所接的二极管导通,W_1、W_2为高电平,故X_2存储的信息为1100。

③ 当地址译码器选中X_3存储单元时,X_3为高电平,X_1、X_2、X_4为低电平,X_3与W_4间所接的二极管导通,W_4为高电平,故X_3存储的信息为0001。

④ 当地址译码器选中X_4存储单元时,X_4为高电平,X_1、X_2、X_3为低电平,X_4与W_2间、X_4与W_3间所接的二极管导通,W_2、W_3为高电平,故X_4存储的信息为0110。

2. 二极管整流作用

(1) 二极管单相半波整流电路。

图1-17(a)所示为二极管单相半波整流电路,在输入电压u_i为正弦波的情况下,负载电阻R_L上的电压如图1-17(b)所示。

(2) 二极管单相桥式全波整流电路。

图1-18所示电路为二极管单相桥式全波整流电路,电路的工作原理如下。

当u_i正半周时,二极管VD_1和VD_3正向偏置导通,电流i_L从A点经VD_1从负载电阻R_L的上方流向下方,经VD_3到B点形成回路。

当u_i负半周时,二极管VD_2和VD_4正向偏置导通,电流i_L从B点经VD_2从负载电阻R_L的

---

① 电平值是逻辑变量的表示方法,采用正逻辑表示时,低电平为"0",高电平为"1"。
晶体管构成的门电路为TTL门电路,其电平规定为:
输入:2 V以上为高电平,0.8 V以下为低电平;输出:2.7 V以上为高电平,0.5 V以下为低电平。

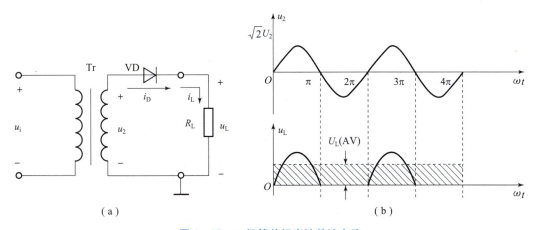

图 1-17 二极管单相半波整流电路

(a) 整流电路;(b) 负载电压波形

上方流向下方,经 VD_4 到 A 点形成回路。可见,无论是 u_i 正半周还是负半周,负载电阻 R_L 的电流和电压都是从上到下,方向不变。负载电压及电流波形如图 1-19 所示。

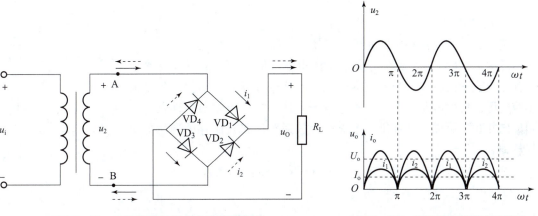

图 1-18 二极管单相桥式全波整流电路　　　　图 1-19 单相桥式整流电路波形

据单相桥式全波整流电路的谐波分析,可得输出电压的平均值为 $U_0 = 0.9U$。

3. 二极管稳压作用

利用二极管的反向击穿特性,可起稳压作用。图 1-20 所示电路是一个小功率直流稳压电源的仿真电路,图中 VD_1 即为稳压二极管。整流、滤波、稳压后的波形如图 1-21 所示。

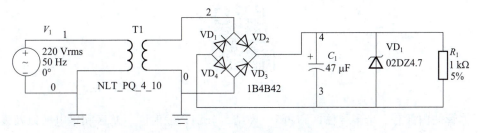

图 1-20 小功率直流稳压电源的仿真电路

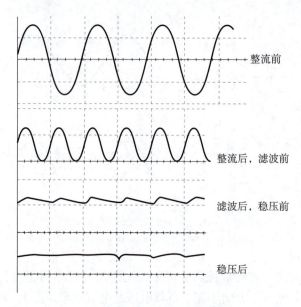

图 1-21　小功率直流稳压电源各环节的仿真波形

4. 续流二极管

续流二极管通常和感性元件一起使用,如图 1-22 所示。

图中 KR 表示磁性元件,如电磁继电器线圈。由于感性器件具有储存磁场能量的特性,当电流突然失去时,感性器件线圈会产生反向感应电压,损毁电路中的晶体管等电子元件。将二极管与感性器件线圈反向并联,可以为其提供一个能量释放通路,将其储存的磁场能量释放掉。

续流二极管宜选择快速恢复二极管或者肖特基二极管。

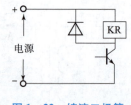

图 1-22　续流二极管

1.4　晶体管及应用

1.4.1　晶体管结构

微课　晶体管认知

晶体管的内部有 3 个半导体区和两个 PN 结,分别是发射区、基区和集电区以及发射结和集电结。3 个区分别引出的电极为发射极、基极和集电极。三极管可分为 NPN 型和 PNP

型两种。其结构及图形符号如图 1-23 所示，实物如图 1-24 所示。

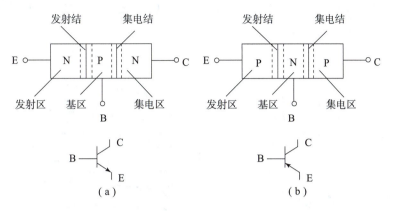

图 1-23 晶体管结构及符号
(a) NPN 型；(b) PNP 型

图 1-24 晶体管实物
(a) 塑料封装；(b) 金属封装；(c) 贴片晶体管

晶体管在电路中主要起开关作用和放大作用，放大电路所用的晶体管，需满足"发射区的掺杂浓度高，基区薄且掺杂浓度低，集电结的面积大"的制造工艺特点，这是保证晶体管放大作用的内部条件。

1.4.2 晶体管特性

晶体管在电路中有 3 种连接方式，即共发射极、共集电极和共基极。将基极作为输入端，集电极作为输出端，发射极作为输入输出的公共端接地时，为共发射极电路。共发射极电路是典型的放大电路接法。现以图 1-25 所示的共发射极电路为例，来说明晶体管的输入输出特性。

1. 输入特性

晶体管的输入特性是指 u_{CE} 为一定值时，输入电流 i_B 与输入电压 u_{BE} 之间的关系。其特性曲线如图 1-26 (a) 所示。

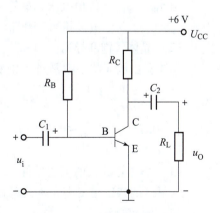

图 1-25 共发射极放大电路

2. 输出特性

输出特性是指 i_B 一定时，输出电流 i_C 和输出电压 u_{CE} 之间的关系。特性曲线如图 1-26（b）所示。

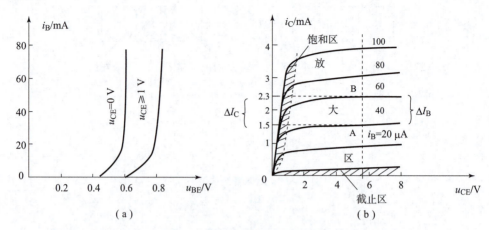

图 1-26 晶体管的特性曲线
（a）共发射极输入特性曲线；（b）共发射极输出特性曲线

从输出特性曲线可以看出，晶体管有 3 种工作状态，即截止状态、放大状态和饱和状态。3 种状态间的转换体现了量变与质变的辩证关系。

在放大状态，集电极电流 i_C 与基极电流 i_B 之间的关系为

$$i_C = \beta i_B，i_E = (1 + \beta) i_B$$

式中：β 为电流放大倍数，一般为几十到几百个数量级。晶体管电流放大倍数实际上分直流电流放大倍数和交流电流放大倍数，分别用 $\bar{\beta}$ 和 β 表示，一般在工作电流不大的情况下，$\bar{\beta}$ 和 β 相当接近，对此统一用 β 表示，不再区分。

3. 开关特性

（1）晶体管截止。

当 $u_{BE} < U_{TH}$（阈值电压，硅管为 0.5 V，锗管为 0.1 V）时，晶体管截止，$i_B \approx 0$，$i_C \approx 0$，$u_{CE} \approx U_{CC}$，3 个电极相当于开路。

（2）晶体管饱和导通。

晶体管由放大状态刚刚进入饱和时的状态，称为临界饱和状态。临界饱和基极电流为 $I_{B(sat)} = \dfrac{U_{CC} - U_{CE(sat)}}{\beta R_C}$，当 $i_B > I_{B(sat)}$ 时，晶体管进入饱和导通状态，对于硅晶体管，此时 $U_{BE(sat)} = 0.7\text{V}$，$U_{CE(sat)} \leq 0.3\text{V}$，$I_{C(sat)} \approx U_{CC}/R_C$，C、E 极之间相当于开关闭合。

4. 晶体管放大特性

（1）晶体管放大的工艺条件。

发射区的掺杂浓度高，基区薄且掺杂浓度低，集电结的面积大。

（2）电路接法。

发射结正向偏置（P 区接电源正极），集电结反向偏置（N 区接电源正极）。放大电路的典型接法如图 1-25 所示。

（3）放大特性。

① 电流放大：$i_C = \beta i_B$

② 电压放大：$A_u = \dfrac{\dot{U}_o}{\dot{U}_i}$（$\dot{U}_o$、$\dot{U}_i$ 为放大电路输出交流电压、输入交流电压的有效值相量，有关相量的内容请参看 P62 – P63 "正弦交流电的相量表示"）

③ 功率放大：$A_p = \dfrac{P_o}{P_i} = \dfrac{I_o U_o}{I_i U_i}$

1.4.3　晶体管识别与检测

1. 晶体管管脚识别

9000 系列晶体管是实际应用中较为常见的晶体管。其典型封装形式有 TO – 92 式塑料封装和 SOT – 23 式贴片封装等。

晶体管在使用中，首先需识别管脚，其次需检测管型。

一般塑料封装型晶体管，面向文字标识面（平面），从左至右分别为 E、B、C；SOT – 23 贴片式封装的晶体管，文字面朝上，上端为 C，左侧是 B，右侧是 E，如图 1 – 27 所示。

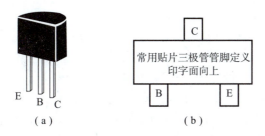

图 1 – 27　常见晶体管引脚分布

（a）塑料封装；（b）SOT – 23 贴片式封装

2. 晶体管管型检测

用万用表 "$R \times 1k$" 或 "$R \times 10k$" 挡，测量晶体管 3 个极间的电阻，若黑表笔接中间（基极）、红表笔接两边测得的电阻值小，红表笔接中间（基极）、黑表笔接两边测得的电阻值大，则为 NPN 型；反之为 PNP 型。

1.4.4　晶体管的功能及典型应用

1. 晶体管的开关作用

（1）晶体管反相器。

晶体管反相器电路如图 1 – 28 所示。

根据晶体管开关特性，对于硅管，当 $u_{BE} \leq 0.5$ V 时，晶体管截止，$i_B \approx 0$，$i_C \approx 0$，$u_{CE} \approx U_{CC}$；当 $i_B > I_{B(sat)}$ 时，晶体管进入饱和导通状态，此时 $U_{BE(sat)} = 0.7$ V，$U_{CE(sat)} \leq 0.3$ V，$I_{C(sat)} \approx U_{CC}/R_C$。实际应用中，当晶体管基极为高电平，发射极为低电平时，晶体管就工作在饱和导通状态。

当输入端 $U_I = 0$ V（低电平）时，因晶体管发射极接

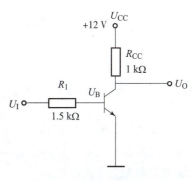

图 1 – 28　晶体管反相器电路

地，u_{BE} 小于 PN 结的阈值电压（硅管 0.5 V，锗管 0.1 V），晶体管截止，$i_B \approx 0$，$i_C \approx 0$，$U_O \approx U_{CC} = 12$ V。

当输入端 $U_1 = 3$ V（高电平）时，u_{BE} 大于阈值电压，晶体管饱和导通，$U_O = U_{CE(sat)} \leq 0.3$ V。故该电路是一个反相器。反相器在逻辑电路中，称为"非门"。电路的功能是：当输入端为高电平时，输出端为低电平；而当输入端为低电平时，输出端为高电平。输出总是与输入相反。

（2）晶体管只读存储电路。

晶体管只读存储电路如图 1-29 所示。图中，$X_1 \sim X_4$ 为字线，与存储器地址译码器的输出端连接。当进行存储器读操作时，译码器对所读存储器单元的地址码译码，对应字线为高电平。$W_1 \sim W_4$ 为位线，通过电阻接电源正极，当字线和位线间所接的晶体管不导通或不接晶体管时，位线为高电平。

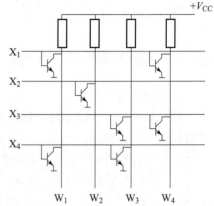

图 1-29 晶体管只读存储电路

①当地址译码器选中 X_1 存储单元时，X_1 为高电平，X_2、X_3、X_4 为低电平，X_1 与 W_1、X_1 与 W_4 间所接的晶体管导通，因晶体管发射极接地，故 W_1、W_4 为低电平，则 X_1 存储的信息为 0110。

②当地址译码器选中 X_2 存储单元时，X_2 为高电平，X_1、X_3、X_4 为低电平，X_2 与 W_2 间所接的晶体管导通，W_2 为低电平，则 X_2 存储的信息为 1011。

③当地址译码器选中 X_3 存储单元时，X_3 为高电平，X_1、X_2、X_4 为低电平，X_3 与 W_3、X_3 与 W_4 间所接的晶体管导通，W_3、W_4 为低电平，故 X_3 存储的信息为 1100。

④当地址译码器选中 X_4 存储单元时，X_4 为高电平，X_1、X_2、X_3 为低电平，X_4 与 W_1 间、X_4 与 W_3 间所接的晶体管导通，W_1、W_3 为低电平，故 X_4 存储的信息为 0101。

2. 晶体管的放大作用

如前所述，晶体管在满足"集电结反偏，发射结正偏"的条件时，工作在放大状态，此时集电极电流和基极电流的关系是 $i_C = \beta i_B$，且在交流信号作用下，集-射极间输出电压及功率同时得到放大。

有关晶体管放大电路的分析读者可参阅"知识拓展1.2"。

1.5 集成运算放大器及应用

1.5.1 集成运算放大器概述

集成运算放大器简称集成运放，是一种高增益（放大倍数）的多级直接耦合放大器。其内部由高阻抗的输入级、中间放大级、低阻抗的输出级和偏置电路组成。

集成运放的输入级是一个差分放大电路，故集成运放一般有两个输入端、一个输出端。

微课 集成运算放大器认知

其中一个输入端与输出端同相，称为同相输入端，用"＋"表示；另一个输入端与输出端反相，称为反相输入端，用"－"表示。

集成运放的电路符号如图1－30所示，其中图1－30（a）为标准符号，图1－30（b）为通用符号。

图1－30　集成运算放大器符号
（a）标准符号；（b）通用符号

集成运放的中间放大级是由若干级直接耦合放大器组成，以提供极高的开环放大倍数①（100 dB以上）。集成运放的偏置电路为各级放大电路提供合适的工作点。

1.5.2　集成运算放大器典型应用

集成运放的主要功能是放大和阻抗变换，常用于各种放大、振荡、有源滤波、精密整流等电路中。集成运放还可构成如比例运算器、加减运算器等各种运算电路，构成积分、微分等波形转换电路，同时还可用于电压比较器等非线性电路中。

1. 集成运放的运算电路应用

分析集成运放运算电路的典型方法，需利用集成运放的"虚短"和"虚断"特性。"虚短"是指集成运放在电路参数选择合适时，其两个输入端之间的电压近似为0，即 $U_+ \approx U_-$。而"虚断"是指流入集成运放两个输入端的电流通常可视为零，即 $I_- \approx 0$，$I_+ \approx 0$。

例如，图1－31所示反相比例运算电路中，根据"虚短"和"虚断"特性有

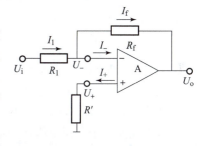

图1－31　反相比例运算电路

$$\dot{I}_1 = \frac{\dot{U}_i}{R_i} \approx \dot{I}_f = -\frac{\dot{U}_o}{R_f}$$

故有

$$\dot{U}_o = -\frac{R_f}{R_1}\dot{U}_i$$

式中负号表示输出电压与输入电压相位相反，故电路为反相比例运算电路。

2. 集成运放的非线性应用

集成运算放大器的非线性应用是指不接反馈电阻，放大器工作在开环状态，开环放大倍数趋于∞的电路。

---

①　开环电压放大倍数是指放大器没用负反馈的情况下的放大倍数。放大电路的负反馈是指将输出信号的一部分或全部，通过一定的电路回送到电路输入端，影响净输入信号的传送过程。

电压比较器是集成运放在非线性电路的典型应用,广泛用于信号监测等传感电路的信号处理环节。其功能是比较其反相输入电压和同相输入电压,若 $u_+ > u_-$,则 u_o 输出高电平;若 $u_+ < u_-$,则 u_o 输出低电平。

实际应用中,通常在其同相输入端设定基准电压,在反相输入端接输入电压,根据输出电压的电平情况,判断输入电压与基准电压的关系。

图 1-32 所示电路是一个由四运放集成芯片 LM324 构成的具有上下限监视功能的电压监视电路。电路中,电阻器 R_1、R_2、R_3 构成分压电路,根据分压原理,运算放大器的 3 脚(同相端)设定的基准电压为 2 V,6 脚(反相端)设定的基准电压为 4 V。输入电压 U_i 取自于可调电位器 R_P,调整 R_P 可改变输入电压。

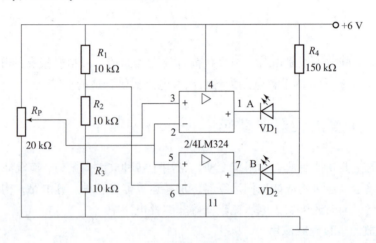

图 1-32 电压监视器

当 $U_i > 4$ V 时,A 点输出低电平,B 点输出高电平,发光二极管 VD_1 亮、VD_2 不亮。
当 $U_i < 2$ V 时,B 点输出低电平,A 点输出高电平,发光二极管 VD_2 亮、VD_1 不亮。
当 2 V $< U_i <$ 4 V 时,A、B 两点输出均为低电平,发光二极管 VD_1、VD_2 同时亮。

该电路是一个窗口电压比较器,可配合各类传感器,实现电压的双限检测、断路及短路报警等功能。

1.5.3　常见集成运算放大器简介

常见的集成运算放大器主要有 μA741、LM324、LM216 等。

1. μA741

μA741 是一款高增益单运算放大器。用于军事、工业和商业。DIP8 型封装,即双列直插式 8 个引脚,如图 1-33 所示。

引脚的功能如下:
- 引脚 1、引脚 5:偏置调零。
- 引脚 2、引脚 3:反相输入和同相输入。
- 引脚 4、引脚 7:接地和电源。
- 引脚 6:输出。

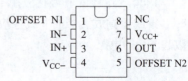

图 1-33　μA741 引脚图

- 引脚8：空脚。

2. 四运放 LM324

LM324 是通用型四运放，内部包含 4 个独立的高增益频率补偿运算放大器。其工作电压既可使用 3～30 V 的正电源，也可使用 ±1.5～±15 V 的双电源。

LM324 芯片采用 DIP14 封装，即双列直插式 14 个引脚，如图 1-34 所示。

3. LM216

带相位补偿的单集成运放，采用 DIP8 型封装，即双列直插式 8 个引脚，如图 1-35 所示。

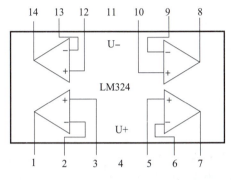

图 1-34　LM324 引脚排列

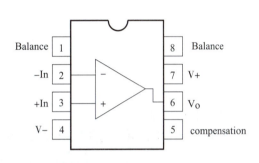

图 1-35　LM216 引脚排列

引脚功能如下：

引脚 1、引脚 8：偏置调零。

引脚 2、引脚 3：反相输入和同相输入。

引脚 4、引脚 7：接地和电源。

引脚 5：相位补偿。

引脚 6：输出。

项目实施

任务 1.1　光敏传感器典型应用电路分析

1. 基于分立元件的光控照明电路

微课　光敏传感电路案例分析

文档　光控照明电路分析

图 1-36 所示为一个由分立元件组成的光控照明电路。电路功能是当光线弱到设定照度以下时，点亮 LED 照明灯；当光线强到设定照度以上时，熄灭 LED 照明灯。

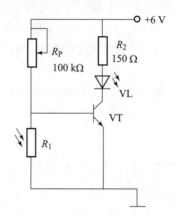

图 1-36　基于分立元件的光控照明电路

(1) 电路结构分析。

①请将电路中各器件的相关内容填写在表 1-6 所列的对应单元格中。

表 1-6　图 1-36 所示电路结构分析表

器件标识	器件名称	器件特性	器件在电路中的功能
R_1			
R_2			
R_P			
VT			
VL			

②请根据器件在电路中的作用，将器件标识填入对应的模块。

传感器件/模块：_____

信号处理器件/模块：_____

执行器件/模块：_____

(2) 电路工作原理分析。

请分析电路工作原理，回答相关问题。

问题 1：在光线亮度超过设定值时，电路是如何使 LED 照明灯不发光的？

_____

_____

问题 2：在光线亮度低于设定值时，电路是如何使 LED 照明灯发光的？

_____

_____

问题3：如何调整点亮 LED 照明灯的设定值？

___

___

问题4：电路中，晶体管的型号如果用错，电路将会是什么状态？为什么？

___

___

___

2. 基于集成电压比较器的光控照明电路

图 1-37 所示电路是一个由电压比较器 LM393 构成的光控照明电路，电路的功能是当光线弱到设定照度以下时，点亮 LED 照明灯；当光线强到设定照度以上时，熄灭 LED 照明灯。

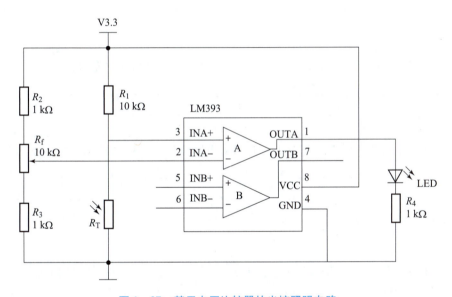

图 1-37　基于电压比较器的光控照明电路

（1）电路结构分析。

①请将电路中各器件的相关内容填写在表 1-7 所对应的单元格中。

表 1-7　图 1-37 所示电路结构分析表

器件标识	器件/电路名称	器件/电路特性	器件/电路的功能
R_T			
R_1			
R_2、R_3、R_f 电路			
LM393			
LED			
R_4			

②请根据器件在电路中的作用,将器件标识填入对应的模块。
传感器件/模块:＿＿＿＿＿＿＿＿＿＿＿＿＿＿＿＿＿＿＿＿＿＿＿＿＿＿＿
信号处理器件/模块:＿＿＿＿＿＿＿＿＿＿＿＿＿＿＿＿＿＿＿＿＿＿＿＿
执行器件/模块:＿＿＿＿＿＿＿＿＿＿＿＿＿＿＿＿＿＿＿＿＿＿＿＿＿＿

(2) 电路工作原理分析。
请分析电路工作原理,回答相关问题。
问题1:电路中由电阻器 R_2、R_3 和电位器 R_f 串联构成电路的功能是什么?
＿＿＿＿＿＿＿＿＿＿＿＿＿＿＿＿＿＿＿＿＿＿＿＿＿＿＿＿＿＿＿＿＿＿
＿＿＿＿＿＿＿＿＿＿＿＿＿＿＿＿＿＿＿＿＿＿＿＿＿＿＿＿＿＿＿＿＿＿

问题2:在光线亮度超过设定值时,电路是如何使 LED 照明灯不发光的?
＿＿＿＿＿＿＿＿＿＿＿＿＿＿＿＿＿＿＿＿＿＿＿＿＿＿＿＿＿＿＿＿＿＿
＿＿＿＿＿＿＿＿＿＿＿＿＿＿＿＿＿＿＿＿＿＿＿＿＿＿＿＿＿＿＿＿＿＿

问题3:光线亮度低于设定值时,电路是如何使 LED 照明灯发光的?
＿＿＿＿＿＿＿＿＿＿＿＿＿＿＿＿＿＿＿＿＿＿＿＿＿＿＿＿＿＿＿＿＿＿
＿＿＿＿＿＿＿＿＿＿＿＿＿＿＿＿＿＿＿＿＿＿＿＿＿＿＿＿＿＿＿＿＿＿

问题4:图 1-37 所示电路与图 1-36 所示电路相比,功能及状态有什么不同?
＿＿＿＿＿＿＿＿＿＿＿＿＿＿＿＿＿＿＿＿＿＿＿＿＿＿＿＿＿＿＿＿＿＿
＿＿＿＿＿＿＿＿＿＿＿＿＿＿＿＿＿＿＿＿＿＿＿＿＿＿＿＿＿＿＿＿＿＿

任务1.2　基于分立元件的光控照明电路的制作

1. 任务实施

微课　基于分立元件的光控照明电路制作

用面包板或万用板,参照图 1-36 所示电路,制作光控照明电路,调节可调电位器,使电路在光线亮时不发光,在光线暗时发光。

2. 操作准备

(1) 所需元件。
①150 Ω 电阻 1 只。

②100 kΩ 电位器 1 只。
③红色（或其他颜色）发光二极管 1 只。
④硫化镉（CdS）光敏电阻 1 只。
⑤9013 或 8050 晶体管 1 只。

（2）所需仪器。
①多功能电路板 1 块。
②指针式万用表 1 块。
③直流稳压电源 1 个。

（3）导线若干。

3. 操作步骤

第一步：选择、检测电路所需元器件，将检测结果记录在表 1-8 中。

表 1-8　器件检测单

序号	器件名称	器件类型	参数/标志	测试数据或内容	测试结果
1	光敏电阻	硫化镉			
2	分压电位器	100 kΩ			
3	晶体管	NPN 型			
4	发光二极管	红色 5 mm			
5	限流电阻	150 Ω			
6	直流电源模块	5 V/3.3 V			
7	导线	面包板专用线			

检测人：　　　　　复核人：

第二步：在面包板或万用板上装接电路。注意晶体管、发光二极管的极性。

多功能电路板（面包板）是一种试验用电路板，板上有许多插孔，可直接将元器件插在板上，不用焊接即可以工作。

面包板上的插孔一般是 5 个一组，同组的插孔是相连的，为"等电位点"，不同组的插孔是彼此不相连的，为非等电位点。

不同元件需通过"等电位点"连接；同一元件的引脚（线）需插在"非等电位点"上，面包板的外形及使用如图 1-38 所示。

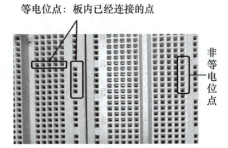

图 1-38　面包板上的元件装接

第三步：接通电源，观察。
①电路置于暗处时，发光二极管的状态。
②电路置于亮处时，发光二极管的状态。

第四步：总结、描述电路的功能。

调试记录
（记录问题及解决办法）

4. 操作要求

(1) 遵守操作规范,增强安全意识,必须断电接线。

(2) 检测认真、细致,既要保证质量,也要避免浪费。

(3) 强化节约意识,用线尽可能少。

(4) 布局合理,装接整齐,器件引线需平整。

5. 评价内容及指标

"光控照明电路"项目实施评价表见表1-9。

表1-9 "光控照明电路"项目实施评价表

考核项目（权重）	任务内容	评价指标		配分
任务完成（0.9）	器件选择及检测（40分）	器件型号正确		10
		器件参数正确		20
		器件筛选得当		10
	电路装接（60分）	面包板搭建	光敏电阻器装接正确	5
			晶体管装接正确	20
			LED装接正确	15
			电阻器装接正确	10
			电路功能正常	10
		电路焊接	光敏电阻器装接正确	5
			晶体管装接正确	15
			LED装接正确	15
			电阻器装接正确	10
			焊接质量	10
			电路功能正常	5
劳动素养（0.1）	操作安全规范			20
	承担并完成工作任务			20
	组织小组同学完成工作任务			10
	协助小组其他同学完成工作任务			10
	组织或参加操作现场整理工作			15
	协助教师收、发实训器材等工作			10
	有节约意识,用材少,无器材、器件损坏			15

任务 1.3 基于 Proteus 的光控照明电路仿真设计

1. Proteus 软件简介

Proteus 软件是英国 Lab Center Electronics 公司出版的 EDA 工具软件。具有其他 EDA 工具软件的仿真功能和单片机及外围器件的仿真功能。该软件可完成原理图布图、代码调试、单片机与外围电路协同仿真,并可一键切换到 PCB 设计,实现了从概念到产品的完整设计。

微课 光控照明电路的仿真设计

Proteus 是集电路仿真软件、PCB 设计软件和虚拟模型仿真软件三合一的设计平台。支持 8051、HC11、PIC10/12/16/18/24/30/DSPIC33、AVR、ARM、8086 和 MSP430、Cortex 以及 DSP 系列处理器和 IAR、Keil、MATLAB 等多种编译器。

2. Proteus 7.5 的基本操作

(1) 启动。

单击"开始"→"程序"→"Proteus 7 Professional"→"ISIS 7 Professional"即可启动软件。

(2) 窗口结构。

Proteus 软件的窗口结构如图 1-39 所示。

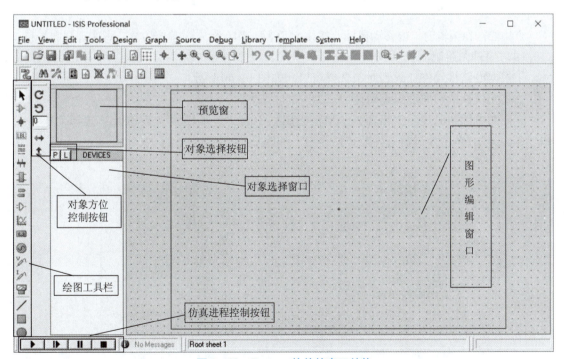

图 1-39 Proteus 软件的窗口结构

(3) 基本操作。

①加载元件。单击对象按钮"P",在"Pick Devices"对话框的"Keywords"中输入元器件名,如光敏电阻器"LDR",在"结果"栏中选择需要的元件,单击"确定"按钮,元

件出现在对象选择窗口中。

②放置元件。在对象选择窗口,选中要放置的元件,在原理图中单击左键,拖到适当的位置后再单击左键。

③选定元件。

方法一:右键单击。

方法二:用鼠标框选。

④删除元件。

方法一:在要删除的元件上双击右键。

方法二:右键单击,在弹出菜单中选择"Delete Object"命令。

⑤编辑元件。

方法一:先单击右键,后单击左键,打开"元件属性"对话框。

方法二:右键单击,在弹出菜单中选择"Edit Properties"命令。

方法三:光标置于要编辑的元件上,按"Ctrl + E"组合键。

⑥原理图缩放。

方法一:拨动滚轮,向上放大;向下缩小;

方法二:单击工具栏中的缩放工具🔍🔍按钮。

⑦原理图移动。

方法一:用鼠标左键单击预览窗口中想要显示的位置,则编辑窗口显示以鼠标点为中心的内容。

方法二:在编辑窗口内移动鼠标,按住 Shift 键,用鼠标左键单击边框,可实现视图平移。

(4) 原理图绘制流程。

①根据电路将元件加载到对象选择窗口,如图 1-40 所示。

②将元件放置到原理图编辑窗口。

③添加电源到原理图编辑窗口。单击绘图栏中的"终端模式"按钮,选择"Power"和"Ground",单击左键放置在原理图窗口,如图 1-41 所示。

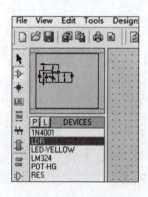

图 1-40 加载元件

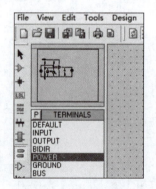

图 1-41 添加电源

④电路连接。

第一步:启用"自动"连线功能。单击"工具"→"自动连线"。

第二步:移动光标到需要连接的点,出现红色小方块时单击鼠标左键,移到另一连接点,释放鼠标。

第三步:需要采用总线连接时,选中绘图工具栏中的总线模式按钮,单击鼠标左键,在原理图编辑窗口的适当位置绘制总线,再连接到相应引脚。

第四步:复杂电路可采用标注导线标号法进行电路连接。单击绘图工具栏中的"连线标号模式"按钮,将光标移动到连接点处,出现"×"号时单击,打开标号对话框,输入标号,标号相同的点即为连接点。

3. 基于电压比较器的光控照明电路仿真设计

(1) 电路设计。

基于电压比较器的光控照明电路案例如图 1-42 所示。

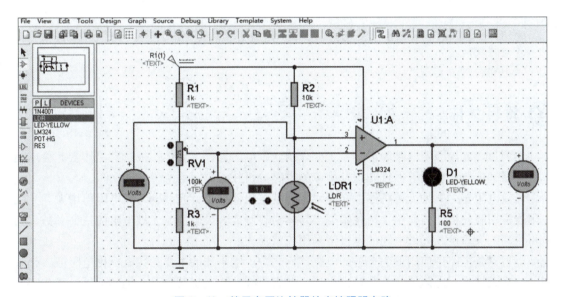

图 1-42 基于电压比较器的光控照明电路

第一步:加载元器件。

根据电路需要分别将光敏电阻器 LDR、集成运算放大器 LM324(也可选用其他型号)、黄色发光二极管 LED-YELLOW(可选其他型号)、电位器 POT-HG、电阻器 RES 等加载到元件选择窗口。

第二步:连接电路。

①元器件连接:按图 1-42 所示连接。

②接地:单击左侧工具栏中的"Terminals Mode"按钮,选择"Ground"模式,并单击左键放置在原理图窗口。

③接电源:单击左侧工具栏中的"Generator Mode"按钮,选择"DC",单击鼠标并拖放到电源位置。

④接电压表:单击工具栏左侧的"Virtual Instruments Mode"按钮,选择直流伏特计"DC VOLTMETER",按图示方式连接。

第三步:设置参数。

①电阻参数:按图 1-42 所示电路设置。

②LED 工作电流：默认为 10 mA，为了增加亮度，可将其调至 2mA。

（2）电路仿真及调试。

第一步：设置基准值。

基准值即点亮和熄灭 LED 的照度。例如，设照度不小于 10 时，LED 熄灭；照度小于 10 时，LED 点亮。

第二步：调试电路。

在仿真条件下，增大照度至 10，观察 LED 是否熄灭。如未熄灭则调节电位器，使其熄灭。之后，减少照度，观察 LED 是否点亮。

（3）设计要求。

①电路结构正确。

②器件参数正确。

③电路功能正常。

④布局合理、美观。

项目总结

本项目以光控照明电路为载体，主要介绍光敏电阻器、半导体二极管、晶体管、集成运算放大器、电压比较器等器件知识及简单的电路分析技术。

光敏电阻器是一种光传感器，在光线强时其电阻值减小，光线弱时其电阻值增大。光敏电阻器常用硫化镉、硫化铊、硫化铅等半导体材料制成。灵敏度是光敏电阻的主要参数，为获得更高的灵敏度，光敏电阻的电极常采用梳状形式。

电阻器是电路中应用最为普遍的电路器件之一。电阻器的主要参数有标称电阻值、允许误差、额定功率。电阻器的参数标识方法主要有直标法、文字符号法、色环标识法和数字索位法。直标法仅限于电阻器体积相对较大的情况下使用。文字符号法是用数字、单位和字母组合表示，其中单位符号处隐含小数位。色环标识法用四环表示普通电阻器，用五环表示精密电阻器。精密电阻器是指允许误差不超过 ±2% 的电阻器。四环表示的电阻器，第一环、二环表示有效数字，颜色与数字的关系是黑、棕、红、橙、黄、绿、蓝、紫、灰、白分别对应于数字 0~9。第三环表示倍率，颜色与倍率的关系是黑、棕、红、橙、黄、绿、蓝、紫、灰、白分别对应 $×10^0$~$×10^9$。第四环是误差，其中金色表示误差为 ±5%，银色表示误差为 ±10%。五环表示的电阻器，第一、二、三环表示有效数字，颜色与数字的对应关系与四环相同。第四环表示倍率，颜色与倍率的对应关系也与四环电阻相同。第五环是误差，用到棕、红、绿、蓝、紫 5 种颜色，误差分别是 ±1%、±2%、±0.5%、±0.2%、±0.1%。电阻器在使用时，需先读出其标称参数，再用万用表检测其实际电阻值，并计算其相对误差是否超过允许误差，以判断其是否能用。电阻器在电路中可用于分压、限流、分流及信号转换等。用作分压的电阻器需采用串联方式，串联电阻所分得的电压值与其电阻值成正比。用作分流的电阻器需采用并联方式，并联电阻电路所分得的电流与其电阻值成反比。

二极管是一种半导体器件，其核心结构为 PN 结，因 PN 结具有单向导电性，所以二极管具有单向导电性。二极管的两个电极分别为阳极和阴极。当其正向偏置，即阳极电位高于阴极电位阈值电压（硅二极管为 0.5 V，锗二极管为 0.1 V）及以上时，二极管导通，导通后阳极与阴极的电位差取 0.7 V（硅二极管）或 0.3 V（锗二极管），发光二极管导通后还能发光。当其反向偏置时，即阳极电位与阴极电位差不高于阈值电压时，二极管截止。二极管在电路中可用于开关、整流、稳压、显示等。发光二极管是一种导通时能发光的半导体器件，正向偏置导通发光，反向偏置截止不发光。

晶体管也是一种半导体器件，有集电极（C）、基极（B）、发射极（E）3 个电极，分为 NPN、PNP 两种类型。晶体管的引脚标识对于不同的封装形式有所不同，对于塑料封装的晶体管，文字面向上，从左到右分别是 E、B、C；SOT - 23 贴片式封装晶体管文字面向上，上脚是 C，左脚是 B，右脚是 E。晶体管管型识别方法需用万用表测量，如黑表笔接中间、红表笔接两端所测得的极间电阻小，而红表笔接中间、黑表笔接两端所测得的极间电阻大，则为 NPN 型；反之为 PNP 型。晶体管具有截止、放大、饱和导通 3 种特性。当晶体管的发射结正向偏置，集电结反向偏置时，晶体管工作在放大状态，这时集电极电流与基极电流的关系是 $i_C = \beta i_B$；当晶体管基极电流大于临界基极饱和电流时，晶体管饱和导通，这时集 - 射极间电压 u_{CE} 不超过 0.3 V（硅管）或 0.1 V（锗管）；当晶体管的发射结反向偏置时，晶体管截止，$i_B \approx 0$，$i_C \approx 0$。应用晶体管的开关特性可以将其作为开关，控制执行器件的工作状态。

集成运算放大器简称集成运放，是一种高增益（放大倍数）的多级直接耦合放大器。其内部由高阻抗的输入级、中间放大级、低阻抗的输出级和偏置电路组成。集成运算放大器的输入级为差动结构，有"同相"和"反相"两个输入端。集成运算放大器具有"虚短"和"虚断"特性。"虚短"是指在电路参数选择合适时，$U_+ \approx U_-$；"虚断"是指 $I_- \approx 0$，$I_+ \approx 0$。

电压比较器是集成运放的典型非线性应用，在物联网传感电路中应用较为普遍。其功能是当 $u_+ > u_-$ 时，u_o 输出高电平；当 $u_+ < u_-$ 时，u_o 输出低电平。

基于分立元件的光控照明电路是物联网传感电路的入门项目。电路由光敏电阻作为传感器件，感知光线的强弱。由电位器与光敏电阻串联分压作为信号处理环节，将光敏电阻随入射光线强弱的电阻变化转换为电压变化，送给后续执行电路。晶体管与发光二极管构成了电路的执行环节。在光敏电阻的分压值超过晶体管的阈值电压时，晶体管导通，发光二极管导通发光。为保证发光二极管的工作电流不超过其允许工作电流，需串接适当的限流电阻。

基于电压比较器的光控照明电路是用电压比较器对设定的基准电压与光敏电阻的感知电压进行比较，通过输出的高、低电平控制发光二极管的导通与截止。

项目练习

1. 单项选择题

（1）某色环电阻器的色环标志为黄、紫、红、金，其标称阻值和允许偏差分别为（　　）。

A. 4.7 kΩ，±1%　　　　　　　　B. 4.7 Ω，±5%

C. 4.7 kΩ，±5%　　　　　　　　D. 47 Ω，±5%

（2）某色环电阻器的色环标志为红、红、黑、银、棕，其标称阻值和允许偏差分别为（　　）。

A. 2.2 Ω，±1%　　　　　　　　B. 220 Ω，±1%

C. 22 Ω，±2%　　　　　　　　D. 220 Ω，±2%

(3) 某电阻器标志为 5Ω1J，其标称阻值和允许偏差分别为（　　）。
A. 5 Ω，±1%　　　　　　　　B. 5.1 Ω，±10%
C. 5 Ω，±5%　　　　　　　　D. 5.1 Ω，±5%

(4) 某电阻器标志为 6R2K，其标称阻值和允许偏差分别为（　　）。
A. 2 kΩ，±6%　　　　　　　　B. 6.2 Ω，±10%
C. 62 Ω，±10%　　　　　　　D. 6 Ω，±2%

(5) 某贴片电阻器标志为 104，其标称阻值为（　　）。
A. 104 Ω　　B. 100 kΩ　　C. 10 kΩ　　D. 104 kΩ

(6) 用指针式万用表测量电阻值，若量程为"$R\times 10$"挡，指针指示 5.1，则电阻值为（　　）。
A. 5.1 Ω　　B. 51 Ω　　C. 510 Ω　　D. 0.51 Ω

(7) 硅和锗二极管的导通压降分别为（　　）。
A. 0.7 V，0.3 V　B. 0.3 V，0.7 V　C. 0.5 V，0.1 V　D. 0.1 V，0.5 V

(8) 硅和锗二极管的阈值电压分别为（　　）。
A. 0.7 V，0.3 V　B. 0.3 V，0.7 V　C. 0.5 V，0.1 V　D. 0.1 V，0.5 V

(9) 利用二极管的（　　），可使二极管起整流作用。
A. 反向击穿特性　B. 放大特性　　C. 单向导电性　　D. 光敏性

(10) 利用二极管的反向击穿特性，可使二极管起（　　）。
A. 整流作用　　B. 稳压作用　　C. 开关作用　　D. 放大作用

(11) 图 1-43 所示电路中，U_F =（　　）。
A. 0 V　　B. 3 V　　C. 0.7 V　　D. 3.7 V

(12) 图 1-44 所示电路中，U_F =（　　）。
A. 0 V　　B. 3 V　　C. 0.7 V　　D. 3.7 V

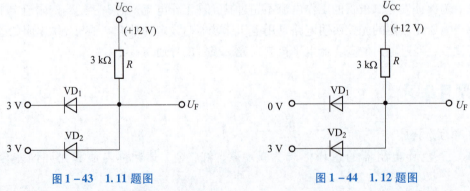

图 1-43　1.11 题图　　　　图 1-44　1.12 题图

(13) 识别塑料封装晶体管的极性时，可面向文字标识面（平面），从左至右分别是（　　）。
A. C、B、E　　B. E、B、C　　C. B、C、E　　D. C、E、B

(14) 硅晶体管饱和导通时，U_{BE} 和 U_{CE} 分别为（　　）。
A. 0.7 V，0.3 V　　　　　　　B. 0.3 V，0.7 V

C. 0.5 V，0.1 V　　　　　　　　　D. 0.1 V，0.5 V

（15）锗晶体管饱和导通时，U_{BE}和U_{CE}分别为（　　）。

A. 0.1 V，0.3 V　　　　　　　　　B. 0.3 V，0.1 V

C. 0.5 V，0.1 V　　　　　　　　　D. 0.1 V，0.5 V

（16）测量晶体管型号时，若黑表笔接基极测得的极间电阻值小于红表笔接基极测得的极间电阻值，则为（　　）。

A. PNP 型　　　　　　　　　　　B. NPN 型

C. N 沟道　　　　　　　　　　　D. P 沟道

（17）图 1-45 所示硅晶体管反相器电路中，U_I = 3 V 时，输出 U_O 不超过（　　）。

A. 0.1 V　　　　　　　　　　　　B. 0.3 V

C. 0.5 V　　　　　　　　　　　　D. 0.7 V

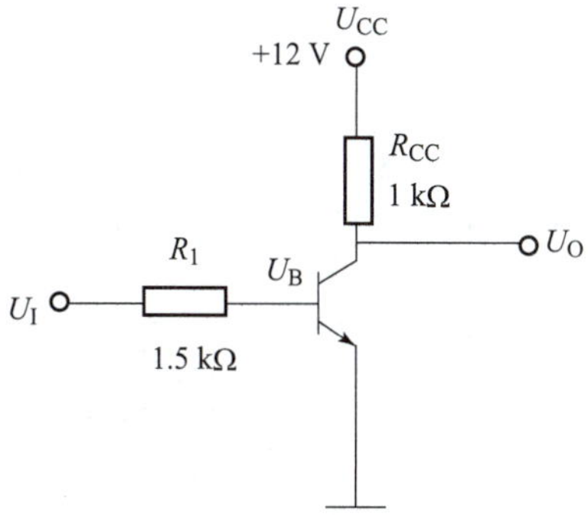

（18）集成运算放大器的"虚短"特性是指（　　）。

A. 同相输入端电位与反相输入端电位近似相等

B. 同相输入端电位与反相输入端电位近似等于 0

C. 同相输入端电流与反相输入端电流近似相等

D. 同相输入端电流与反相输入端电流近似为 0

图 1-45　晶体管反相器

2. 判断题（正确：T；错误：F）

（1）串联的电阻器能够分压，每个电阻器所分得的电压与其阻值成反比。（　　）

（2）光敏电阻的电极常采用梳状形式，是为了获得更高的灵敏度。（　　）

（3）发光二极管的电极有长短之分，其中长的电极为阴极。（　　）

（4）硅晶体管饱和导通时，其集-射极电压不超过 0.7 V。（　　）

（5）集成运算放大器的"虚断"特性是指在电路参数选择合适时，同相输入端的电流与反相输入端的电流近似为 0。（　　）

（6）当电压比较器的同相输入端电位高于反相输入端时，输出为高电平。（　　）

（7）光敏电阻在光照强度大于 100lx 时的电阻值称为亮阻。（　　）

（8）当晶体管的发射结和集电结都正向偏置时，晶体管饱和导通。（　　）

（9）PNP 型晶体管的导通条件与 NPN 型晶体管相同。（　　）

（10）续流二极管使用时需与电磁性器件反向并联。（　　）

3. 填空题

（1）用数字式万用表 20 Ω 挡测量色环标识为橙、橙、黑、金、棕的电阻时，显示值可能为_____。

（2）二极管的核心结构是_____，两个电极分别为_____极和_____极。

（3）二极管具有_____性。

（4）二极管正向偏置时_____，反向偏置时_____。

（5）图 1-46 所示电路中，X_1、X_2、X_3、X_4 存储的信息分别是_____、_____、_____、_____。

（6）晶体管的 3 个电极分别是_____极、_____极和_____极。

（7）图 1-47 所示电路中，X₁、X₂、X₃、X₄ 存储的信息内容分别是_____、_____、_____、_____。

（8）电压比较器是集成运算放大器的_____性应用。

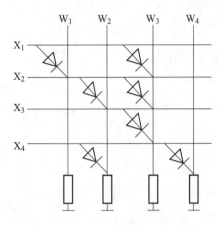

图 1-46　二极管只读存储电路

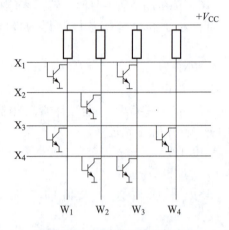

图 1-47　晶体管只读存储电路

（9）图 1-36 所示电路，当光线变暗时，光敏电阻的阻值变_____，其所分得的电压 u_{R1} 变_____，当达到_____型晶体管 VT 的_____电压时，VT_____，VL_____。

（10）图 1-37 所示电路，当光线变亮时，光敏电阻的阻值变_____，电压比较器 A 的同相输入端（INA+）电压变_____，当_____时，电压比较器输出低电平，LED_____。

图 1-36 + 图 1-37

项目 1 参考答案

知识拓展

拓展 1.1　电路基本分析方法简介

1. 基尔霍夫定律及应用

基尔霍夫定律（Kirchhoff laws）是分析复杂直流电路的最基本定律，反映的是电路中各电流和各电压的相互关系。基尔霍夫定律包括电流和电压两个定律，分别称为基尔霍夫第一定律和基尔霍夫第二定律。

1) 基尔霍夫第一（电流）定律（KCL）

（1）内容。

在电路的任一节点上，流入或流出节点的电流的代数和等于零。一般形式为

$$\sum I = 0$$

节点是指电路中 3 条或 3 条以上支路的汇集点；支路是指至少含有一个电路元件且流过同一电流的分支电路。

（2）应用。

用基尔霍夫第一定律分析、求解电路时，需先设电流的参考方向，再按假定的正、负方向，列电流方程。通常设流入节点的电流为正，流出节点的电流为负。图 1-48 所示的电路中，因 b、c 为同一节点，故在图示电流参考方向下，节点 a、b（c）、d 的电流方程分别为

$$a \text{ 点}: I_1 + I_2 - I_4 = 0$$
$$b \text{ 点}: I_4 - I_3 + I_5 - I_2 = 0$$
$$d \text{ 点}: I_3 - I_1 - I_5 = 0$$

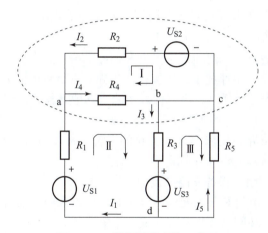

图 1-48　基尔霍夫定律示意图

（3）推广。

基尔霍夫第一定律虽然是描述节点电流关系的，但同样适用于包围几个节点的闭合面。如对图 1-48 所示电路中的虚线包围的闭合面，有

$$I_1 - I_3 + I_5 = 0$$

2) 基尔霍夫第二（电压）定律（KVL）

（1）内容。

在任一个闭合回路中，按一定方向绕行一周，各段电压的代数和等于零。用电压方程表示为

$$\sum U = 0$$

（2）应用。

根据基尔霍夫定律列回路电压方程，首先应假定各段电压的参考方向和回路的绕行方向，然后按照"在绕行方向上，电位降低电压为正，电位升高电压为负"的方法列回路电压方程。电压又称为"电压降"，电压的正方向就是电位降落的方向。对于电阻，电流的方

向是电位降落的方向；对于电源，从正极到负极是电位降落的方向。如图1-48所示电路，在图示的回路绕行方向下，回路Ⅰ、Ⅱ、Ⅲ的电压方程分别为

$$回路Ⅰ：-I_2R_2 - I_4R_4 + U_{S2} = 0$$
$$回路Ⅱ：I_1R_1 + I_4R_4 + I_3R_3 + U_{S3} - U_{S1} = 0$$
$$回路Ⅲ：-I_3R_3 - I_5R_5 - U_{S3} = 0$$

（3）推广。

基尔霍夫电压定律虽然是描述闭合电路电压关系的，但如果将开路电压计入回路电压方程中，也适用于非闭合回路情况。在图1-49所示电路中，图示回路绕行方向下，可列出电压方程为

$$I_1R_1 + I_3R_3 - I_2R_2 + U_{S2} - U_{ab} - U_{S1} = 0$$

也可直接写成

$$U_{ab} = -U_{S1} + I_1R_1 + I_3R_3 - I_2R_2 + U_{S2}$$

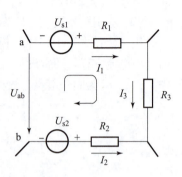

图1-49 非闭合电路

3）用基尔霍夫定律分析电路的方法

用基尔霍夫定律分析和求解具有多个回路的复杂电路时，要通过列、解方程的方法进行，一般步骤如下。

（1）在电路中设出各支路的电流参考方向和回路的绕行方向。

（2）根据基尔霍夫第一定律和第二定律，列出独立的节点电流方程和回路电压方程。

独立的节点电流方程是指任意一个方程都不能由其他方程线性组合得到。对于有 n 个结点的电路，最多只能列出 $n-1$ 个独立的节点电流方程。

如果电路中有 m 条支路，则求解 m 条支路的电流需 m 个方程，在列出 $n-1$ 个独立的节点电流方程后，还需要列 $m-n+1$ 个回路电压方程。

（3）联立，求解方程组，得各支路电流。

当只需了解某一支路电流和某一元件的电压时，可以采用戴维南定理，将被求支路以外的部分，视为一个有源二端网络并将其等效成一个电压源。

2. 戴维南定理及应用

（1）戴维南定理（Thevenin's theorem）的内容。

任意一个有源二端网络都可以用一个等效电压源代替，该等效电压源的电动势等于有源二端网络的开路电压，内电阻等于二端网络所有电源不起作用时端口的等效电阻。

电压源是电源的模型之一，是由恒压源和内电阻串联而成，如图1-50（a）所示。恒压源是电源的理想化模型，是忽略电源内电阻的电压源。电源的另一种模型为电流源，是由恒流源和内电阻并联而成，如图1-50（b）所示。

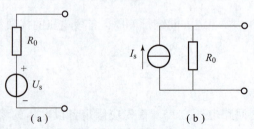

图1-50 电源模型
（a）电压源；（b）电流源

(2) 戴维南定理的应用。

用戴维南定理分析、计算电路的一般步骤如下。

①断开待求支路,将待求支路以外的电路作为有源二端网络,如图 1-51 所示。

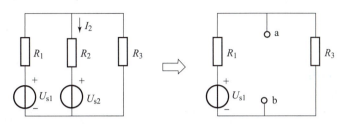

图 1-51　有源二端网络

②求二端网络的端口处的开路电压,如图 1-51 所示的开路电压 U_{ab}。

由图可知

$$U_{ab} = \frac{U_{S1}}{R_1 + R_3} \times R_3$$

③令二端网络中,所有的电源都不起作用,求端口等效电阻。对不起作用电源的处理方法是:电压源视为短路,电流源视为开路,如图 1-52 所示的端口等效电阻 R_{ab}。

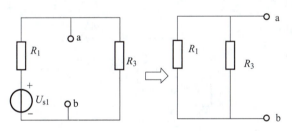

图 1-52　有源二端网络电阻等效电路

由图可知

$$R_{ab} = \frac{R_1 \cdot R_3}{R_1 + R_3}$$

拓展 1.2　单晶体管放大电路分析方法简介

1. 晶体管放大的条件

①工艺条件:发射区的掺杂浓度高,基区薄且掺杂浓度低,集电结的面积大。

②电路接法:发射结正向偏置(P 区接电源正极),集电结反向偏置(N 区接电源正极)。

2. 晶体管的放大作用

(1) 电流放大

$$i_C = \beta i_B$$

(2) 电压放大

$$A_\mathrm{u} = \frac{\dot{U}_\mathrm{o}}{\dot{U}_\mathrm{i}}$$

(3) 功率放大

$$A_\mathrm{p} = \frac{P_\mathrm{o}}{P_\mathrm{i}} = \frac{I_\mathrm{o} U_\mathrm{o}}{I_\mathrm{i} U_\mathrm{i}}$$

3. 晶体管放大电路分析方法

1) 静态工作点分析

所谓的"静态工作点"就是在外加交流信号为0，电路处于直流状态下的 I_B、I_C、I_E、U_BE 及 U_CE 等在晶体管输入及输出特性曲线上所确定的点，通常用"Q"表示。设置静态工作点的目的是要保证在被放大的交流信号加入电路时，不论是正半周还是负半周都能满足"发射结正向偏置，集电结反向偏置"的晶体管放大条件。若静态工作点设置不合适，在对交流信号放大时可能会出现饱和失真（静态工作点偏高）或截止失真（静态工作点偏低），影响放大电路的性能。

分析静态工作点时，需作出放大电路的直流等效电路，之后依据基尔霍夫定律等理论分别计算 I_B、I_C、I_E、U_BE 及 U_CE。根据电容在直流电路中相当于开路的特性，图1-25所示电路的直流等效电路如图1-53所示。

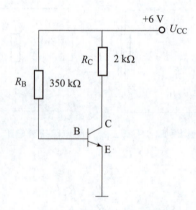

图1-53 图1-25所示电路的直流等效电路

根据基尔霍夫定律，有

$$I_\mathrm{B} = \frac{U_\mathrm{CC} - U_\mathrm{BE}}{R_\mathrm{B}}$$

（设晶体管为硅管，$U_\mathrm{BE} = 0.7\mathrm{V}$）

$$I_\mathrm{C} = \beta I_\mathrm{B},\ U_\mathrm{CE} = U_\mathrm{CC} - I_\mathrm{C} R_\mathrm{C}$$

2) 交流参数计算

晶体管具有放大作用，当输入端加入一个微小交流信号时，输出端即可得到一个放大的交流信号，衡量其放大能力的参数是电压放大倍数 A_u，此外输入电阻 R_i 和输出电阻 R_o 分别是衡量放大电路取用电流能力和带负载能力的参数。因此，分析交流电路时，需计算 A_u、R_i 和 R_o 等参数。

分析计算晶体管放大电路交流参数，主要有图解法和等效法，实际应用中多用等效法。用等效法分析晶体管放大电路交流参数，首先需作出其微变等效电路。微变等效电路就是将电路中所有直流电源和电容视为短路时的等效电路。图 1-54 是晶体管的简化微变等效模型。

r_{be} 为晶体管输入电阻，其值为

$$r_{be} = r'_{bb} + (1+\beta)\frac{U_T}{I_E}$$

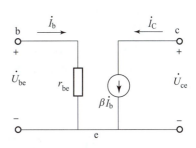

图 1-54　晶体管简化微变等效模型

式中：r'_{bb} 为基区体电阻，高频小功率管通常为几十欧到几百欧，低频小功率管通常取 200 Ω；U_T 为温度电压当量，在温度为 300 K 时，$U_T \approx 26$ mV。

由晶体管放大电路的微变等效法及晶体管的微变等效模型（图 1-54），图 1-25 所示晶体管单管共发射极放大电路的微变等效电路如图 1-55 所示。

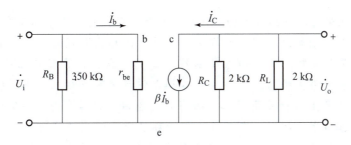

图 1-55　图 1-25 所示电路的微变等效电路

由图 1-55 可得

$$R_i = \frac{\dot{U}_i}{\dot{I}_i} = \frac{R_B r_{be}}{R_B + r_{be}}$$

$$R_O = \frac{\dot{U}_O}{\dot{I}_O} = \frac{-I_C\left(\dfrac{R_C R_L}{R_C + R_L}\right)}{-I_C} = \frac{R_C R_L}{R_C + R_L}$$

式中：$\dot{U}_O$ 为输出端开路电压；$\dot{I}_O$ 为输出端短路电流。

$$A_u = \frac{\dot{U}_O}{\dot{U}_i} = \frac{-\beta \dot{I}_B R'_L}{\dot{I}_B r_{be}} = -\beta \frac{R'_L}{r_{be}}$$

式中：负号代表输出电压与输入电压相位相反。

$$R'_L = \frac{R_C R_L}{R_C + R_L}$$

项目 2

热敏传感器应用电路设计或制作

 **项目描述**

1. 项目背景

温度是工农业生产、物品储运和工作、生活环境监控的重要指标。例如：在化工业中温度过高将导致催化剂烧结、副产物增多、爆炸危险增大等问题；在塑料成型、高精度的模具、机床、量具等制造中，如温度不符合工艺要求，将导致产品达不到精度要求；在农业育种、育秧和温室种植中，如温度不符合作物培育和生长要求，将无法培育和种植出优良品种甚至产生作物枯死损失；在药品、食品、烟草等物品的储运中，温度不当将造成物品变质、腐烂等问题；在工作、生活环境中，温度适宜可避免环境对人体的损害，减轻人的劳动强度，满足人对环境舒适度的要求等。因此，温度监控对于保证工业产品质量、提高工业生产的安全可靠性，提供舒适的工作和生活环境都有十分重要的意义。

温度监控的主要任务是由温度传感器采集温度信号，再经相应的信号处理后，送给执行环节进行显示和控制。

本项目拟以热敏电阻为传感器，以简单的电子体温计、冰箱温度监控及环境温度监控等电路为载体，学习温度监控系统的设计、制作方法及温度监控电路相关的器件知识和应用技术。

2. 项目任务

任务2.1　热敏电阻典型应用电路分析
任务2.2　温度监控电路的设计与制作
任务2.3　基于实验平台的温度/光照控制电路实验

3. 学习导图

4. 学习目标

✓ 能描述半导体热敏电阻的特性及功能。
✓ 会分析直流电桥的特性及平衡条件。
✓ 能识别并描述与非门及其他常用逻辑门的逻辑功能。
✓ 会分析基本 SR 锁存器的逻辑功能。
✓ 会分析热敏电阻典型应用电路的工作原理。
✓ 能在项目学习和实践活动中，培养安全、责任意识以及敬业精神、工匠精神和劳动精神。

知识准备

2.1 半导体热敏电阻

2.1.1 常用热电传感器

微课 半导体热敏电阻认知

热电传感器是使电量参数随温度变化的器件，常用的有热电阻、热敏电阻和热电偶等。热电阻是将温度变化转换成电阻变化的金属电阻式传感器；热敏电阻是将温度变化转换成电阻变化的半导体电阻式传感器；热电偶是将温度变化转换成电动势变化的热电传感器。

2.1.2 热敏电阻的特性

热敏电阻是一种电阻值随温度变化的半导体传感器。其外形如图 2-1 所示。

图 2-1 热敏电阻外形

1. 优点

①温度系数大,灵敏度高于热电阻和热电偶。
②体积小,响应速度快,能测量狭小空间。
③阻值高,受引线的影响小,可远距离测量。
④过载能力强,成本低。

2. 缺点

热敏电阻的阻值与温度呈非线性关系,较窄的范围内测量结果精确,因此一般只用于对精度要求不高的测量和控制装置中。

2.1.3 热敏电阻的主要类型及温度特性

热敏电阻的温度特性是指半导体材料的电阻值随温度变化而变化的特性。按照温度特性,热敏电阻分为负温度系数热敏电阻(NTC)、正温度系数热敏电阻(PTC)和临界负温度系数热敏电阻(CTR)。各类型热敏电阻的温度特性曲线如图 2-2 所示。

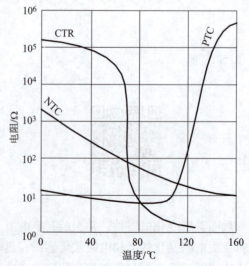

图 2-2 热敏电阻的温度特性曲线

1. 负温度系数热敏电阻（NTC）

NTC（Negative Temperature Coefficient）是指电阻随温度上升呈指数关系减小的现象。具有 NTC 现象的材料是利用锰、铜、硅、钴、铁、镍、锌等两种或两种以上的金属氧化物进行充分混合、成型、烧结等工艺制成的半导体陶瓷，这些材料在温度较低时，载流子的数目很少，故其电阻值很高；当温度高时，载流子的数目增加，故其电阻值降低。常用的 NTC 热敏电阻材料主要有碳化硅、硒化锡、氮化钽等非氧化物。

2. 正温度系数热敏电阻（PTC）

PTC（Positive Temperature Coefficient）即正的温度系数。PTC 热敏电阻是一种典型的温度敏感性半导体电阻，超过一定的温度（居里温度①）时，它的电阻值随着温度的升高呈阶跃性的增高。

3. 临界负温度系数热敏电阻（CTR）

CTR（Critical Temperature Resistor）具有负电阻突变特性，在某一温度下，电阻值随温度的增加而急剧减小，具有很大的负温度系数。

2.2 直流电桥

直流电桥主要用于信号转换或电阻测量。直流电桥可分为单臂电桥和双臂电桥。在此仅介绍单臂电桥。

单臂电桥测量电阻的电路如图 2-3 所示，电桥由 3 个精密电阻 R_1、R_2、R_3 和一个待测电阻 R_x 组成 4 个桥臂。对角 A、C 两端接电源，B、D 之间连接一个检流计 G，称为"桥"。当 B、D 两点电位相等时，检流计电流 $I_G = 0$。这时有

微课　直流电桥认知

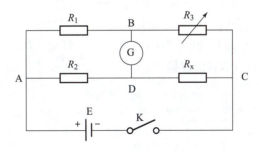

图 2-3　单臂直流电桥示意图

$$\frac{R_x}{R_3} = \frac{R_2}{R_1}$$

即电桥的平衡条件是

---

① 居里温度是指磁性材料中自发磁化强度降到零时的温度，是铁磁性或亚铁磁性物质转变成顺磁性物质的临界点。低于居里温度时物质称为铁磁体，此时和材料有关的磁场很难改变。当温度高于居里温度时，该物质称为顺磁体，磁体的磁场很容易随周围磁场的改变而改变。

$$R_x \cdot R_1 = R_2 \cdot R_3$$

在信号处理电路中应用电桥时，是将传感器件（如热敏电阻器）与其他电阻构成直流电桥，正常时通过调整电桥某一臂或四臂上的电阻值，使电桥平衡，电桥的 B、D 两点电位差为 0。当传感器件的电阻参数变化时，电桥失去平衡，电桥的 B、D 两点电位差不为 0，以此来监测被监测量的变化情况。

直流电桥不仅可以测量、转换电阻信号，也可以测量、转换电容量等信号。

2.3　逻辑门与基本 SR 锁存器

2.3.1　逻辑运算

逻辑门与锁存器是逻辑电路的基础。逻辑电路是实现逻辑运算的电路。逻辑运算是对逻辑变量进行的运算，逻辑变量的值是仅取"0"或"1"的逻辑值，其中"0"表示低电平，"1"表示高电平。

微课　逻辑门认知

常用的逻辑运算有与运算、或运算、非运算 3 种基本运算，以及由其组合而成的与非运算、或非运算、异或运算等。

1. 与运算

与逻辑关系是指"当决定某一事件发生的条件全具备时，事件才能发生"的逻辑关系。比如，"全面小康的路上，一个都不能少"就是一个典型的与逻辑关系。

与逻辑可以用图 2-4 所示的电路来说明。根据电路知识，只有当两个开关 A、B 全闭合时，灯 F 才能亮；有一个开关断开，灯 F 就会灭。若设开关闭合为 1、断开为 0；灯亮为 1、灯灭为 0；这种逻辑关系可用表 2-1 所示真值表描述。

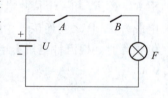

图 2-4　串联开关电路

表 2-1　与逻辑真值表

A	B	F
0	0	0
0	1	0
1	0	0
1	1	1

(1) 与运算表达式。

设图 2-4 所示电路中，A、B 为输入变量，F 为输出变量，则有

$$F = A \cdot B \text{（可简写为 } F = AB\text{）}$$

(2) 与运算法则。

$0 \cdot 0 = 0$,$0 \cdot 1 = 0$,$1 \cdot 0 = 0$,$1 \cdot 1 = 1$。

即：输入有 0，输出为 0；输入全 1 时，输出为 1。

2. 或运算

或逻辑关系是指"当决定某一事件发生的条件有一个具备时，事件就能发生"的逻辑关系，如成语"一荣俱荣""一损俱损"就体现了或的逻辑关系。

或逻辑可以用图 2-5 所示的电路来说明。图中，当开关 A 和 B 有一个闭合时，灯 F 就可以亮；只有当两个开关全断开，灯 F 才会灭。所以，开关 A，B 之间是或的关系。这种逻辑关系可用表 2-2 所示真值表描述。

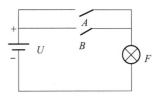

图 2-5 并联开关电路

表 2-2 或逻辑真值表

A	B	F
0	0	0
0	1	1
1	0	1
1	1	1

（1）或运算表达式。

在设 F 为输出变量，A、B 为输入变量的情况下，则有
$$F = A + B$$

（2）或运算法则。

$0 + 0 = 0$,$0 + 1 = 1$,$1 + 0 = 1$,$1 + 1 = 1$。

即：输入有 1，输出为 1；输入全 0，输出为 0。

3. 非运算

非逻辑是指"如果决定某一事情的条件具备了，结果便不发生；而条件不具备时，结果才发生"的逻辑关系，如"坚不可摧"就体现了一种非的逻辑关系。

非逻辑可以用图 2-6 所示电路来说明。图中，开关 A 与灯 F 并联，所以当开关 A 闭合时，灯 F 被开关短接，不亮；只有当开关 A 断开时，灯 F 才会亮。称为非逻辑关系，即条件总是与结果相反的逻辑关系。所以，开关 A 和灯 F 之间是非逻辑关系。表 2-3 是非运算的真值表。

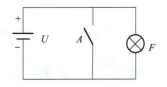

图 2-6 开关短接电路

表 2-3 非运算真值表

A	F
0	1
1	0

（1）非运算表达式。

设输入变量为 A，输出变量为 F，则有

(2) 非运算法则。

$$F = \bar{A}$$

$$\bar{0} = 1,\ \bar{1} = 0。$$

即：输入为 0，输出为 1；输入为 1，输出为 0。

4. 与非运算

与运算之后，再进行非运算，就构成与非运算。与非运算法则是：输入有 0，输出为 1；输入全 1，输出为 0。

逻辑表达式为

$$F = \overline{A \cdot B}$$

5. 或非运算

或运算之后，再进行非运算，就构成或非运算。或非运算法则是：输入有 1，输出为 0；输入全 0，输出为 1。

逻辑表达式为

$$F = \overline{A + B}$$

6. 异或运算

(1) 两变量异或。

①逻辑功能：两变量取值相同时，异或运算后结果为 0；两变量取值不同时，异或运算结果为 1。

②逻辑表达式为

$$F = A \oplus B = A\bar{B} + \bar{A}B$$

(2) 3 个以上变量异或。

①逻辑功能：3 个以上变量进行异或运算时，若取值为 1 的输入变量个数为奇数，输出为 1；若取值为 1 的输入变量个数为偶数，输出为 0。

②逻辑表达式为

$$F = \bar{A}\bar{B}C + \bar{A}B\bar{C} + A\bar{B}\bar{C} + ABC$$

③逻辑含义：当输入变量 A、B、C 取 001、010、100、111 时，输出逻辑值为 1。

2.3.2 常用逻辑门及功能

常用的逻辑门有与门、或门、非门、与非门、或非门、异或门等，分别用于实现与运算、或运算、非运算、与非运算、或非运算、异或运算等。

常用逻辑门的逻辑符号及逻辑功能如表 2-4 所示。

表 2-4 常用逻辑门的逻辑符号及逻辑功能

逻辑门	逻辑符号（GB）	逻辑符号（多国通用）	逻辑功能
与门			输入有 0，输出为 0 输入全 1，输出为 1
或门			输入有 1，输出为 1 输入全 0，输出为 0

续表

逻辑门	逻辑符号（GB）	逻辑符号（多国通用）	逻辑功能
非门	A—[1]—F	A—▷○—F	输入为0，输出为1 输入为1，输出为0
与非门	A,B—[&]—F	A,B—⊓○—F	输入有0，输出为1 输入全1，输出为0
或非门	A,B—[≥1]—F	A,B—⊐○—F	输入有1，输出为0 输入全0，输出为1
异或门	A,B—[=1]—F	A,B—⊐—F	输入相同，输出为0 输入不同，输出为1

2.3.3　集成逻辑门简介

1. 半导体集成电路概述

在实际应用逻辑器件时，通常都采用集成逻辑电路芯片（Integrated Circuit，IC）。集成逻辑门是将多个逻辑门集成在一块半导体芯片上的逻辑器件。

集成电路按导电类型可分为双极型（TTL）集成电路和单极型（CMOS）集成电路。双极型集成电路是由晶体管构成的集成电路，其制作工艺复杂、功耗较大，代表产品主要是74① 系列的 74LS 和 74ALS②；单极型集成电路是由 CMOS③ 构成的集成电路，其制作工艺简单，功耗较低，易于制成大规模集成电路，代表产品主要有 74 系列的 74HC、74HCT④ 和 40×× 系列。

集成逻辑门在使用时，需根据其型号选用。但不同公司生产的半导体集成芯片型号含义不同，一般用头字母识别产地或厂商。例如，国产芯片的头字母为 C；日本日立公司生产的数字集成电路芯片头字母为 HD；日本索尼公司生产的混合集成电路头字母为 BX 或 SBX；美国无线电公司生产的数字电路芯片头字母为 CD；美国摩托罗拉公司生产的集成芯片头字母为 M；美国德克萨斯公司标准电路字头为 SN 等。其余部分一般给出器件类型、设计序号、工作温度、封装形式等信息。

延伸阅读2

---

① 74 和 54 是国际通用的系列标志，74 为民用，温度范围为 0 ~ +70 ℃，电源电压范围为 5V ± 5%；54 为军用，温度范围为 -55 ℃ ~ +125 ℃，电源电压范围为 5V ± 10%。

② LS：74LS 和 74ALS；ALS：先进低功耗肖特基。肖特基二极管是一种低功耗、超高速半导体器件，具有正向压降小、反向恢复时间极短等特点。

③ CMOS（Complementary Metal Oxide Semiconductor，互补金属氧化物半导体），是制造大规模集成电路的一种技术或芯片。

④ HC：高速 CMOS；HCT：高速 CMOS，与 TTL 兼容，可互换使用。

现仅介绍国产半导体集成芯片的命名方式及含义，其他请读者根据需要自行查阅相关资料。

国产半导体集成芯片的命名根据是《半导体集成电路型号命名方法》（GB 3430—1989）。集成电路的型号由五部分构成，含义如表 2-5 所示。

表 2-5 国产集成电路的型号（GB 3430—1989）

字头		第一部分		第二部分	第三部分		第四部分	
字母 国家标准		字母 器件类型		器件系列代号	字母 器件工作温度		字母 器件封装	
符号	意义	符号	意义		符号	意义	符号	意义
C	中国	T	TTL 电路		C	0~70℃	F	多层陶瓷扁平
		H	HTL 电路		G	-25℃~70℃	B	塑料扁平
		E	ECL 电路		L	-25℃~85℃	H	黑陶扁平
		C	CMOS 电路		E	-40℃~85℃	D	多层陶瓷双列直插
		M	存储器		R	-55℃~85℃	J	黑陶双列直插
		μ	微机电路		M	-40℃~125℃	P	塑料双列直插
		F	线性放大器				S	塑料单列直插
		W	稳定性				K	金属菱形
		B	非线性电路				T	金属圆形
		J	接口电路				C	陶瓷芯片载体
		AD	A/D 转换器				E	塑料芯片载体
		DA	D/A 转换器				G	网络阵列
		D	音响、电视					
		SC	通信专用					
		SS	敏感电路					
		SW	钟表电路					

2. 常用集成逻辑门

集成逻辑门应用的关键是清楚其引脚结构及功能。下面通过几个典型的集成逻辑门，来介绍如何正确使用集成芯片。

（1）集成与门。

74LS08 是一款 DIP14 型封装，即双列直插 14 个引脚的四-二输入的集成与门，其外形结构及引脚如图 2-7 所示。

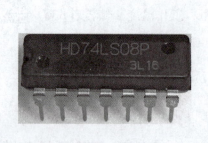 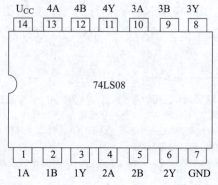

图 2-7　74LS08 结构及引脚排列

由引脚图可见，74LS08 内有 4 个独立的与门，其中，引脚 7 为接地引脚，引脚 14 为电源引脚；引脚 1、2、3 为一个与门，1、2 为输入，3 为输出；引脚 4、5、6 为一个与门，4、5 为输入，6 为输出；引脚 8、9、10 为一个与门，9、10 为输入，8 为输出；引脚 11、12、13 为一个与门，12、13 为输入，11 为输出。

CD4081 是 40×× 系列的集成四 - 二输入与门，其引脚结构与 74LS08 不同，如图 2-8 所示。

（2）集成或门。

74LS32 是一个双列直插 14 个引脚的四 - 二输入的集成或门，其外形结构及引脚如图 2-9 所示。

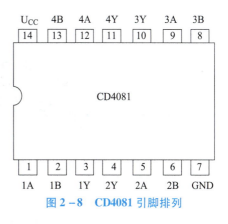

图 2-8 CD4081 引脚排列

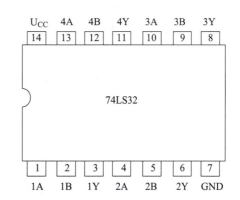

图 2-9 74LS32 结构及引脚排列

由引脚图可见，74LS32 内有 4 个独立的或门，其中，引脚 7 为接地引脚，引脚 14 为电源引脚；引脚 1、2、3 为一个或门，1、2 为输入，3 为输出；引脚 4、5、6 为一个或门，4、5 为输入，6 为输出；引脚 8、9、10 为一个或门，9、10 为输入，8 为输出；引脚 11、12、13 为一个或门，12、13 为输入，11 为输出。

CD4071 是 40×× 系列的一款集成四 - 二输入或门，其引脚排列如图 2-10 所示。

（3）集成非门（反相器）。

74LS04 是 74 系列的一款双列直插 14 个引脚的集成六反相器，其外形结构及引脚如图 2-11 所示。

由引脚图可见，74LS04 内有 6 个独立的反相器，即非门。其中，引脚 7 为接地引脚，引脚 14 为电源引脚；其他引脚中 1A~6A 为输入，1Y~6Y 为输出。

图 2-10 CD4071 引脚图

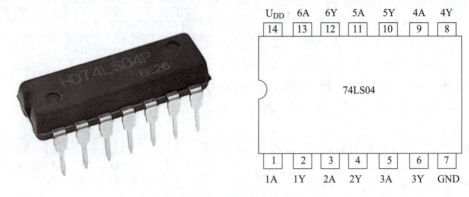

图 2 - 11　74LS04 结构及引脚排列

CD4049 是 40×× 系列的集成六反相器,其引脚结构为双列直插 16 脚,引脚排列如图 2 - 12 所示。其中 1A~6A 为输入。1Y~6Y 为输出,NC 为空引脚。使用时,需特别注意该芯片的电源引脚。

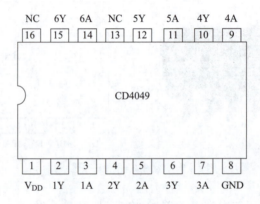

图 2 - 12　CD4049 引脚排列

(4) 集成与非门。

74LS00 是 74 系列的一款双列直插 14 个引脚的四 - 二输入集成与非门,其外观结构及引脚如图 2 - 13 所示。

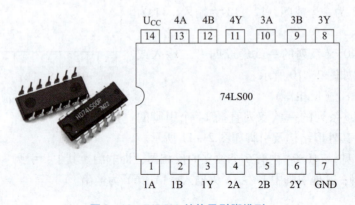

图 2 - 13　74LS00 结构及引脚排列

CD4011 是 40×× 系列的四 – 二输入集成与非门，其引脚排列如图 2 – 14 所示。

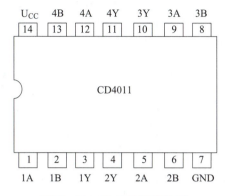

图 2 – 14　CD4011 引脚排列

（5）集成或非门。

74LS02 是 74 系列的一款双列直插 14 个引脚的四 – 二输入的集成或非门，其外观结构及引脚如图 2 – 15 所示。CD4001 是 40×× 系列的四 – 二输入集成或非门，其引脚排列如图 2 – 16 所示。

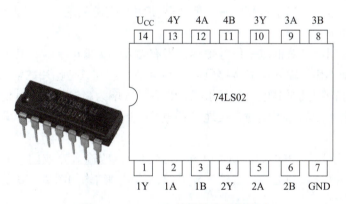

图 2 – 15　74LS02 的结构及引脚排列

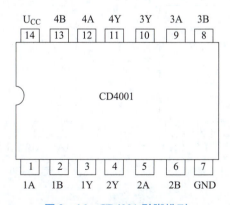

图 2 – 16　CD4001 引脚排列

（6）多输入与非门。

74LS20 是 74 系列的一款双列直插 14 个引脚的二 - 四输入的集成与非门，其引脚如图 2 - 17 所示。CD4023 是 40×× 系列的三 - 三输入集成与非门，其引脚结构如图 2 - 18 所示。

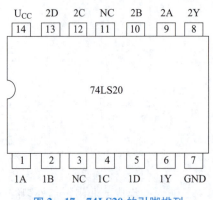

图 2 - 17 74LS20 的引脚排列

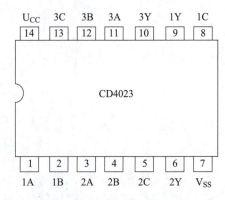

图 2 - 18 CD4023 的引脚排列

在应用集成逻辑门时，对多余不用的输入端需要做适当处理。理论上，数字逻辑器件的输入端如果悬空不接，相当于接高电平，但实际使用时应避免悬空，因为会引入干扰信号。一般的处理方法如下。

①与门、与非门因其对低电平信号敏感，当有输入端为低电平时，其他输入端的信号将不起作用，故多余不用的输入端通常接电源（高电平）或与其他已用的输入端短接。

②或门、或非门因其对高电平信号敏感，当有输入端为高电平时，其他输入端的信号将不起作用，故多余不用的输入端通常接地（低电平）或与其他已用的输入端短接。

（7）异或门。

74LS86 是 74 系列的一款双列直插 14 个引脚的二 - 四输入异或门，其引脚如图 2 - 19 所示。CD4030 是 40×× 系列的四 - 二输入异或门，其引脚结构如图 2 - 20 所示。

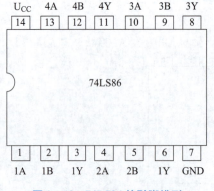

图 2 - 19 74LS86 的引脚排列

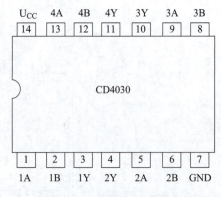

图 2 - 20 CD4030 的引脚排列

2.3.4 基本 SR 锁存器

锁存器是一种能记忆电路原来状态、具有存储功能的逻辑器件。锁存器是时序逻辑电路[①]必不可少的器件。

与锁存器功能相近的是触发器,两者的区别是:锁存器以电平信号驱动,而触发器则以脉冲信号边沿驱动。常见的锁存器有基本 SR 锁存器和 D 锁存器,关于 D 锁存器和触发器的内容将在项目 7 中介绍。

微课 基本 SR 锁存器认知

根据触发电平不同,基本 SR 锁存器可分为高电平有效 SR 锁存器和低电平有效 SR 锁存器两种。其中,低电平有效 SR 锁存器由两个与非门交叉连接构成,高电平有效 SR 锁存器由两个或非门交叉连接构成,如图 2-21(a) 和图 2-21(b) 所示。

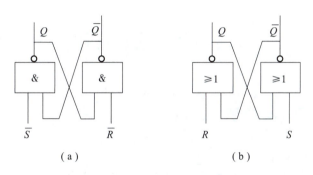

图 2-21 基本 SR 锁存器
(a) 低电平有效;(b) 高电平有效

基本 SR 锁存器有 S、R 两个输入端和两个互补的输出端 Q 和 $\bar{Q}$。其中 S 端为置位端、R 端为复位端。两种类型的 SR 锁存器的逻辑功能如表 2-6 和表 2-7 所示。

表 2-6 低电平有效的 SR 锁存器

输入信号 $\bar{R}$ $\bar{S}$	输出状态 Q $\bar{Q}$	功能说明
1　1	不　变	保　持
0　1	0　1	置　0
1　0	1　0	置　1
0　0	不　定	失　效

---

① 数字逻辑电路分为组合逻辑电路和时序逻辑电路两类,时序逻辑电路是指电路在任一时刻的输出不仅与该时刻的输入信号有关,还与电路原来的状态有关;而组合逻辑电路的任一时刻的输出仅和该时刻的输入有关。

表 2-7 高电平有效的 SR 锁存器

输入信号 R S	输出状态 Q $\bar{Q}$	功能说明
0 0	不 变	保 持
1 0	0 1	置 0
0 1	1 0	置 1
1 1	不 定	失 效

由基本 SR 锁存器的功能可知，当其置位端和复位端同时输入有效信号时，触发器的状态将无法确定，完全由构成触发器的逻辑门的导通速度快慢决定，因此，实际应用中是不允许出现这种状态的。故对于基本 SR 锁存器，需加约束条件：$SR = 0$，即不允许 S、R 同时为 1 或 $\bar{S}$、$\bar{R}$ 同时为 0。

2.4 电容器及应用

2.4.1 电容器识别与检测

1. 电容器的结构及电路符号

电容器是物联网传感电路中应用最为广泛的电子元器件之一。在脉冲信号发生、信号转换、滤波、检波等许多电路中都少不了电容器。电容器是由两个导体中间隔以绝缘介质构成。

电容器的种类主要有纸介电容器、云母电容器、陶瓷电容器、有机薄膜电容器、电解电容器、可变电容器、微调电容器等。电容器符号和外观如图 2-22 和图 2-23 所示。

微课　电容器认知

　(a)　　　　　　　(b)　　　　　　　(c)　　　　　　　(d)

图 2-22　电容元件的图形符号
(a) 固定电容；(b) 可调电容；(c) 微调电容；(d) 电解电容

　(a)　　　　　　(b)　　　　　　(c)　　　　　　(d)　　　　　　(e)

图 2-23　常见电容器的实物
(a) 铝电解电容；(b) 陶瓷电容；(c) 独石电容；(d) 可调电容；(e) 有机薄膜电容

2. 电容器的型号

电容器的型号由四部分组成,含义如表2-8所示。

例如,CD1型为铝电解电容器,产品设计序号为1;CY为云母电容器。

表2-8 电容器型号

第一部分	第二部分		第三部分		第四部分
主称	材料		特征		序号
符号意义	符号	意义	符号	意义	
C	C	高频瓷	D	低压	用字母和数字表示,如"1"表示第一次设计或第一代产品
	T	低频瓷	X	小型	
	I	玻璃釉	Y	高压	
	O	玻璃膜	M	密封	
	Y	云母	T	铁电	
	V	云母纸	W	微调	
	Z	纸介	J	金属化	
	J	金属化纸	C	穿心式	
	B	聚苯乙烯膜	S	独石	
	BF	聚四氟乙烯膜			
	Q	漆膜			
	H	复合介质			
	D	铝电解质			
	A	钽电解质			
	N	铌电解质			
	G	合金电解质			
	L	涤纶极性膜			
	LS	聚碳酸酯极性膜			
	E	其他材料电解质			

3. 电容器的参数

(1) 电容量。

电容量 C 的标准单位是"法拉",符号为"F"。常用的还有"微法拉"(μF)、"皮法拉"(pF),其关系是为

$$1\ \mu F = 10^{-6}\ F$$
$$1\ pF = 10^{-6}\ \mu F = 10^{-12}\ F$$

电容器的标称容量系列:

偏差为±5%的有1.0、1.5、2.2;

偏差为±10%的有3.3、4.7和6.8;

偏差为±20%的有1、2、4、6、8、10、15、20、30、50、60、80、100等几种。

(2) 允许偏差。

电容器的允许偏差主要有±5%、±10%、±20%等3种。

(3) 额定工作电压。

电容器的额定工作电压也称为耐压。固定电容器的工作电压系列如表2-9所示。

表 2-9 固定电容器的工作电压系列（单位：V）

1.6 系列	4 系列	6.3 系列	10 系列	25 系列	40 系列	50 系列	铝电解电容器	其他系列
1.6	4	6.3	10	25	40	50	32	2000
16	40	63	100	250	400	500	50	3000
160	400	630	1000	2500	4000	5000	125	8000
1600	4000	6300	10000	25000	40000	50000	300	15000
—	40000	—	100000	—	—	—	450	20000
—	—	—	—	—	—	—	—	30000
—	—	—	—	—	—	—	—	35000
—	—	—	—	—	—	—	—	45000
—	—	—	—	—	—	—	—	60000
—	—	—	—	—	—	—	—	80000

4. 电容器参数标识方法

（1）直标法。

直标法将电容量、允许误差及耐压值在产品表面上直接标出。适合体积稍大的电容器，如铝电解电容器。

（2）文字符号法。

①文字符号法是用文字符号组合标在电容表面上。

②表示单位的字母有"F""m""μ""n""p"，单位字母的位置为小数点位置；

③允许偏差分别用 B（±0.1%）、C（±0.2%）、D 为（±0.5%）、F（±1%）、G（±2%）、J（±5%）、K（±10%）、M（±20%）。

例如，0.1 pF 为 p1，1 pF 为 1 p，5.9 pF 为 5p9，6p8K 为 6.8 pF，允许偏差为 ±10% 等。

（3）色标法。

①色环电容器的色环颜色含义与色环电阻基本相同，单位为 pF。

②色环电容器的类型主要有三色、四色、五色、六色等。

③三色环的识别方法是：第 1、2 环为有效值，第 3 环为倍率。

④识别第一环的方法如下：

- 立式：色环从上而下沿引线方向排列分别为一、二、三环。
- 轴向（卧式）：最靠近引线为第一环。

两种特殊的色环标识含义如下：

- 若某一色环宽度是另一色环的 2 倍，表示同颜色的两个色环。
- 若仅一种色，表示三环都是同颜色。

（4）数字索位法。

①用 3 位数字表示，其中第 1、2 位为有效数字，第 3 位为倍率。

②没有小数点的，单位为 pF；有小数点的，单位为 μF。

③有些贴片电容器，后面的字母代码表示额定电压，如表 2-10 所示。

例如，227 A，电容量为 22×10^7 pF，即 220 μF。

表 2-10　电容器字母代码与额定电压对应表

代码	F	G	J	A	C	D	E	V	T
额定电压/V(85 ℃)	2.5	4	6.3	10	16	20	25	35	50

5. 电解电容器的极性识别方法

（1）观察法。

一看标签，负极标"-"；二看引脚，长正短负。

（2）测试法。

用万用表测正向和反向电阻。

①原理：电解电容的正极接电源正极（电阻挡的黑表笔），负极接电源负极（电阻挡的红表笔）时，电解电容的漏电流小（漏电阻大）；反之，则电解电容的漏电流大（漏电阻小）。

②方法：测量时，用 $R \times 1k$ 或 $R \times 10k$ 挡，先假定某电极为"+"极，让其与万用表的黑表笔相接，另一电极与万用表的红表笔相接，记下表针停止的刻度（表针靠左阻值大），然后将电容器放电（即两根引线用表笔或元件引线等金属划一下），两只表笔对调，重新进行测量。两次测量中，表针最后停留的位置靠左（阻值大）的那次，黑表笔接的就是电解电容的正极。

6. 电容器容量测量方法

用数字万用表的"F"挡，根据被测电容器标称容量选择适当量程，将单只电容器引脚插入"CX"插孔，待显示数值稳定后，读出容量值。

测量时需注意，对已充过电的电容器，特别是大容量电容器，需放电后再测量。

7. 电容元件好坏的识别方法

（1）检查引线是否开路或短路。

（2）用 $R \times 1k$ 或 $R \times 10k$ 挡，若表笔在电容两极间测量时，表针很快摆到小电阻位置（右侧），然后又从小电阻位置逐渐摆到大电阻位置（左侧），并达到或接近无穷大位置时，表明漏电较小。若退不到无穷大位置，说明电容漏电。表针不动，说明开路。对 1 μF 以下的电容，可用 $R \times 10$ 挡，表针略动，说明有容量，正常；表针不动，说明开路或漏电。

2.4.2　电容的特性

1. 电容的伏安特性

电容在接通电源后，电荷就从电源流向电容的极板，此过程称为对电容"充电"，此时电路中的电流，即为充电电流。在图 2-24 所示电路电压、电流方向（关联参考方向）下，电流与电压的关系为

$$i = C \frac{du_C}{dt}$$

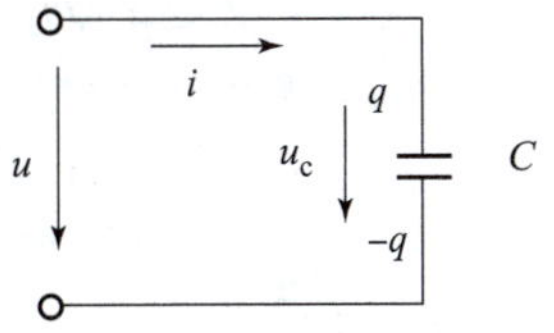

图 2-24　电容电路

2. 电容的特点

（1）储存电场能量。

（2）通交流、阻直流。直流电路中相当于开路。

（3）通高频、阻低频。电流与电压变化率成正比。

（4）端电压不能突变。

3. 电容的交流特性

（1）交流电的定义。

①交流电：大小和方向随时间做周期性变化的电压和电流，称为交流电。交流电分正弦交流电和非正弦交流电。

②正弦交流电：大小和方向随时间按正弦规律变化的电压和电流，称为正弦交流电，如图 2-25 所示。

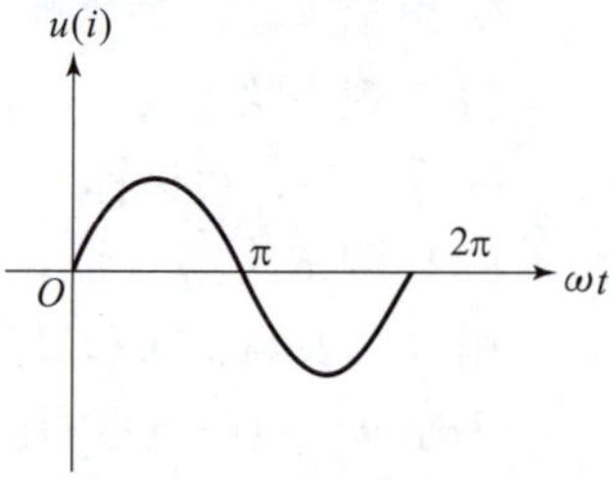

（2）正弦交流电的瞬时值、幅值、有效值。

①瞬时值：正弦交流电流和电压在任一时刻的值。表达式为

$$i = I_m\sin(\omega t + \psi) \text{ 或 } u = U_m\sin(\omega t + \psi)$$

式中：I_m（U_m）、ω、ψ 称为正弦交流电的**三要素**。

I_m（U_m）为正弦交流电流（电压）的**幅值**，表示交流电的大小；ω 为正弦交流电的**角频率**，$\omega = 2\pi f$，表示交流电变化的快慢；ψ 为正弦交流电的**初相位（角）**，表示交流电的起始位置。

图 2-25 正弦交流电波形

②最大值：正弦交流电电压和电流的幅值，用 I_m 和 U_m 表示。

③有效值：与交流电量热效应相等的直流电量，用 I 或 U 表示。仪表测得的交流电流、电压均为有效值。

有效值与幅值（最大值）的关系为

$$I = \frac{I_m}{\sqrt{2}} \text{ 或 } U = \frac{U_m}{\sqrt{2}}$$

（3）正弦交流电的相量表示。

用复数表示的正弦交流电称为相量。其中复数的模表示交流电的有效值或最大值；复数的辐角表示交流电的初相角。

如电流的瞬时值 $i = I_m\sin(\omega t + \psi)$，则其有效值相量为 $\dot{I} = I\underline{/\psi}$；电压的瞬时值 $u = U_m\sin(\omega t + \psi)$，其有效值相量为 $\dot{U} = U\underline{/\psi}$。

在正弦交流电路中，若激励信号为一正弦交流电，则电路中所有的稳态响应都为同频率的正弦交流电。所以，确定正弦交流电的电流或电压，只需确定该电流或电压的有效值（或最大值）及初相位即可。

相量不仅是交流电的一种表示方法，也是交流电路分析的有效方法。

（4）电容的正弦交流电路特性。

在图 2-24 所示电路中，设电压 $u = \sqrt{2}U\sin(\omega t)$，即电压有效值相量为 $\dot{U} = U\underline{/0°}$，根据 $i = C\dfrac{du_C}{dt}$，经过微分计算可得 $i = \sqrt{2}\omega CU\cos(\omega t) = \sqrt{2}\omega CU\sin(\omega t + 90°)$。

由正弦交流电瞬时值表达式各项的含义可知以下几点。

电流的最大值为

$$I_m = \sqrt{2}\omega CU$$

电流的有效值为

$$I = \omega CU$$

若设 $X_C = \dfrac{1}{\omega C} = \dfrac{1}{2\pi f C}$,则有

$$I = \dfrac{U}{X_C}$$

X_C 具有 Ω 量纲,称为容抗,反映电容对正弦电流的阻碍作用。

电流的相量为

$$\dot{I} = I\underline{/90°}$$

由此可知,当电容施加正弦交流电信号时,电流的有效值等于电压的有效值除以容抗,初相位超前电压 90°,即

$$\dot{I} = \text{j}\dfrac{\dot{U}}{X_C} \text{ 或 } \dot{U} = -\text{j}X_C\dot{I}$$

2.4.3 电容的充电和放电过程

1. 电容的充电过程

电容是一种能储存电场能量的元件。根据前述对电容的伏安关系分析得知,电容在直流稳态电路中相当于开路,但如图 2-26 所示,当电容刚接入直流电源,即开关 S 闭合后的短暂时间内,因正电荷在电源的作用下,逐渐向电容的一个极板上聚集,电容的另一极板则感应出等量的负电荷,随着电容极板电荷量的增加,其端电压也持续升高,这一过程即为电容的充电过程。

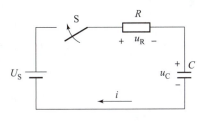

图 2-26 电容充电电路

电容的充电过程是一短暂的"过渡过程",即电路由一种稳定状态变为另一种稳定状态的中间暂态过程。当电容器极板的电荷量达到其容量后,电容的端电压将不再变化,电路中也不再有电荷流动,充电过程结束。

电容在充电过程中,端电压和电流的瞬时值可以用微分方程求解,也可以用电路分析理论中过渡过程的"三要素"法分析,在此仅简单介绍"三要素"法。

过渡过程的"三要素"是指:换路瞬间的初始值 $f(0_+)$、换路后的稳态值 $f(\infty)$、换路时间常数 τ。任一过渡过程,都可用下述"三要素"公式求解其端电压和电流的瞬时值。

$$f(t) = f(\infty) + [f(0_+) - f(\infty)]\text{e}^{-\frac{t}{\tau}}$$

在图 2-26 所示电路中,电容器事先没有充电,当电容器刚接通电源时,因其端电压不能突变,故 $u_C(0_+) = u_C(0_-) = 0$,电容充电结束后 $u_C(\infty) = U_S$,又 $\tau = RC$,代入上式可得

$$u_C = U_S(1 - \text{e}^{-\frac{t}{RC}})$$

电容器在充电过程中端电压的变化规律如图 2-27 所示。

2. 电容的放电过程

如图 2-28 所示,当电容充电结束后,使 S_1 断开,S_2 闭合,这时电容储存的电荷将通过电阻 R_2 释放掉,直到 $u_C = 0$,这一过程即为电容的放电过程。

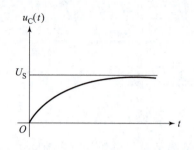

图 2-27 电容充电过程的电压变化曲线

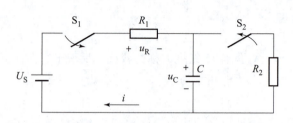

图 2-28 电容放电电路

放电过程中，因 $u_C(0_+) = u_C(0_-) = U_S$，$u_C(\infty) = 0$，$\tau = R_2 C$，依据过渡过程的三要素法，有

$$u_C = U_S e^{-\frac{t}{R_2 C}}$$

电容放电过程中 u_C 的变化曲线如图 2-29 所示。

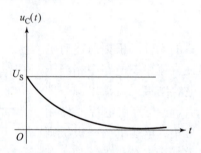

图 2-29 电容放电过程电压变化曲线

2.4.4 电容器的功能及应用

1. 滤波

根据电容"通交流、阻直流；通高频、阻低频"的特性，可以构成滤波电路，在图 1-20 所示的小功率直流稳压电源中，正弦交流电经整流桥整流后的脉动直流电，通过电容器滤除高频分量后，得到了近似平稳的信号波形，如图 1-21 所示。

滤波是信号处理的重要环节，应用于许多信号处理电路。

2. 振荡电路

根据电容的充、放电特性，可用其与电阻一起构成振荡电路，作为脉冲信号发生电路或信号处理、转换电路。在后续的 555 定时器构成的多谐振荡电路、单稳态触发电路及由逻辑门构成的多谐振荡电路中，都应用到电容器。

图 2-30 所示电路是一个由分立元件构成的多谐振荡电路，电路中当接通电源后，两个发光

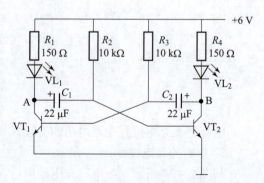

图 2-30 基于分立元件的多谐振荡电路

二极管就会交替闪烁，A、B 两点会输出互反的脉冲信号。

其工作原理：电路结构虽然完全对称，但实际工作中两个晶体管一定有一个导电能力略强而先导通。不管哪个晶体管先导通，电路都可以起振。

若晶体管 VT_1 先导通，其集电极为低电位，通过电容器 C_1 的耦合作用，晶体管 VT_2 的基极也为低电位，VT_2 截止，VL_1 导通发光。此时，+6 V 电源通过电阻器 R_2 和晶体管 VT_1 给电容器 C_1 充电，VT_2 的基极电位逐渐升高，当其达到阈值电压（硅管 0.5 V、锗管 0.3 V）时，VT_2 导通，其集电极为低电位，并通过电容器 C_2 耦合，使 VT_1 的基极也为低电位，VT_1 截止，VL_2 导通发光。

若晶体管 VT_2 先导通，其集电极为低电位，通过电容器 C_2 的耦合作用，晶体管 VT_1 的基极也为低电位，VT_1 截止，VL_2 导通发光。此时，+6 V 电源通过 R_3 和 VT_2 给电容器 C_2 充电，VT_1 的基极电位逐渐升高，当其达到阈值电压（硅管 0.5 V、锗管 0.3 V）时，VT_1 导通，其集电极为低电位，通过电容器 C_1 耦合，使 VT_2 的基极也为低电位，VT_2 截止，VL_1 导通发光。

3. 信号转换电路

图 2-31 所示电路为用于信号波形转换的 RC 积分电路。如输入矩形脉冲信号 u_i，其输出 u_o 的波形则为三角波或锯齿波，如图 2-32 所示。

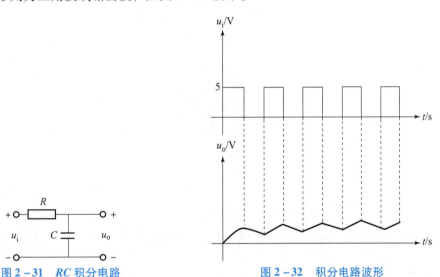

图 2-31　RC 积分电路　　　　图 2-32　积分电路波形

其工作原理是：当 u_i = 5 V 时，电容 C 通过 R 充电，充电时间常数为 $\tau = RC$，输出 u_o 按指数规律上升。因 τ 远大于脉宽，故当 u_o 未达到最大值 5 V 时，u_i 变为 0，电容 C 通过 R 放电，放电时间常数仍为 $\tau = RC$，同样因放电时间常数远大于脉宽，输出 u_o 未达到 0 V 时，因 u_i 变为 5 V 电容又开始充电。故 u_o 波形近似三角波。

4. 耦合

依据电容器两端的电压不能发生突变的原理，可用电容实现耦合功能。在图 2-30 所示电路中，当 VT_1 的集电极为低电位时，电容器 C_1 将其耦合到 VT_2 的基极；当 VT_2 的集电极是低电位时，C_2 将其耦合到 VT_1 的基极。

在晶体管多级放大电路中，也应用到电容的耦合作用。

5. 延时保持

同样依据电容的端电压不能发生突变的原理，可用电容器进行延时和电平保持。图 2-33 所示电路为单片机的上电复位电路。

单片机的可靠复位条件是在 RST 端加两个机器周期（一般取不小于 10 ms）以上的高电平。刚上电时，因电容器的端电压不能发生突变，电阻 R 所分得的电压为电源电压，故 RST 端为高电平，之后电容器开始充电，充电时间常数 $\tau = RC$，只要电容器 C 的容量选择合适，能够满足 $\tau \geq 10$ ms，就可保证单片机可靠复位。

6. 相位调整

依据电容器在正弦交流信号作用下，电流相位超前电压相位 90°的特性，可用电容进行相位调整，如后续 LM216 型集成运算放大器的引脚 5 专用于连接相位补偿电容器。

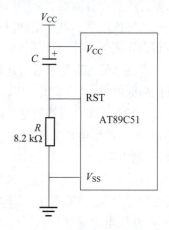

图 2-33 单片机上电复位电路

2.5 电磁继电器简介

微课　电磁继电器认知

电磁继电器是一种电子控制器件，它具有控制系统（又称输入回路）和被控制系统（又称输出回路），通常应用于自动控制电路中，它实际上是用较小的电流、较低的电压去控制较大电流、较高的电压的一种"自动开关"。在电路中起着自动调节、安全保护、转换等作用。

电磁继电器的外形及内部结构如图 2-34 所示。其主要部件是电磁铁、衔铁、弹簧、动触点、静触点。

工作电路可分为低压控制电路和高压工作电路两部分。低压控制电路端口为 D、E，主要为电磁继电器线圈供电；高压工作电路端口为 A、B 和 B、C，为常闭触点和常开触点构成的控制电路供电。

当继电器的线圈通电时，会产生电磁效应，衔铁在电磁力吸引的作用下克服返回弹簧的拉力吸向铁心，从而带动衔铁的动触点与常开静触点闭合。当线圈断电后，电磁的吸力消失，衔铁在弹簧的反作用力作用下返回原来的位置，使动触点与常闭静触点重新闭合。通过触点的闭合和断开达到接通和切断电路的目的。继电器的"常开触点"是在继电器线圈未通电时断开，通电时闭合的触点；而"常闭触点"是在继电器线圈未通电时闭合，通电时断开的触点。

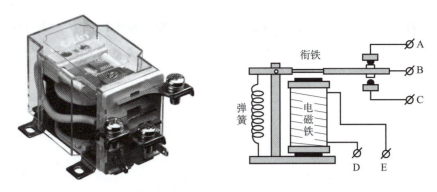

图 2-34 电磁继电器外形及内部结构

项目实施

任务 2.1　热敏电阻典型应用电路分析

1. 电子体温计电路

微课　热敏电阻应用案例

文档　热敏电阻典型应用电路分析

简易电子体温计电路如图 2-35 所示。电路的功能是通过微安表的指针偏转显示测量的体温。

（1）电路结构分析。

①请分析电路结构，将相关内容填写在表 2-11 所示的对应单元格中。

表 2-11　图 2-35 所示电路结构分析表

器件标识	器件/电路名称	器件/电路特性	器件/电路的功能
R_T			
R_T、R_1、R_2、R_3、R_{P_1} 电路			
IC			

器件标识	器件/电路名称	器件/电路特性	器件/电路的功能
R_6、C_3 电路			
C_2			
C_1			
μA 表			

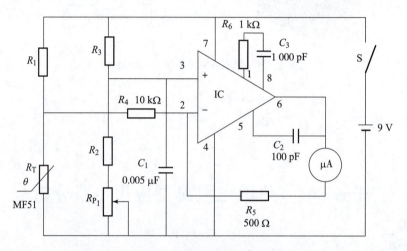

图 2-35 简易电子体温计电路

② 请根据器件在电路中的作用,将器件标识填入对应的模块。

传感器件/模块:＿＿＿＿＿＿＿＿＿＿＿＿＿＿＿＿＿＿＿＿＿＿＿＿

信号处理器件/模块:＿＿＿＿＿＿＿＿＿＿＿＿＿＿＿＿＿＿＿＿＿＿

执行器件/模块:＿＿＿＿＿＿＿＿＿＿＿＿＿＿＿＿＿＿＿＿＿＿＿＿

(2) 电路工作原理分析。

请分析电路工作原理,并回答相关问题。

问题 1:在温度为测量下限(如 35 ℃)时,电路中传感模块、信号处理模块、执行模块是如何配合而使微安表不显示的?

＿＿＿＿＿＿＿＿＿＿＿＿＿＿＿＿＿＿＿＿＿＿＿＿＿＿＿＿＿＿＿＿＿

＿＿＿＿＿＿＿＿＿＿＿＿＿＿＿＿＿＿＿＿＿＿＿＿＿＿＿＿＿＿＿＿＿

＿＿＿＿＿＿＿＿＿＿＿＿＿＿＿＿＿＿＿＿＿＿＿＿＿＿＿＿＿＿＿＿＿

问题 2:在温度升高时,电路中传感模块、信号处理模块、执行模块是如何配合使微安表显示的?

＿＿＿＿＿＿＿＿＿＿＿＿＿＿＿＿＿＿＿＿＿＿＿＿＿＿＿＿＿＿＿＿＿

＿＿＿＿＿＿＿＿＿＿＿＿＿＿＿＿＿＿＿＿＿＿＿＿＿＿＿＿＿＿＿＿＿

2. 冰箱、冰柜温度控制电路

冰箱、冰柜温度控制电路如图 2-36 所示。电路的功能是，当温度高于设定温度时，启动压缩机；当温度低于设定温度时关停压缩机。

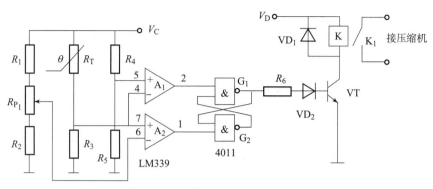

图 2-36　冰箱、冰柜温度控制电路

（1）电路结构分析。

①请分析电路结构，将相关内容填写在表 2-12 所示的对应单元格中。

表 2-12　图 2-36 所示电路结构分析表

器件标识	器件/电路名称	器件/电路特性	器件/电路的功能
R_T			
R_T、R_3 电路			
R_1、R_2、R_{P_1} 电路			
LM339（A_1、A_2）			
G_1、G_2			
VD_2			
VD_1			
VT			
K			
K_1			

②请根据器件在电路中的作用，将器件标识填入对应的模块。

传感器件/模块：_____

信号处理器件/模块：_____

执行器件/模块：_____

（2）电路工作原理分析。

请分析电路工作原理，并回答相关问题。

问题 1：在温度高于设定温度时，LM339 的引脚 1 和引脚 2 输出是高电平还是低电平？

为什么？

问题2：在温度高于设定温度时，VD_2 和 VT 是什么状态？为什么？

问题3：在温度高于设定温度时，K 和压缩机分别是什么状态？为什么？

问题4：在温度低于设定温度时，LM339 的引脚 1 和引脚 2 输出是高电平还是低电平？为什么？

问题5：在温度低于设定温度时，VD_2 和 VT 是什么状态？为什么？

问题6：在温度低于设定温度时，K 和压缩机分别是什么状态？为什么？

3. 环境温度监控电路

环境温度控制电路如图 2 – 37 所示。电路的功能是，当温度高于设定温度时，启动风扇；当温度低于设定温度时，启动加热器。

（1）电路结构分析。

①请分析电路结构，将相关内容填写在表 2 – 13 所示的对应单元格中。

表 2 – 13 图 2 – 37 所示电路结构分析表

器件标识	器件/电路名称	器件/电路特性	器件/电路的功能
R_T			
R_T、R_1 电路			
R_2、R_3、R_{f1} 电路			
LM393（A、B）			

续表

器件标识	器件/电路名称	器件/电路特性	器件/电路的功能
VD			
VT			
K			
K_1			
K_2			

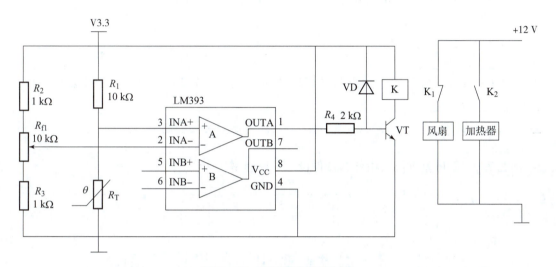

图 2-37 环境温度控制电路

② 请根据器件在电路中的作用，将器件标识填入对应的模块。

传感器件/模块：_____

信号处理器件/模块：_____

执行器件/模块：_____

（2）电路工作原理分析。

请分析电路工作原理，并回答相关问题。

问题1：在温度高于设定温度时，电压比较器 A 的输出状态是什么？为什么？

_____

_____

问题2：在温度高于设定温度时，VT 的状态是什么？为什么？

_____

_____

问题 3：在温度高于设定温度时，风扇和加热器的状态分别是怎样的？为什么？
_____
_____

问题 4：在温度低于设定温度时，电压比较器 A 的输出状态是什么？为什么？
_____
_____

问题 5：在温度低于设定温度时，VT 的状态是什么？为什么？
_____
_____

问题 6：在温度低于设定温度时，风扇和加热器的状态分别是怎样的？为什么？
_____
_____

问题 7：电路的基准温度由什么器件设定？原理是什么？
_____
_____

任务 2.2　温度监控电路的设计与制作

1. 任务目标

参照图 2-37 所示电路，设计一个温度控制电路，当温度高于设定温度时，启动风扇；当温度低于或等于设定温度时，启动加热器。

微课　温度监视电路仿真设计

2. 任务要求

（1）在 Proteus 中设计电路。
（2）进行电路仿真及调试。
（3）设计要求。
①电路结构正确。
②器件参数正确。
③电路功能正常。
④布局合理、美观。

3. 任务实施

（1）电路设计。
参考图 2-38 所示电路进行电路设计。
第一步：器件选型。
- 热敏电阻器：建议选用负温度系数热敏电阻 "NCP15WF104" 型。

- 电磁继电器:建议选用 G2R – 14 – DC5 型。
- 电风扇:建议选用 FAN – DC 型。
- 续流二极管:建议选用 1N4001 型。
- 其他器件:参照图 2 – 38。

第二步:电路连接。
- 继电器:常闭触点接电风扇,常开触点接加热器(用 LED 模拟)。
- 其他器件:参照图 2 – 38 所示连接。

第三步:参数设置。
- 电源:控制电路采用 5 V 或 6 V 电源,驱动电路采用 12 V 直流电源。
- 其他参数:可参照图 2 – 38 所示电路设置。

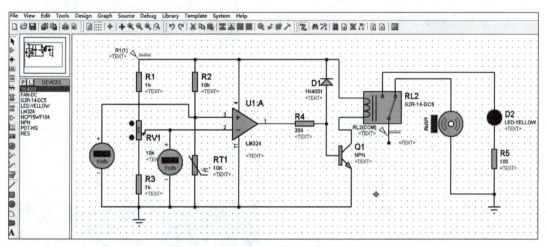

图 2 – 38　温度控制电路仿真案例

(2) 仿真调试。

在仿真运行状态下,先将热敏电阻的阻值调整为 100 Ω,观察电路工作状态,如果风扇转动、LED 熄灭,则工作正常。再将热敏电阻的阻值调整为 10 kΩ,观察电路工作状态,如果风扇不转、LED 点亮,则调试结束;否则,将电位器的阻值调小,直到 LED 点亮。如果电位器的阻值调到 0% 时,LED 仍不亮,则需检查电路连接问题。

任务 2.3　基于实验平台的温度/光照控制电路实验

1. 平台简介

(1) 硬件平台。

本课程可采用 NEWLab 物联网传感器实验平台。NEWLab 传感器实验的硬件平台主要由平台和实验模块组成,如图 2 – 39 所示。实验平台上的实验模块安装采用了磁吸方式。

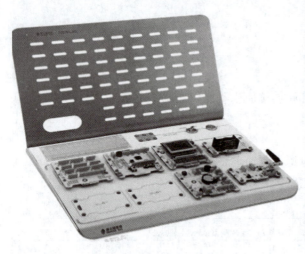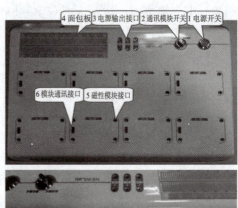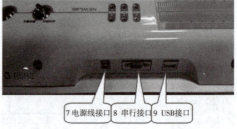

图 2-39　NEWLab 的硬件平台

（2）NEWLab 的云实验平台。

NEWLab 的云实验平台界面如图 2-40 所示。云平台可实现传感器的实验场景模拟。

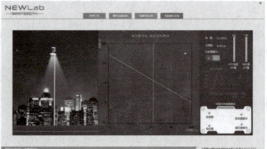

图 2-40　NEWLab 的云实验软件

2. 实验模块

（1）NEWLab 温度/光照传感模块。

NEWLab 光照传感实验与温度传感实验共用一个温度/光照传感模块，模块结构如图 2-41 所示。

模块中各端口标识的含义如下。

①热敏或光敏电阻传感器。

②基准电压调节电位器。

③电压比较器电路。

④基准电压测试接口 J10。测试温度感应的阈值电压，即比较器 1 反相输入端（3 脚）电压。

⑤模拟量输出接口 J6。测试热敏电阻两端的电压，即比较器 1 同相输入端（2 脚）电压。

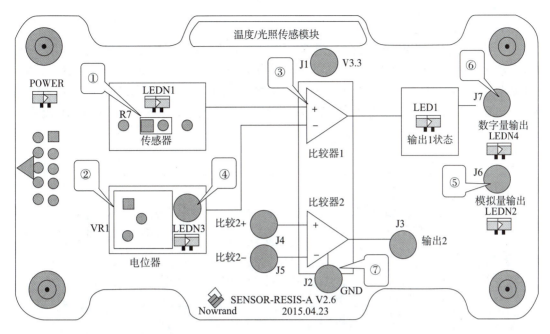

图 2-41 NEWLab 温度/光照传感模块

⑥数字量输出接口 J7。测试比较器 1 输出电平电压。
⑦接地 GND 接口 J2。
（2）继电器模块电路。

NEWLab 传感实验的继电器模块电路如图 2-42 所示。其 J2 用于接收传感电路中信号处理模块的信息，该信息与控制端口 CTRL0 通过集成或门 74VHC1G32 进行或运算后，加在 NPN 型晶体管的基极，控制其导通或截止。在 J2 和 CTRL0 无信号输入时，或门的两输入端因接地均为低电平。晶体管 VT_1 是一个开关器件，用于控制继电器线圈的通断状态，当其导通时，继电器线圈得电，继电器常开触点闭合，J8 与 J9 接通，常闭触点断开，J8 与 J10 断开。电路中二极管 VD_1 为续流二极管。

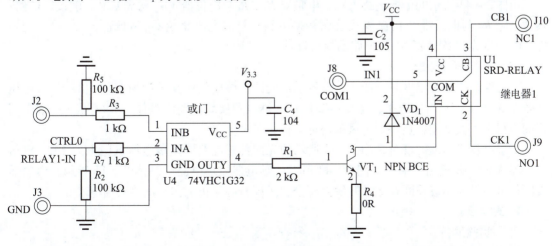

图 2-42 NEWLab 继电器模块电路

3. 实验原理

(1) 光照传感电路原理。

图 2-43 所示为 NEWLab 光照传感电路原理,其原理与图 1-37 所示电路基本相同,当光线亮度较大时,光敏电阻阻值小,则 R_T 上的电压即加到 LM393 的 3 脚(同相输入端),电压小于基准电压,LM393 的 1 脚输出为低电平至 D_0 端,LED1 不亮。当光线变暗时,光敏电阻阻值变大,R_T 电压增大,当 R_T 电压大于基准电压时,1 脚输出为高电平至 D_0 端,LED1 点亮。

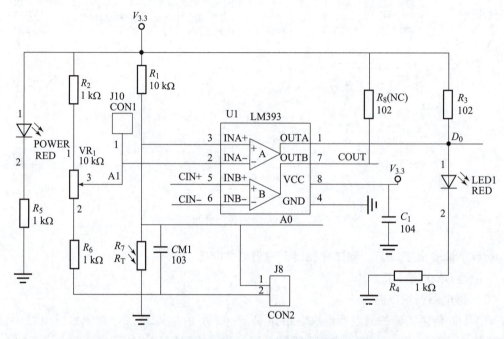

图 2-43 NEWLab 光照传感电路原理

(2) 温度传感电路原理。

NEWLab 温度传感实验与光照传感实验模块共享,其传感电路如图 2-43 所示,继电器模块如图 2-42 所示,电路的整机工作电路与图 2-37 所示环境温度控制电路基本相同。

由图 2-43 所示的传感电路可知,电阻器 R_2、R_6 与电位器 VR_1 构成基准温度设定电路;热敏电阻 R_T 与电阻器 R_1 构成温度检测转换电路;集成电压比较器 LM393 作为信号处理器件;红色发光二极管 LED1 是电路的执行器件。

(3) 整机工作原理。

当温度高于基准温度时,图 2-43 所示的光照传感电路中热敏电阻 RT 阻值减小,电压比较器 A 的 1 脚输出低电平,图 2-42 所示的继电器模块电路中晶体管 VT1 截止,继电器线圈不得电,其常闭触点闭合,风扇通电工作;

当温度低于基准温度时,图 2-43 所示的光照传感电路中热敏电阻 RT 阻值增大,电压比较器 A 的 1 脚输出高电平,图 2-42 所示的继电器模块电路中晶体管 VT1 导通,继电器线圈得电,其常闭触点断开,常开触点闭合,风扇断电停止工作,加热器通电工作。

4. 实验步骤

(1) 实验准备。

①运行"物联网开发实验平台(1.0.0.5).exe",按操作向导安装物联网开发实验平

台软件。

②导入光照传感实验和温度传感实验的实验包。

③将 NEWLab 实验硬件平台通电并与计算机连接。

(2) 硬件装接。

①将温度/光照传感模块放置在 NEWLab 实验平台的一个实验模块插槽上。

②将指示灯放置在平台的侧架上。

③将模拟加热器的 LED 灯和风扇放置在平台的侧架上。

④按图 2-44 所示进行光照传感电路装接，操作如下。

- 将温度/光照传感模块的数字量输出端口 J7 与继电器模块的 J2 连接。

- 将温度/光照传感模块的接地端口 J2 与继电器模块的接地端口 J3 连接。继电器模块的 J10 口接风扇的正极，风扇负极接电源地线。

- 继电器模块的 J9 口接 LED 灯的阳极，LED 的阴极接电源地线。

- 继电器模块的 J8 口接电源正极。

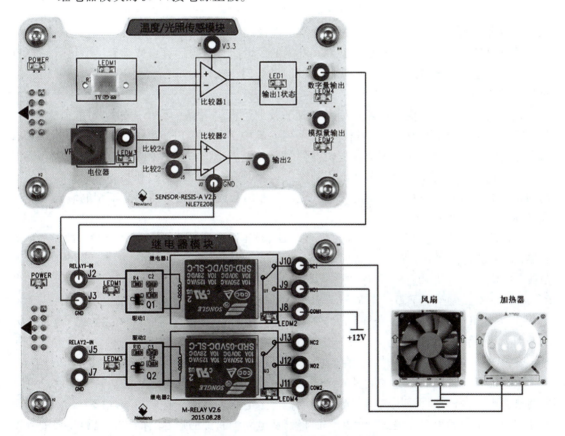

图 2-44　NewLab 光照/温度传感实验接线

(3) 启动实验。

①将光敏电阻装接到传感器接口。

②将实验平台的"模式选择"调整到自动模式，按下电源开关，改变光照强度，观察 LED 灯状态。

③启动 NEWLab 实验上位机软件平台,选择光照传感实验。
④选择硬件连接说明,进行上位机软件平台检测,通过检测观察模拟运行场景。
⑤取下光敏电阻,将热敏电阻装接到传感器接口。
⑥再次启动 NEWLab 实验上位机软件平台,选择温度传感实验。
⑦选择硬件连接说明,进行上位机软件平台检测,通过检测观察模拟运行场景。

项目总结

本项目以典型温度传感电路为载体,主要介绍半导体热敏电阻器、直流电桥、逻辑门与集成逻辑门、锁存器、电容器、电磁继电器等器件知识。

半导体热敏电阻器是一种温度传感器件,在温度变化时其电阻值随之变化,其中 PTC 型热敏电阻,具有正的温度特性,即电阻值随温度的升高而增大;NTC 型热敏电阻,具有负的温度特性,即电阻值随温度的升高而减小。

直流电桥是一种广泛应用于传感电路中的测量-转换电路。由 4 个桥臂组成,当相对两臂的电阻乘积相等时,电桥平衡,桥路两端的电位相等,桥路电流为 0。

逻辑门是实现逻辑运算的基本器件。常见的逻辑运算有与运算、或运算、非运算、与非运算、或非运算、异或运算等,对应的逻辑门有与门、或门、非门(反相器)、与非门、或非门、异或门。

集成逻辑门是在一块半导体芯片上集成了若干逻辑门电路,每个逻辑门均可独立使用。常用的集成逻辑门主要有 74 系列和 40xx 系列,其中 74LS 是 TTL 逻辑门,74HS 和 CD40xx 系列是 CMOS 逻辑门。在使用集成逻辑器件时,首先需识读其引脚图和功能表等技术资料,了解其功能。对于集成逻辑门多余不用的输入端需做适当处理,与门和与非门通常将多余不用的输入端接电源或与其他已用的输入端短接,非门和或非门通常将多余不用的输入端接地或与其他已用的输入端短接。

锁存器是构成时序逻辑电路的基本器件。基本 SR 锁存器具有 R 和 S 两个输入端,R 是复位端,S 是置位端。SR 锁存器有高电平有效和低电平有效 2 种类型,高电平有效的 SR 锁存器由或非门构成,当 $R=0$,$S=0$ 时,锁存器状态保持不变;当 $R=0$,$S=1$ 时,锁存器置 1;当 $R=1$,$S=0$ 时,锁存器置 0;当 $R=1$,$S=1$ 时,锁存器状态不定,实际使用时不允许出现不定状态,故 SR 锁存器有约束条件:$SR=0$;低电平有效的 SR 锁存器由与非门构成,当 $\bar{R}=0$,$\bar{S}=1$ 时,锁存器置 0;当 $\bar{R}=1$,$\bar{S}=0$ 时,锁存器置 1;当 $\bar{R}=1$,$\bar{S}=1$ 时,锁存器状态保持不变;而当 $\bar{R}=0$,$\bar{S}=0$ 时,锁存器状态不定,其约束条件为:$\bar{S}+\bar{R}=1$,也即 $SR=0$。

电容器是一种能储存电场能量的储能元件。当将其接通直流电源后的短暂时间内,电容器将被充电,两极板将积累电荷,形成电场,产生电压,其电压将按指数规律上升,直到其电压与电源电压相等,充电过程结束。而将其从电路中断开的短暂时间内,电容器将进行放电,两极板上的电荷通过放电电阻或导线释放掉,电压按指数规律减小,直到为 0。电容器充放电过程的长短与时间常数 τ 有关,$\tau=RC$,R 为电容器充电或放电电阻。电容电路的电流与电压的关系为 $i=C\dfrac{du_C}{dt}$,即:电容电路的电流与电压的变化率成正比,与电压的大小无关;电容在直流稳态电路中相当于开路。而在交流电路中,频率越大,电压变化率 $\dfrac{du_C}{dt}$ 越高，电流也越大，而频率越低，电压变化率 $\dfrac{du_C}{dt}$ 越小，电流也越小。因此，电容具有通交流、阻直流、通高频、阻低频的特性；因电容器的端电压是由于电荷积累形成的，而电荷的积累是持续进行，不是一蹴而就的，所以电容器的端电压不能发生突变。在使用电容器时，需识别其参数标志。电容器的参数标志识别方法与电阻器基本相同，只是用数字索位标志法时，有小数点的单位为 μF，没有小数点的单位为 pF。电解电容器是一种极性电容器，其长引脚是正极、短引脚是负极。电容器在电路中主要用于滤波、耦合、电平保持、信号转换、振荡等。

电磁继电器是自动控制电路中常用的电子控制器件，是一种用较小的电流、较低的电压去控制较大电流、较高电压的一种"自动开关"。其主要结构有电磁铁、衔铁、弹簧、动触点、静触点。其控制触点有常开触点和常闭触点两种。当其线圈通电时，常开触点闭合、常闭触点断开；当其线圈断电后，常开触点断开、常闭触点闭合。

电子体温计电路是通过热敏电阻感知体温变化，再通过直流电桥将其转换为电压信号后，送至集成运算放大器进行放大，并通过微安表指针偏转显示与被测温度成比例的角度。

冰箱、冰柜温度控制电路是将热敏电阻感知的温度信号，通过电压比较器与设定基准温度比较后，控制晶体管的导通与截止和继电器的工作状态，实现在温度高于设定温度时启动压缩机工作，在温度低于设定温度时，停止压缩机工作。

环境温度监控电路也是将热敏电阻感知的温度信号，通过电压比较器与设定基准温度比较后，控制晶体管的导通与截止和继电器的工作状态，实现在温度高于基准温度时启动风扇，温度低于基准温度时停止风扇，启动加热器。

项目练习

1. 单项选择题

（1）与非门的逻辑功能是（　　）。
A. 输入有 0，输出为 0　　　　　　B. 输入有 0，输出为 1
C. 输入有 1，输出为 1　　　　　　D. 输入有 1，输出为 0

（2）或非门的逻辑功能是（　　）。
A. 输入有 1，输出为 0　　　　　　B. 输入有 1，输出为 1
C. 输入全 1，输出为 1　　　　　　D. 输入全 0，输出为 0

（3）与门的逻辑功能是（　　）。
A. 输入有 0，输出为 0　　　　　　B. 输入有 0，输出为 1
C. 输入有 1，输出为 1　　　　　　D. 输入有 1，输出为 0

（4）或门的逻辑功能是（　　）。
A. 输入有 1，输出为 0　　　　　　B. 输入有 1，输出为 1
C. 输入有 0，输出为 1　　　　　　D. 输入有 0，输出为 0

（5）能实现输入不同输出为 1，输入相同输出为 0 的逻辑门是（　　）。
A. 与门　　　　B. 或门　　　　C. 与非门　　　　D. 异或门

（6）在图 2-45 所示电路中，使输出保持原来状态的一组输入信号是（　　）。
A. $\bar{R}=0, \bar{S}=0$　　　　　　B. $\bar{R}=0, \bar{S}=1$

C. $\bar{R}=1,\bar{S}=0$ D. $\bar{R}=1,\bar{S}=1$

(7) 用图 2-46 所示 74LS00 芯片的 1、2、3 引脚实现 $F=\bar{A}$ 的运算，下列不能采用的处理方法是（　　）。

A. 1、2 脚短接，接输入变量 A，3 脚输出

B. 1 脚接输入变量 A，2 脚接地，3 脚输出

C. 1 脚接输入变量 A，2 脚接电源，3 脚输出

D. 2 脚接输入变量 A，1 脚接电源，3 脚输出

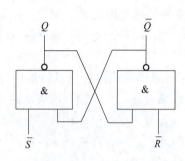

图 2-45　第 1（6）题图

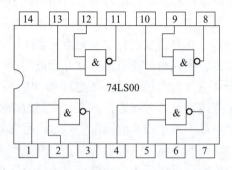

图 2-46　第 1（7）题图

(8) 集成与门和与非门在使用时，多余不用的输入端不可以（　　）。

A. 接地　　　B. 接电源　　　C. 与其他输入端接　D. 悬空不接

(9) 图 2-47 所示电路实现的逻辑功能是（　　）。

A. $F=\overline{AB}\cdot C$　　B. $F=\overline{ABC}$　　C. $F=\overline{ABC}$　　D. $F=ABC$

(10) 用图 2-48 所示的集成逻辑门实现 $F=\bar{A}$，下列正确的接法是（　　）。

A. 1、2 脚短接，接输入变量 A，3 脚输出

B. 2、3 脚短接，接输入变量 A，1 脚输出

C. 1 脚接输入变量 A，2 脚接电源，3 脚输出

D. 1 脚接输入变量 A，3 脚接电源，2 脚输出

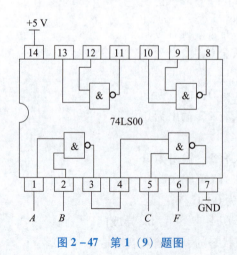

图 2-47　第 1（9）题图

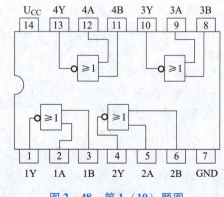

图 2-48　第 1（10）题图

（11）某电容器上标志为 104，则该电容器的容量为（　　）。
A. 104 pF　　　　B. 104 μF　　　　C. 0.1 μF　　　　D. 100000 μF
（12）某电容器上标志为 4μ7，则该电容器的容量为（　　）。
A. 47 mF　　　　B. 4700 μF　　　　C. 47 pF　　　　D. 4.7 μF

2. 判断题（正确：T；错误：F）

（1）图 2-49 所示电路是一个直流测量电桥，其在 $R_T \cdot R_5 = R_3 \cdot R_4$ 时，$U_{ab} = 0$。（　　）

（2）NTC 型热敏电阻是负温度系数的热敏电阻。（　　）

（3）集成或门和或非门在使用时，多余的输入端需接地或与其他输入端短接。（　　）

（4）当 $A = 0$、$B = 1$ 时，$F = AB$ 的值为 1。（　　）

（5）当 $A = 0$、$B = 1$ 时，$F = A + B$ 的值为 1。（　　）

（6）当 $A = 1$、$B = 1$ 时，$F = \overline{A + B}$ 的值为 1。（　　）

（7）当 $A = 1$、$B = 0$ 时，$F = \overline{A \cdot B}$ 的值为 0。（　　）

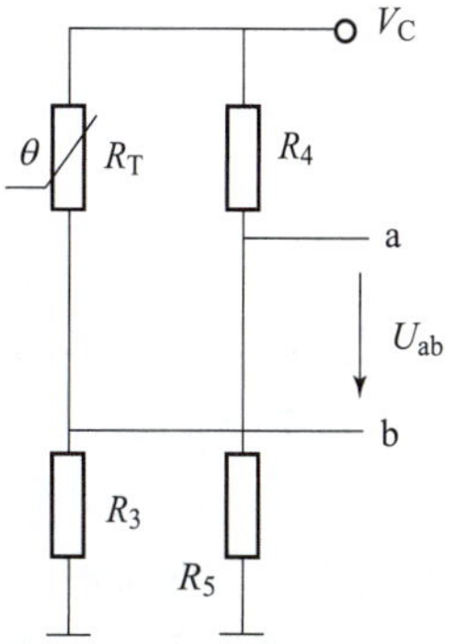

图 2-49　第 2（1）题图

（8）锁存器是一种具有记忆和存储功能的组合逻辑器件。（　　）

（9）高电平有效的 SR 锁存器，当 $R = 0, S = 1$ 时触发器将置 0。（　　）

（10）低电平有效的 SR 锁存器，当 $\overline{R} = 0, \overline{S} = 1$ 时触发器将置 0。（　　）

（11）电容电路的电流与电压的大小成正比。（　　）

（12）电容器的端电压不能发生突变。（　　）

3. 填空题

（1）NTC 型热敏电阻，当温度升高时，其电阻值将变_____。

（2）0 + 1 的逻辑运算结果是_____。

（3）集成逻辑器件中标 NC 的引脚是_____引脚。

（4）图 2-50 所示逻辑电路的输出 $F = $ _____。

（5）低电平有效的 SR 锁存器，当 $\overline{R} = 1, \overline{S} = 0$ 时，触发器的状态将为_____。

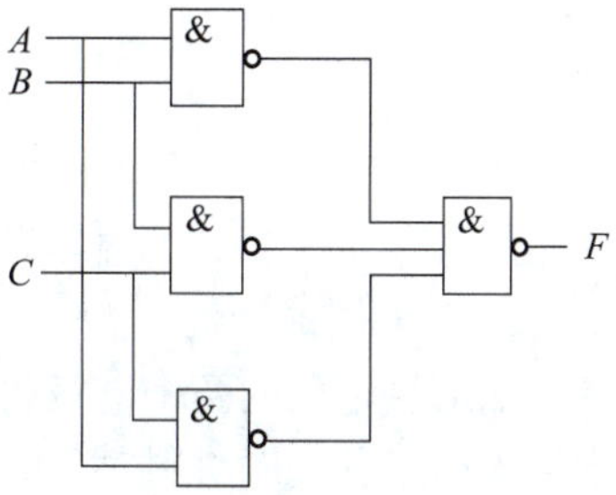

（6）图 2-36 所示电路中，R_T 是_____，A_1、A_2 是_____。当温度高于基准温度时，R_T 的阻值变_____，LM339 的 4 脚、7 脚的电位变_____，1 脚输出_____电平，2 脚输出_____电平，二极管 VD_2 和_____型晶体管 VT_____，_____K 的线圈_____电，其常_____触点_____，压缩机通电工作。当温度低于基准温度时，R_T 的阻值变_____，LM339 的 4 脚、7 脚的电位变_____，1 脚输出_____，2 脚输出_____，二极管 VD_2 和晶体管 VT_____，K 的线圈_____电，其常_____触点_____，压缩机断电停止工作。

图 2-50　第 3（4）图题

图 2-36

项目 2 参考答案

知识拓展

拓展2.1 热电偶简介

热电偶是一种可直接测量温度,并将温度信号转换成热电动势信号的感温元件,是一种依据热电效应工作的器件。

1. 热电效应

两种不同成分的导体两端接合成回路,当两个接合点的温度不同时,在回路中就会产生电动势,该现象称为热电效应,产生的电动势称为热电势。

2. 热电偶的结构

热电偶的外形及结构如图2-51所示。

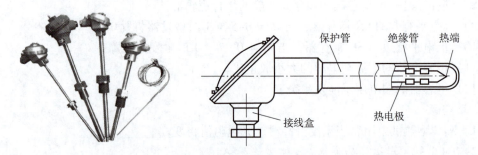

图2-51 热电偶外形及结构

其中,热电极也称热电偶丝,由两种不同成分的导体两端接合成回路构成。其中,直接用作测量介质温度的一端叫做工作端或测量端,另一端叫做冷端或补偿端。

3. 热电偶的特性

如果热电偶的两个电极材料相同,无论结点的温度如何,热电势均为0;在热电偶回路中接入第三种金属材料时,只要该材料两个接点的温度相同,热电偶所产生的热电势将保持不变。因此,在热电偶测温时,可接入测量仪表。

4. 热电偶的材料

(1) 热电偶的材料要求。

①配对的热电偶应用有较大的热电势,且热电势需与温度有良好的线性关系。

②能在较宽的温度范围内应用,且在长时间工作后,不会发生明显的化学及物理性能的变化。

③电阻温度系数小,电导率高。

④易于复制,工艺性与互换性好,便于制定统一的分度表,材料有一定的原始性。

(2) 热电偶常用材料。

①一般金属:镍铬-镍硅、铜-镍铜、镍铬-镍铝、镍铬-考铜热电偶等。

②贵金属:铂、铱、铑、钌、铱及合金,如铂铑-铂、铂铑-铂铑、铂铑-铱热电

偶等。

③难熔金属：钨、钼、铌、铼、锆等，如钨铼－钨铼热电偶。

5. 热电偶的类型

按系列，常用热电偶可分为标准热电偶和非标准热电偶两大类。标准热电偶是指国家标准规定了其热电势与温度的关系、允许误差，并有统一的标准分度表，有与其配套的显示仪表可供选用。非标准热电偶在使用范围或数量级上均不及标准化热电偶，也没有统一的分度表，主要用于某些特殊场合的测量。

常用标准热电偶的热电极材料及使用温度如表 2-14 所示。

表 2-14 常用标准热电偶的热电极材料及使用温度

常用热电偶型号	热电偶分度号热电极材料	使用温度/℃
S	铂铑合金（铑含量10%）－纯铂	0~1 600
R	铂铑合金（铑含量13%）－纯铂	0~1 600
B	铂铑合金（铑含量30%）－铂铑合金（铑含量6%）	0~1 800
K	镍铬－镍硅	0~1 300
T	纯铜－铜镍	0~350
J	铁－铜镍	0~+500
N	镍铬硅－镍硅	0~+800
E	镍铬－铜镍	0~600

从 1988 年 1 月 1 日起，我国标准热电偶和热电阻全部按 IEC 国际标准生产，并指定 S、B、E、K、R、J、T 等 7 种标准化热电偶为我国统一设计型热电偶。

按用途和特性，热电偶还可分为装配热电偶、铠装热电偶、端面热电偶、压簧固定热电偶、高温热电偶、铂铑热电偶、防腐热电偶、耐磨热电偶、高压热电偶、特殊热电偶、手持式热电偶、微型热电偶、贵金属热电偶、快速热电偶、钨铼热电偶、单芯铠装热电偶等。

6. 热电偶分度表

热电偶分度表是指热电偶冷端温度为 0 ℃ 时，热端温度与输出热电势之间的对照表，是热电偶的重要技术资料。不同的热电偶有不同的分度表，使用时需通过分度表将热电偶的热电动势值转换为温度值。现以表 2-15 所示的铂铑 10－铂热电偶的分度表为例介绍分度表的使用方法。

表 2-15 铂铑 10－铂热电偶分度表

温度/℃	0	10	20	30	40	50	60	70	80	90
	热电势/mV									
0	0.000	0.055	0.113	0.173	0.235	0.299	0.365	0.432	0.502	0.573
100	0.645	0.719	0.795	0.872	0.950	1.029	1.109	1.190	1.273	1.356
200	1.440	1.525	1.611	1.698	1.785	1.873	1.962	2.051	2.141	2.232
300	2.323	2.414	2.506	2.599	2.692	2.786	2.880	2.974	3.069	3.164

续表

温度/℃	0	10	20	30	40	50	60	70	80	90
	热电势/mV									
400	3.260	3.356	3.452	3.549	3.645	3.743	3.840	3.938	4.036	4.135
500	4.234	4.333	4.432	4.532	4.632	4.732	4.832	4.933	5.034	5.136
600	5.237	5.339	5.442	5.544	5.648	5.751	5.855	5.96	6.065	6.169
700	6.274	6.380	6.486	6.592	6.699	6.805	6.913	7.020	7.128	7.236
800	7.345	7.454	7.563	7.672	7.782	7.892	8.003	8.114	8.255	8.336
900	8.448	8.560	8.673	8.786	8.899	9.012	9.126	9.240	9.355	9.470
1000	9.585	9.700	9.816	9.932	10.048	10.165	10.282	10.400	10.517	10.635
1100	10.754	10.872	10.991	11.110	11.229	11.348	11.467	11.587	11.707	11.827
1200	11.947	12.067	12.188	12.308	12.429	12.550	12.671	12.792	12.912	13.034
1300	13.155	13.276	13.397	13.519	13.640	13.761	13.883	14.004	14.125	14.247
1400	14.368	14.489	14.61	14.731	14.852	14.973	15.094	15.215	15.336	15.45
1500	15.576	15.697	15.817	15.937	16.057	16.176	16.296	16.415	16.534	15.653
1600	16.771	16.89	17.008	17.125	17.245	17.36	17.477	17.594	17.711	17.826
1700	17.942	18.056	18.17	18.282	18.394	18.504	18.612	—	—	—

在用分度表查询热电势与对应的温度时,将热电势值对应的行列温度相加即可,如热电势为 6.592 mV 时,对应的温度为 730 ℃;热电势为 4.832 mV 时,对应的温度为 560 ℃ 等。

拓展 2.2 热电阻简介

1. 测温原理

热电阻是由铂、铜、镍、锰、铑等纯金属材料制成,是基于金属导体的电阻值随温度的增加而增加这一特性进行温度测量的,是中低温区最常用的一种温度检测器。其测量精度高、性能稳定,不仅广泛应用于工业测温,而且被制成标准的基准仪。

金属热电阻的电阻值和温度的近似关系式为

$$R_t = R_{t0}[1 + \alpha(t - t_0)]$$

式中:R_t 为温度 t 时的阻值;R_{t0} 为温度 t_0(通常 $t_0 = 0$ ℃)时对应的电阻值;α 为温度系数。

2. 热电阻与热敏电阻的区别

热敏电阻的温度系数更大,常温下的电阻值更高(通常在数千欧以上),但互换性较差,非线性严重,测温范围只有 −50 ℃ ~ 300 ℃,大量用于家电和汽车用温度检测和控制。

金属热电阻的特点是测量准确、稳定性好、性能可靠、测温范围宽。如工业用铂热电阻（Pt100、Pt10）的测温范围一般为 $-200\ ℃ \sim 800\ ℃$，铜热电阻（Cu50、Cu100）的测温范围为 $-40\ ℃ \sim 140\ ℃$，所以，它在控制中的应用极其广泛。

3. 热电阻的接线方式

（1）二线制。

在热电阻的两端各连接一根导线来引出电阻信号的方式叫二线制。这种引线方法很简单，但由于连接导线必然存在引线电阻 r，其大小与导线的材质和长度有关，因此这种引线方式只适用于测量精度较低的场合。

（2）三线制。

在热电阻根部的一端连接一根引线，另一端连接两根引线的方式称为三线制。这种方式通常与电桥配套使用，可以较好地消除引线电阻的影响，是工业过程控制中最常用的接线方式。

（3）四线制。

在热电阻的根部两端各连接两根导线的方式称为四线制。其中两根引线为热电阻提供恒定电流 I，把 R 转换成电压信号 U，再通过另两根引线把 U 引至二次仪表。这种引线方式可完全消除引线的电阻影响，主要用于高精度的温度检测。

拓展 2.3　逻辑代数基础

1. 逻辑函数

（1）逻辑函数定义。

逻辑函数是指以逻辑运算为基础，以逻辑变量为运算对象，输入变量和输出变量的值只能取逻辑值的函数。可表示为

$$F = f(A,B,C,\cdots)$$

（2）逻辑函数的表示方法。

逻辑函数常用的表示方法有逻辑表达式、真值表、逻辑图、波形图和卡诺图。

①逻辑表达式。由逻辑变量和逻辑运算符构成的式子，称逻辑表达式。在逻辑表达式中，逻辑运算的优先顺序是非运算、与运算、或运算。若要改变运算顺序时需加括号，如

$$F = A\bar{B} + \overline{A(B+\bar{C})}$$

②真值表。将输入变量的各种取值与输出变量的对应关系用表格的形式表示出来，称为真值表，如 $F = A\bar{B} + \bar{A}B$ 的真值表如表 2-16 所示。

表 2-16　$F = A\bar{B} + \bar{A}B$ 的真值表

A	B	F
0	0	0
0	1	1
1	0	1
1	1	0

由表 2-16 可见，逻辑函数的真值表是由逻辑运算得到的。列真值表时，需将输入变量的取值组合按二进制数从小到大的顺序依次列出，然后将其代入逻辑函数表达式中进行逻辑运算，得到每一取值组合所对应的输出值，填入到真值表的输出列。

反之，如果已知逻辑函数的真值表也可以写出其逻辑表达式。方法如下。

第一步：写出真值表中输出变量值为 1 的组合对应的与项，在与项中输入变量取 1 的为原变量，输入变量取 0 的为反变量，如表 2-16 中的输入变量 A、B 分别取 0、1 和 1、0 时输出值为 1，其对应的与项分别是 $\bar{A}B$ 和 $A\bar{B}$。

第二步：将各与项进行或运算，即为逻辑函数的输出表达式。由表 2-16 所写出的逻辑函数表达式为 $F = A\bar{B} + \bar{A}B$。

③ 逻辑图。用逻辑符号表示逻辑函数中的逻辑关系，称为逻辑图。函数 $F = A\bar{B} + \bar{A}B$ 的逻辑图如图 2-52 所示。

④ 波形图。

它指用于反映输出变量和输入变量在时间上的对应关系的图形。函数 $F = A\bar{B} + \bar{A}B$ 的波形图如图 2-53 所示。

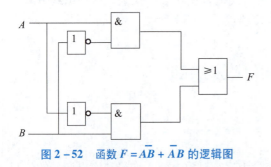

图 2-52　函数 $F = A\bar{B} + \bar{A}B$ 的逻辑图　　　　图 2-53　函数 $F = A\bar{B} + \bar{A}B$ 的波形

⑤ 卡诺图。

卡诺图是逻辑函数最小项的图形表示。

a. 最小项。对于 n 个变量的逻辑函数，若某个与运算项中，包含了全部的 n 个变量，且每个变量都是以原变量或反变量的形式仅出现一次，则称这个与项为该逻辑函数的最小项。

n 个变量有 2^n 个组合，若用原变量表示 1，反变量表示 0，则每一个组合所对应的与项都是最小项，故 n 个变量有 2^n 个最小项。例如，3 个变量有 $2^3 = 8$ 个最小项，分别是 $\bar{A}\bar{B}\bar{C}$、$\bar{A}\bar{B}C$、$\bar{A}B\bar{C}$、$\bar{A}BC$、$A\bar{B}\bar{C}$、$A\bar{B}C$、$AB\bar{C}$、ABC。

最小项除用与表达式表示外，还常用 m_i 表示，其中 i 为最小项取值所对应的十进制数。即 3 个变量的最小项可表示成 m_0、m_1、m_2、m_3、m_4、m_5、m_6、m_7。

b. 卡诺图。将 n 个变量的 2^n 个最小项分别用 2^n 个逻辑相邻的小方格表示，即为卡诺图。逻辑相邻是指两个最小项中只有一个变量取值不同，其余全相同。

2 个、3 个、4 个变量的卡诺图的结构如图 2-54 所示。由图可见 3 个、4 个变量的逻辑函数的卡诺图在结构安排上作了调整，目的是要保证位置相邻的小方格中的最小项逻辑相邻。

(a)

A \ B	0	1
0	$\bar{A}\bar{B}$ m_0	$\bar{A}B$ m_1
1	$A\bar{B}$ m_2	AB m_3

(b)

A \ BC	00	01	11	10
0	$\bar{A}\bar{B}\bar{C}$ m_0	$\bar{A}\bar{B}C$ m_1	$\bar{A}BC$ m_3	$\bar{A}B\bar{C}$ m_2
1	$A\bar{B}\bar{C}$ m_4	$A\bar{B}C$ m_5	ABC m_7	$AB\bar{C}$ m_6

(c)

AB \ CD	00	01	11	10
00	$\bar{A}\bar{B}\bar{C}\bar{D}$ m_0	$\bar{A}\bar{B}\bar{C}D$ m_1	$\bar{A}\bar{B}CD$ m_3	$\bar{A}\bar{B}C\bar{D}$ m_2
01	$\bar{A}B\bar{C}\bar{D}$ m_4	$\bar{A}B\bar{C}D$ m_5	$\bar{A}BCD$ m_7	$\bar{A}BC\bar{D}$ m_6
11	$AB\bar{C}\bar{D}$ m_{12}	$AB\bar{C}D$ m_{13}	$ABCD$ m_{15}	$ABC\bar{D}$ m_{14}
10	$A\bar{B}\bar{C}\bar{D}$ m_8	$A\bar{B}\bar{C}D$ m_9	$A\bar{B}CD$ m_{11}	$A\bar{B}C\bar{D}$ m_{10}

图2-54　卡诺图结构

(a) 二变量卡诺图；(b) 三变量卡诺图；(c) 四变量卡诺图

c. 逻辑函数的卡诺图。根据逻辑函数的与或表达式，在卡诺图中将表达式包含的最小项所对应的小方格内填“1”，其余或填“0”或不填。

如逻辑函数 $F(A,B,C) = AB\bar{C} + A\bar{B}C + \bar{A}BC + ABC$ 的卡诺图如图2-55所示。

A \ BC	00	01	11	10
0			1	
1		1	1	1

图2-55　逻辑函数的卡诺图

逻辑函数的各种表示方法可以相互转换。如由逻辑图可写出逻辑表达式，反之由逻辑表达式也可绘出逻辑图；由逻辑表达式可列出真值表，反之由真值表也可写出逻辑表达式；由逻辑表达式可作出卡诺图，反之由逻辑函数卡诺图也可写出逻辑表达式等。

2. 逻辑函数化简

逻辑函数化简是逻辑电路分析和设计的关键步骤。在分析逻辑函数时，如果逻辑函数的表达式简单，逻辑运算工作量就小。而在逻辑电路设计中，如果逻辑函数表达式简单，所需的逻辑器件就少，电路就相对简单。逻辑函数的化简方法有公式法和卡诺图法。

(1) 公式法。

逻辑函数的公式化简法，就是利用逻辑运算的基本定律和常用公式，进行合并、吸收等操作，使逻辑表达式的与项最少，与项中的变量最少。由化简所得到的逻辑表达式称为最简与或式。

①逻辑运算基本定律。

0-1律：$A \cdot 0 = 0 \quad A + 1 = 1$

自等律：$A \cdot 1 = A \quad A + 0 = A$

互补律：$A + \bar{A} = 1 \quad A \cdot \bar{A} = 0$

交换律：$A + B = B + A \quad A \cdot B = B \cdot A$

结合律：$(A + B) + C = A + (B + C) \quad (A \cdot B) \cdot C = A \cdot (B \cdot C)$

分配律：$A \cdot (B + C) = AB + AC \quad A + (B \cdot C) = (A + B)(A + C)$

重叠律：$A \cdot A = A \quad A + A = A$

反演律（摩根定理）：$\overline{A+B} = \bar{A} \cdot \bar{B}$ $\overline{AB} = \bar{A} + \bar{B}$

非非律：$\bar{\bar{A}} = A$

②逻辑运算常用公式。

$$AB + A\bar{B} = A$$
$$A + AB = A$$
$$A + \bar{A}B = A + B$$
$$AB + \bar{A}C + BC = AB + \bar{A}C \quad \text{（冗余项定理）}$$
$$AB + \bar{A}C + BCD = AB + \bar{A}C$$
$$\overline{\overline{AB} + A\bar{B}} = AB + \bar{A}\bar{B}$$
$$\overline{AB + \bar{A}C} = A\bar{B} + \bar{A}\bar{C}$$

③逻辑运算基本规则。

代入规则：用一个函数替代逻辑等式中的某一变量，等式仍然成立。

反演规则：将逻辑函数 F 中的"与"变成"或"，"或"变成"与"，0 变成 1，1 变成 0，原变量变成反变量，反变量变成原变量，即得 F 的反函数，用 $\bar{F}$ 表示。

对偶规则：将逻辑函数 F 中的"与"变成"或"，"或"变成"与"，0 变成 1，1 变成 0，即得 F 的对偶式，用 F' 表示。若两个函数 F_1 和 F_2 相等，则它们的对偶式 F'_1 和 F'_2 也相等。

④化简举例。

【例 2.1】 化简函数 $F = ABC + A(\bar{B} + \bar{C})$。

$$F = ABC + A(\bar{B} + \bar{C})$$
$$= ABC + A\overline{BC}$$
$$= A$$

【例 2.2】 化简函数 $F = AB + AB\bar{C} + ABD$。

$$F = AB + AB\bar{C} + ABD$$
$$= AB + ABD$$
$$= AB$$

【例 2.3】 化简函数 $F = AB + A\bar{B} + AC + \bar{A}D + BD$。

$$F = AB + A\bar{B} + AC + \bar{A}D + BD = A + AC + \bar{A}D + BD$$
$$= A + \bar{A}D + BD = A + D + BD = A + D$$

（2）卡诺图法。

①化简步骤。

第一步：作出给定函数的卡诺图。

第二步：画"卡诺圈"。即将卡诺图中相邻为"1"的 2^n 个小方格圈起来。画"卡诺圈"的原则是"能大不小"，即卡诺圈中的小方格数取最大数。因为"卡诺圈"越大，化简后与项中变量的个数越少。

第三步：合并最小项。即对每一个"卡诺圈"中的各最小项，"留同舍异"得到一个新的与项，每个卡诺圈合并后的与项进行或运算。

②化简举例。

【例 2.4】 化简函数 $F = AB\bar{C} + A\bar{B}C + \bar{A}BC + ABC$。

解：函数的卡诺图如图 2-56 所示。

由卡诺图得：$F = AB + BC + AC$

【例 2.5】化简函数 $F(A, B, C, D) = \sum m(0, 1, 2, 4, 6, 7, 8, 10, 11, 12, 14)$。

解：函数的卡诺图如图 2-57 所示。

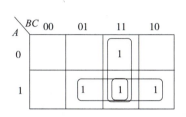
图 2-56 【例 2.4】的卡诺图

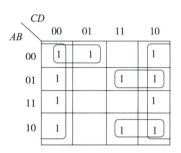
图 2-57 【例 2.5】的卡诺图

由卡诺图得：$F = \bar{D} + \bar{A}\bar{B}\bar{C} + \bar{A}BC + A\bar{B}C$

项目 3

气敏传感器应用电路设计或制作

项目描述

1. 项目背景

随着生活质量的不断提高，人们的安全、健康生活意识及国家对于环境空气污染的治理力度都越来越强，气体监测产品的应用日益普及。比如：智能工厂、智慧城市、智能社区及自然保护区等的空气质量监测设备；酒店及家庭用的烟雾报警器、燃气报警器等；道路交通执法中使用的酒精测试仪都是气体监测仪器。

气体监测电路就是用气敏传感器等气体传感器件检测被测气体的浓度信号，经适当处理后，作用于显示执行器件进行显示或报警。

本项目将以酒精测试仪和空气质量监测电路为主要载体，介绍气体传感电路的设计、制作方法以及气敏电阻传感器、传感电路外围器件等的知识和应用技术。

2. 项目任务

任务 3.1　气敏传感器典型应用电路分析
任务 3.2　声光警示酒精测试仪的仿真设计与制作
任务 3.3　基于实验平台的空气质量监测实验

3. 学习导图

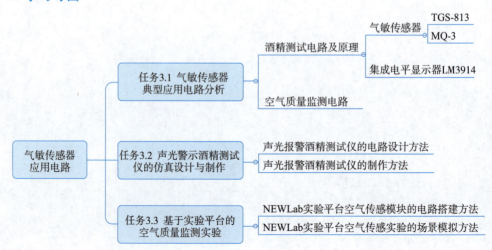

4. 学习目标

✓ 能描述典型半导体气敏传感器的特性及功能。
✓ 会分析并描述 LM3914 集成电平显示器的工作特性。
✓ 会分析并描述典型气敏传感器应用电路的工作原理。
✓ 能在项目学习与实践活动中提升生态文明意识、生命意识和法律法规意识,培养工匠精神和劳动精神。

知识准备

3.1 半导体电阻型气敏传感器

3.1.1 半导体气敏传感器概述

微课 气体传感器认知

半导体气敏传感器是利用半导体气敏元件作为敏感元件的气体传感器,是最常见的气敏传感器,广泛应用于家庭和工厂的可燃气体泄漏检测装置,可用于一氧化碳、甲烷、液化气、氢气、乙醇等的检测。

按照半导体与气体的相互作用形式,半导体气敏传感器可分为表面控制型和体控制型两种;按照半导体变化的物理性质,半导体气敏传感器可分为电阻型和非电阻型两种。电阻型半导体气敏传感器是利用气体在半导体表面的氧化还原反应,从而导致半导体的载流子数量改变,最终使其电阻值变化而制成的。非电阻型气敏传感器则是利用 MOS 管的阈值电压变化等特性而制成的气体传感器。

3.1.2 典型电阻型气敏传感器

1. TGS-813 型传感器

TGS-813 型传感器是一种低成本的可燃气体传感器,对甲烷、丙烷、丁烷、天然气、液化气的灵敏度都较高。

(1) 引脚及电路结构。

TGS-813 的外观结构及内部电路如图 3-1 (a) 和图 3-1 (b) 所示。

由图 3-1 可见,TGS-813 的正面如同一个麦克风,网状区域为检测气体入口。TGS-

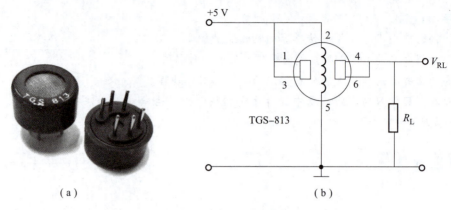

图 3-1 TGS-813 的外观及结构示意图

(a) 外观；(b) 内部电路

813 有 6 个引脚，其中引脚 1（3）和引脚 4（6）间为半导体气敏电阻，是传感器的感应部件，引脚 2 和引脚 5 间为加热器。使用时，需将引脚 1 和引脚 3 短接后与引脚 2 共同接电源电压，引脚 4 和引脚 6 短接后作信号输出，引脚 5 接地。

（2）工作原理。

TGS-813 为较典型的半导体电阻型气敏传感器。其气敏电阻值随被测气体浓度的增加而减小。因化学反应依赖于环境温度和湿度，尤其温度的变化对传感器的影响较大。据查，TGS-813 在标准实验条件下，测得的电阻比与气体浓度和温、湿度的关系如图 3-2 所示。

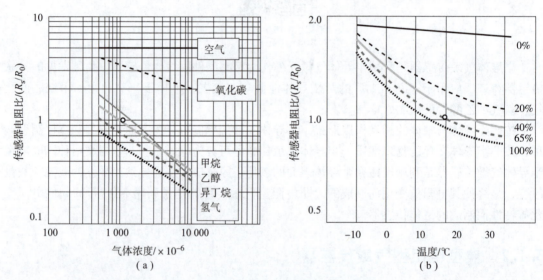

图 3-2 TGS-813 的浓度与温、湿度特性

(a) 浓度特性；(b) 温/湿度特性

2. MQ-3 型气体传感器

（1）结构。

MQ-3 气体传感器的引脚结构及内部电路与 TGS-813 基本相同，如图 3-3（a）和图 3-3（b）所示。

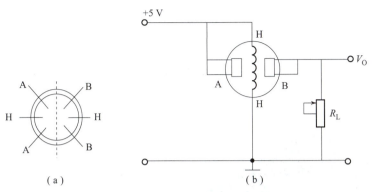

图 3-3　MQ-3 型气体传感器引脚结构及内部电路
(a) 引脚结构；(b) 电路结构

由图 3-3 可见，MQ-3 型气体传感器也有 6 个管脚，其中 A-A、B-B 为传感器的敏感元件的 2 个极，用于信号取出；H-H 为加热极，用于提供加热电流。

目前市场上的 MQ-3 型气体传感器，有单独的传感器件，也有相应的传感模块，如图 3-4 (a) 和图 3-4 (b) 所示。

图 3-4　MQ-3 型传感模块
(a) MQ-3 气体传感器；(b) MQ-3 气体传感模块

(2) 特性。

MQ-3 气体传感器是一款能抵抗汽油、烟雾、水蒸气的干扰，而对酒精气体灵敏度较高，可检测多种浓度酒精成分的低成本气敏传感器件。因为 MQ-3 气体传感器所使用的气敏材料是在清洁空气中电导率较低的二氧化锡（SnO_2），当传感器所处环境中存在酒精蒸气时，传感器的电导率随空气中酒精气体浓度的增加而增大。

3.2　集成电平显示器 LM3914

3.2.1　LM3914 功能

由图 3-1 和图 3-3 两款气体传感器的内部电路可知，气体传感器将检测出的被测气体的浓度信号转换成电压信号，需要由后续的信号处理电路进一步处理后送给执行模块。

LM3914 集成电平显示器就是一款应用于酒精测试仪电路中的信号电平显示处理器件。

微课　LM3914 认知

3.2.2 LM3914 结构

LM3914 芯片外观、引脚及内部电路分别如图 3-5 和图 3-6 所示。

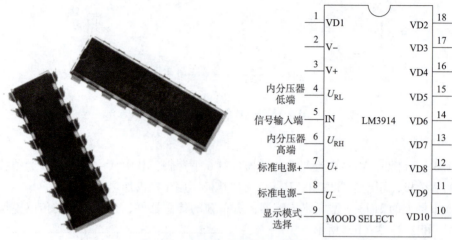

图 3-5 LM3914 芯片及引脚排列

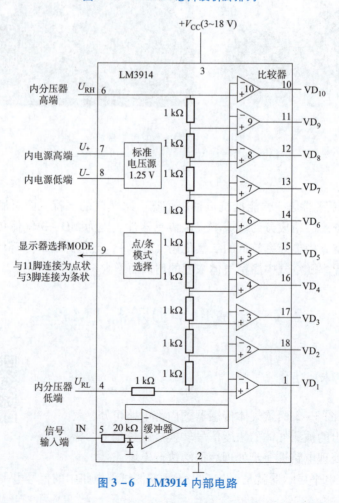

图 3-6 LM3914 内部电路

由图可见，该器件为 DIP18 封装形式的集成芯片，有双列直插的 18 个引脚，各引脚功能如下。

引脚 1、引脚 18~10 为 LED 驱动引脚，内接 10 个电压比较器的输出端，对外可直接驱动 LED。

引脚 3 和引脚 2 为电源正、负极引脚。

引脚 6 和引脚 4 为内分压器的高、低端，既可接 1.25 V 的标准电压源，也可外接设定的其他电压值。LM3914 内部有 10 个 1 kΩ 的电阻，构成一个 10 级的电压比较电路，分压电路的总电压由引脚 6 和引脚 4 提供。

引脚 7 和引脚 8 为内部 1.25 V 标准电源的正负极，引脚 7 和引脚 8 间的电阻 R 的大小可控制 LED 的工作电流，决定其亮度。通过每个 LED 的电流大致等于 R 中电流的 10 倍，如 7 脚与 8 脚间的电阻 $R=1.25$ kΩ 时，流过 R 的电流为 1 mA，每个发光二极管 LED 的电流就是 10 mA。

引脚 9 为显示模式选择，当其与 11 脚连接时为点状显示，当其与 3 脚连接时为条状显示。所谓的点状显示，是当输入电压信号超过 $\frac{i}{10}U_{RH}$ ($i=1\sim10$) 时，只有 VD_i 驱动端为低电平；而条状显示是当输入电压信号超过 $\frac{i}{10}U_{RH}$ 时，$VD_1\sim VD_i$ 驱动端均为低电平，即可以同时点亮 $VD_1\sim VD_i$。

引脚 5 为模拟电压信号输入端，可直接与气敏传感器输出端连接。由引脚 5 输入的模拟电压信号，经内部高输入阻抗缓冲器缓冲后加至内部 10 级电压比较器的反相输入端。

项目实施

任务 3.1 气敏传感器典型应用电路分析

文档　气敏传感器典型应用电路分析

微课　气敏传感器应用案例

1. 酒精测试仪电路

酒精测试仪是道路交通执法查验酒后驾驶的重要工具。据相关统计，我国每年造成死亡的交通事故中有 50% 以上都与酒后驾驶有关。酒后驾驶是危及人们生命安全的重要隐患。避免酒后驾驶，一方面需要公民提高法律、道德意识，遵章守法，敬畏生命；另一方面需要有精准的检测仪器，助力有效执法。

目前交通执法中应用的酒精测试仪，经过不断的更新换代，功能日益完善，但其基本原理都是通过气体传感器检测酒精气体浓度，经过相应的信号处理后进行声、光或数字显示。

图 3-7 所示电路是一款由 MQ-3 气体传感器与 LM3914 构成的简单的光电显示酒精测

试仪电路。电路的功能是当检测到的酒精气体浓度超过内部基准电压的 $n/10$，而未超过 $n+1/10$ 时，点亮第 n 只发光二极管或同时点亮 n 只发光二极管，n 为 1~10 的自然数。

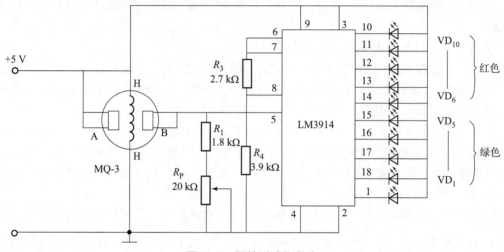

图 3-7　酒精测试仪电路

（1）电路结构分析。

①请分析电路结构，将相关内容填写在表 3-1 对应的单元格中。

表 3-1　图 3-7 所示电路结构分析表

器件标识	器件/电路名称	器件/电路特性	器件/电路的功能
MQ-3			
MQ-3（A-B）R_1、RP 电路			
LM3914			
R_3			
$VD_1 \sim VD_{10}$			

②请根据器件在电路中的作用，将器件标识填入对应的模块。

传感器件/模块：_____

信号处理器件/模块：_____

执行器件/模块：_____

（2）电路工作原理分析。

请分析电路工作原理，回答相关问题。

问题 1：当酒精气体浓度增大时，LM3914 引脚 5 输入的电压是增大还是减小？为什么？

_____

_____

问题 2：图 3-7 所示电路中 LM3914 的显示方式是条状显示还是点状显示？为什么？

_____

问题 3：当 LM3914 的引脚 5 输入电压不超过 $1/10U_R$ 时，10 只 LED 是什么状态？为什么？

问题 4：当 LM3914 的引脚 5 输入电压大于 $1/10U_R$、不超过 $2/10U_R$ 时，哪个发光二极管点亮？为什么？

问题 5：当 LM3914 的引脚 5 输入电压大于 $2/10U_R$、不超过 $3/10U_R$ 时，哪个发光二极管点亮？为什么？

问题 6：如果发光二极管 $VD_1 \sim VD_6$ 点亮，说明 LM3914 的引脚 5 输入电压为多少？

2. 空气质量监测电路

图 3-8 所示电路为空气质量监测电路。电路的功能是当被测气体浓度超过设定的标准时，进行灯光报警。

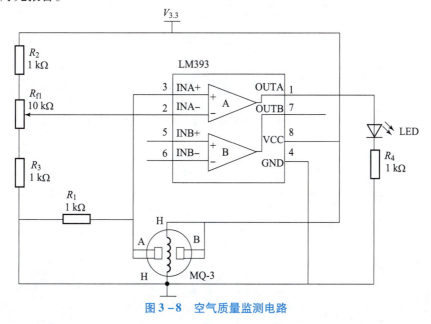

图 3-8 空气质量监测电路

(1) 电路结构分析。

①请分析电路结构,将相关内容填写在表 3-2 对应的单元格中。

表 3-2　图 3-8 所示电路结构分析表

器件标识	器件/电路名称	器件/电路特性	器件/电路的功能
MQ-3			
MQ-3（A-B）、R_1			
LM393（A-B）			
R_2、R_3、R_{f1}			
LED			
R_4			

②请根据器件在电路中的作用,将器件标识填入对应的模块。

传感器件/模块：

信号处理器件/模块：

执行器件/模块：

(2) 电路工作原理分析。

请分析电路工作原理,回答相关问题。

问题 1：当被测气体浓度增大时,LM393 的引脚 3（INA+）输入的电压是增大还是减小？为什么？

_____

_____

问题 2：当被测气体浓度增大到什么程度时 LM393 的引脚 1 输出高电平？

_____

_____

问题 3：当 LM393 的引脚 1 输出高电平时,LED 是什么状态？说明什么？

_____

_____

任务 3.2　声光警示酒精测试仪的仿真设计与制作

任务 3.2.1　声光警示酒精测试仪的仿真设计

1. 任务目标

参照图 3-7 所示电路，在 Proteus 中设计一个声光警示酒精测试仪电路，实现下述功能。

（1）当与酒精气体浓度对应的输入电压值按 1/10 基准电压倍增时，测试仪按表 3-3 所示显示。

（2）当与酒精气体浓度对应的输入电压值达到 3V 及以上时，蜂鸣器报警。

微课　酒精测试仪的仿真设计与制作

表 3-3　酒精测试仪的工作状态

输入电压/V	显示状态
$u_i \leq \frac{1}{10}U_R$	无显示
$\frac{1}{10}U_R < u_i \leq \frac{2}{10}U_R$	亮 1 条
$\frac{2}{10}U_R < u_i \leq \frac{3}{10}U_R$	亮 2 条
$\frac{3}{10}U_R < u_i \leq \frac{4}{10}U_R$	亮 3 条
$\frac{4}{10}U_R < u_i \leq \frac{5}{10}U_R$	亮 4 条
$\frac{5}{10}U_R < u_i \leq \frac{6}{10}U_R$	亮 5 条
$\frac{6}{10}U_R < u_i \leq \frac{7}{10}U_R$	亮 6 条
$\frac{7}{10}U_R < u_i \leq \frac{8}{10}U_R$	亮 7 条
$\frac{8}{10}U_R < u_i \leq \frac{9}{10}U_R$	亮 8 条
$\frac{9}{10}U_R < u_i \leq U_R$	亮 9 条
$u_i > U_R$	全亮

2. 任务要求

（1）在 Proteus 中设计电路。

(2) 进行电路仿真及调试。

(3) 设计要求如下。

①电路结构正确。

②器件参数正确。

③电路功能正常。

④布局合理、美观。

3. 任务实施

(1) 电路设计。

第一步：器件选型。

①传感器：Proteus 中无气体传感器，用电位器（POT – HG）替代。

②信号处理器：用 LM3914 集成电平显示器。

③执行器件：灯光显示用 LED 光柱显示器（LED – BARGRAPH）；声音报警用有源蜂鸣器"BUZZER"。

第二步：电路连接。

声光警示酒精测试仪仿真电路，可参考图 3 – 9 所示电路进行。

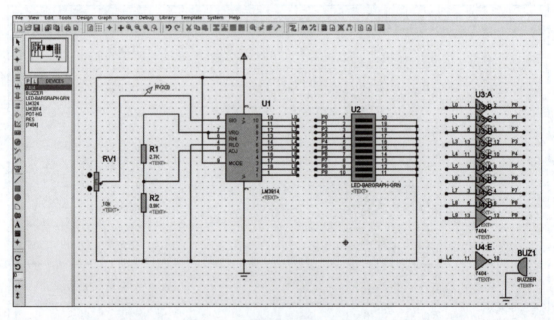

图 3 – 9 酒精测试仪模拟仿真电路

其中：

①电位器的中间抽头与 LM3914 的引脚 5 连接，模拟气体传感器的输出电压信号。

②LM3914 的引脚 6 与引脚 7 短接，引脚 4 接地，用 LM3914 的内部电压作基准电压（约为 3 V）。

③LM3914 的引脚 9 与引脚 3 短接。

④LM3914 的引脚 7 与引脚 8 间接 2.7 kΩ 的电阻器，LED 光柱的工作电流约为 5 mA。

⑤声音报警电路由 LM3914 的输出引脚 14 接出，当第 6 个发光二极管点亮的同时，启

动声音报警。

⑥因 LM3914 的输出驱动信号为低电平有效，而 LED 光柱为共阴极连接，需要高电平点亮，故 LM3914 与 LED 光柱通过反相器连接。

⑦LM3914、LED 光柱、反相器之间可采用网络标号连接。

在电路连线复杂或电路中有连线序列时，用网络标号连接既简单又清晰。网络标号的应用一般有逐个添加和批量添加两种方法。

方法一：逐个添加。

- 鼠标单击需进行标号连接的元件连接处，拖动适当长度的导线后双击。
- 右击导线，在图 3 – 10 所示的列表框中选择"Place Wire Label"。

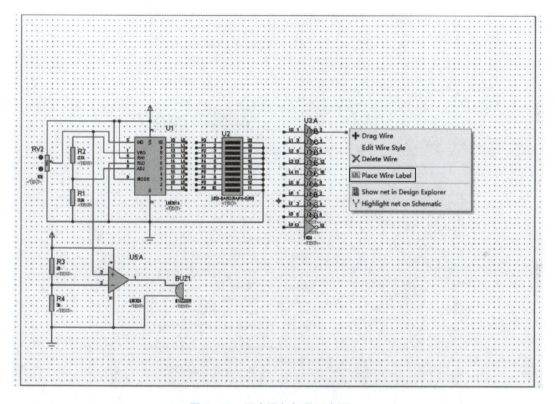

图 3 – 10　逐个添加标号示意图 – 1

- 在图 3 – 11 所示的对话框的"Label"选项卡中，"String"输入框中输入标号名称，如"P0"。

方法二：批量添加。

- 单击需进行标号连接的元件接线端，拖动鼠标引出适当长度的导线后双击。
- 双击需添加批量序号的其他元件接线端，引出其他导线。
- 在英文状态下，按"A"键，在图 3 – 12 所示对话框的"String"文本框中输入"net = 标号名称#"，如"net = P#"，单击"OK"按钮。
- 鼠标指向要添加序列标号的引线处，当出现绿色小方块时，单击鼠标添加标号，直到所有标号添加完毕。

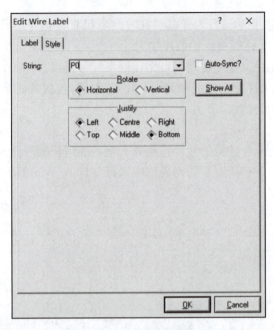

图 3-11 逐个添加标号示意图-2

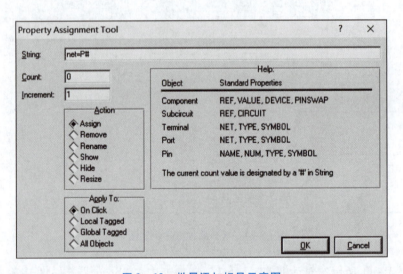

图 3-12 批量添加标号示意图

第三步：参数设置。

蜂鸣器的驱动电压设置为 0.5 V，其他器件的参数参照图 3-9 设置。

（2）仿真调试。

单击仿真按钮后，逐级增大电位器 RV1 的百分比，观察 LED 光柱的点亮状态及蜂鸣器的状态。如果 LED 光柱按照表 3-3 显示，且在 RV1 增大到 60% 时鸣响，则电路功能正常；否则，需检查电路连接及参数设置情况。

任务 3.2.2 声光警示酒精测试仪的制作

1. 任务实施

用万用板制作图 3-13 所示酒精测试仪电路，使其能用 LED 光柱显示酒精气体的浓度大小，并在 LED 光柱中红色灯开始点亮时实现声音报警。

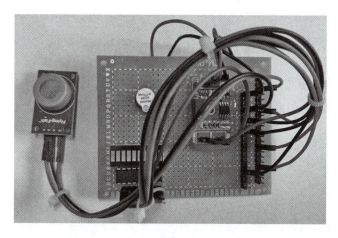

图 3-13 酒精测试仪 DIY 案例

2. 操作准备

（1）所需元件。
①MQ-3 酒精气体传感模块（图 3-4）1 块。
②LM3914 芯片（图 3-5）1 片。
③LED 光条（5 红 +5 绿）。
④LM393 电压比较模块。
⑤有源蜂鸣器。
（2）所需仪器及材料。
①万用板 1 块。
②焊接工具 1 套。
③指针式或数字式万用表 1 块。
④直流稳压电源 1 个。
⑤排针若干。
⑥DIP18 插座 1 个。
⑦元器件检测用面包板 1 块。
⑧导线若干。

LM393 电压比较
模块简介

3. 操作步骤

第一步：作出图 3-14 所示连线图。
第二步：检测元器件。
（1）MQ-3 酒精气体传感模块检测。

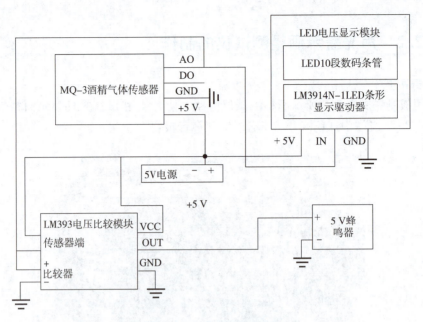

图 3-14　酒精测试仪连线

①将 MQ-3 酒精气体传感模块按图 3-14 所示连接直流电源。
②观察模块的电源指示灯等是否正常。
③预热 20s 后,用万用表测量 AO 口对地电压是否小于 0.3 V,如果是则通过检测。
(2) LM3914 芯片检测。
①将 LM3914 通过 DIP18 插座安放到面包板上。
②在 3 脚和 2 脚间接上 5 V 电源。
③用万用表测试 7、8 脚间的电压。
④在 7、8 脚间接一个 2.7 kΩ 电阻,8 脚对地接一 3.9 kΩ 电阻。
⑤将 9 脚与 3 脚短接,6 脚与 7 脚短接,4 脚接地。
⑥在 5 脚施加一个 3.3 V 电压,用万用表监测 10、18 脚间及 1 脚的输出电平是否为低电平,是则通过检测。

(3) LED 光条检测。
方法一:用指针式万用表的二极管检测专用挡,用红、黑表笔接触各 LED 条两极,若 LED 能点亮,则 LED 光条通过检测,且红表笔所接为阳极。
方法二:将 LED 引脚通过一个 1 kΩ 的电阻与电源连接,观察在正向连接情况下是否点亮,如能正常点亮,则通过检测。

(4) 电压比较器 LM393 检测。
①按图 3-15 所示,在 8 脚和 4 脚间接入 5 V 直流电源。
②将 3 脚、2 脚分别接电源正极和地,用万用表监测 1 脚的电平,观察是否在 3 脚输入高电平,2 脚输入低电平时,1 脚输出高电平;在 3 脚输入低电平,2 脚输入高电平

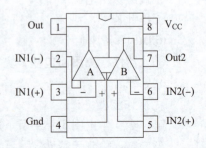

图 3-15　LM393 引脚图

时，1 脚输出低电平。

③将 5 脚、6 脚分别接电源正极和地，用万用表监测 7 脚的电平，观察是否在 5 脚输入高电平，6 脚输入低电平时，7 脚输出高电平；在 5 脚输入低电平，6 脚输入高电平时，7 脚输出低电平。

将检测结果填入表 3-4 中。

表 3-4 器件检测单

序号	器件名称	器件类型	参数/标志	检测数据/内容	检测结果
1	气体传感模块	MQ-3			
2	信号处理芯片	LM3914N-1 DIP18			
3	LED 光条	2510RG			
4	电压比较器	LM393			
5	电阻	2.7 kΩ、3.9 kΩ			

检测人：　　　　　复核人：

第三步：电路制作与调试。

(1) 按图 3-14 所示连线图搭建或焊接电路。

(2) 在电路搭建完成后，用合适的容器装少量的医用酒精，靠近气体传感器，观察 LED 的显示状态和蜂鸣器的状态。如果正常则制作完成；否则检查电路，继续调试直到正常为止。

第四步：总结、描述电路的功能。

实际应用的酒精测试仪需按法律法规中关于酒驾和醉驾的认定标准来调试。

调试记录
（记录问题及解决办法）
_____
_____
_____
_____
_____
_____
_____

4. 操作要求

(1) 增强安全意识，遵守操作规范。特别是焊接制作时，电烙铁的使用必须遵守焊接操作规程，注意防火、防烫、防触电。

(2) 检测认真、细致，既要保证质量，也要避免浪费。

(3) 强化节约意识，用线、用料应做到最少。

(4) 布局合理，装接整齐，器件引线平整。

(5) 焊接制作的电路板，焊点须规范、美观，符合工艺要求。

延伸阅读 3

5. 评价内容及指标

"酒精测试仪制作"项目实施评价表如表 3-5 所示。

表 3-5 "酒精测试仪制作"项目实施评价表

考核项目（权重）	任务内容	评价指标	配分
任务完成（0.9）	器件选择及检测（40 分）	器件检测方法规范	10
		器件参数检测正确	20
		器件筛选处理得当	10
	电路装接（60 分）	气体传感模块装接正确	10
		LM3914 装接正确	10
		LED 光条装接正确	10
		电阻器装接正确	10
		LM393 装接正确	10
		焊接质量	5
		电路功能正常	5
劳动素养（0.1）		操作安全规范	20
		承担并完成工作任务	20
		组织小组同学完成工作任务	10
		协助小组其他同学完成工作任务	10
		组织或参加操作现场整理工作	15
		协助教师收、发实训器材等工作	10
		有节约意识，用材少，无器材、器件损坏	15

任务 3.3 基于实验平台的空气质量监测实验

1. 实验原理

NEWLab 空气质量传感实验电路如图 3-16 所示。

电路中的 JR1 为气体传感器，其 1（3）-6（4）间为气敏电阻。其工作原理：当被测气体浓度增大时，其 1（3）-6（4）间的气敏电阻阻值变小，电阻 R_7 分得的电压升高，当其高于电压比较器 2 脚设定的基准电压时，电压比较器的 1 脚输出高电平，发光二极管 LED2 导通发光。

图中，电位器 VR_1 与电阻器 R_2、R_6 构成基准电压设定电路，POWER LED 为电源指示灯。

2. 实验步骤

（1）实验准备。

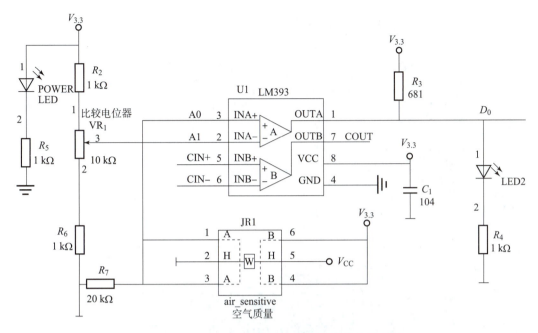

图 3–16 NEWLab 空气质量传感实验电路原理图

① 打开"物联网开发实验平台"软件,导入空气质量实验包。
② 将 NEWLab 实验硬件平台通电并与计算机连接。
(2) 硬件装接。
① 将气体传感器模块和继电器模块放置在 NEWLab 实验平台的一个实验模块插槽上。
② 将风扇放置在平台的侧架上。
③ 按图 3–17 所示进行电路装接,操作如下。
a. 将气体传感器模块的数字量输出端口 J7 与继电器模块的端口 J2 连接。
b. 将气体传感器模块的接地端口 J2 与继电器模块的接地端口 J3 连接。
c. 将继电器模块的 J9 口接风扇正极,风扇负极接电源地线。
d. 将继电器模块的 J8 口接电源正极。
(3) 启动实验。
① 将模式选择调整到自动模式,按下电源开关,启动实验平台,使空气质量传感模块开始工作。
② 启动 NEWLab 实验上位机软件平台,选择气体传感空气质量实验。
③ 选择硬件连接说明,上位机软件平台检测硬件,如连接正确,则单击连线指示灯开始闪烁,表示连线成功。
④ 选择场景模拟实验,上位机软件测试硬件平台的空气质量传感模块正常工作,并进入工作界面。
⑤ 设定一个阈值,在教师的指导下,靠近气体传感器进气口,点燃火机,观察平台上的风扇运转情况和模拟场景中的情况。

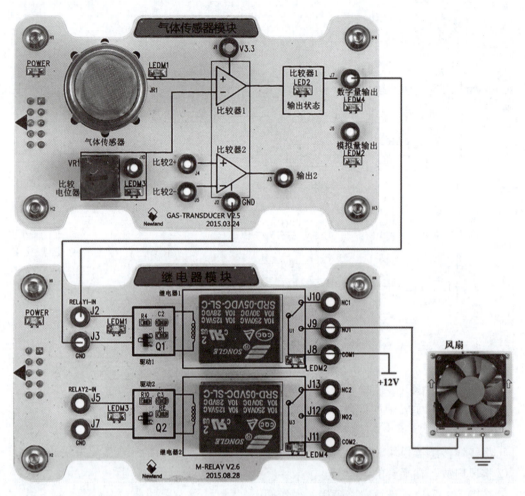

图 3-17　NewLab 空气质量传感实验电路

项目总结

本项目以典型气体传感电路为载体,主要介绍气体传感器、集成电平显示器等器件的知识及应用方法。

半导体电阻型气体传感器是一种将被测气体浓度变化转换成气敏电阻的阻值变化的传感器。TGS-813 和 MQ-3 是两款典型的气体传感器,它们的结构基本相同,外部都有 6 个引脚,内部都是由一个半导体气敏电阻和一个加热器构成。气体传感器是依靠被测气体引起半导体表面的氧化还原反应而导致其电阻值变化的,而化学反应受温度影响较大,且不同气体在不同温度时的敏感程度不同,所以使用气体传感器时,需要加热到对被测气体敏感度最高的温度。

LM3914 是一款集成电平显示控制器件,其芯片为 DIP18 封装,即双列直插 18 个引脚。内部是由 10 个 1 kΩ 电阻构成的分压电路和 10 个电压比较器构成。其输出引脚为 18、17、16、15、14、13、12、11、10、1 共 10 个,根据输入引脚 5 的电压情况,按基准电压的

1/10 级数依次输出低电平，可控制 10 只共阳极的发光二极管的依次导通发光。

酒精测试仪电路是由气体传感器 MQ-3、电平显示器 LM3914 和发光二极管、蜂鸣器等构成。其中气体传感器为电路的传感器件，用于将被测气体的浓度变化转换成电阻值的变化，再通过分压电路分压后转换成电压信号；集成电平显示器 LM3914 是电路的信号处理器件，功能是将气体传感器输出的电压信号与内部电压比较器的基准电压进行比较，按 1/10 基准电压递增的方式逐级在输出端输出低电平；执行器件是 10 个共阳极的发光二极管，在 LM3914 的输出电平控制下，显示与被测气体浓度相应的状态。在气体浓度超过设定的基准值时，发出声音报警。

空气质量监测电路是由气体传感器、电压比较器、发光二极管等构成的监测空气中的有害气体的电路。其中，气体传感器为检测器件，LED 或蜂鸣器为执行器件，电阻器和电位器构成的基准电压设定电路和集成电压比较器为信号处理电路。工作时，可由基准电路设定一个监测指标，即基准电压，气体传感器检测出的与气体浓度相应的气敏电阻值经分压后转换成电压信号，由电压比较器与基准电压比较，如果气体浓度超过设定的基准值，则电压比较器输出高电平，点亮二极管或发出声音报警。

项目练习

1. 单项选择题

（1）图 3-18 所示的 TGS-813 传感器，在被测气体浓度增大时（   ）。

　　A. 1-4 间的电压增大
　　B. 1-4 间的电压减小
　　C. 2-5 间的电压增大
　　D. 2-5 间的电压减小

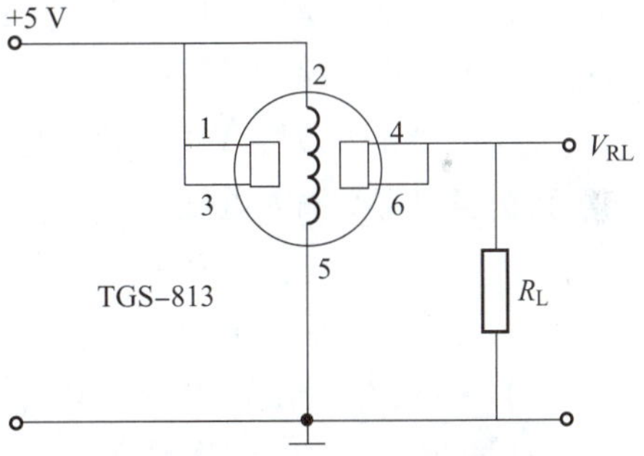

（2）图 3-18 所示的 TGS-813 传感器，1-4 间是（   ）。

　　A. 气敏电阻
　　B. 加热器
　　C. 分压器
　　D. 电源

图 3-18　TGS-813 气体传感器

（3）图 3-18 所示的 TGS-813 传感器，2-5 间是（   ）。

　　A. 气敏电阻　　　　　　B. 加热器
　　C. 分压器　　　　　　　D. 电源

（4）图 3-7 所示电路中，6-4 脚间的电压约为 3 V，当 LM3914 的 5 脚输入电压为 1 V 时，LED 的状态是（   ）。

　　A. 全亮　　　　　　　　B. 全灭
　　C. $VD_1 \sim VD_3$ 亮，其他灭　　　D. VD_1 亮，其他灭

图 3-7

（5）图 3-7 所示电路中，6-4 脚间的电压约为 3 V，当 LM3914 的 5 脚输入电压为 2 V 时，LED 的状态是（   ）。

A. 全亮 B. 全灭
C. $VD_1 \sim VD_6$ 亮，其他灭 D. VD_6 亮，其他灭

2. 判断题（正确：T；错误：F）

（1）TGS-813 和 MQ-3 型气体传感器都具有正的电阻系数，即被测气体浓度增大时，气敏电阻的阻值增大。（　　）

（2）TGS-813 和 MQ-3 型气体传感器都是非接触式传感器。（　　）

3. 填空题

（1）TGS-813 气敏传感器中加热器的作用是提高传感器对被测气体的_____。

（2）TGS-813 使用时，_____脚与_____脚需短接后接电源，_____脚接地。

（3）TGS-813 使用时，2 脚需接_____。

（4）TGS-813 使用时，_____脚与_____脚短接后，作为输出端。

（5）半导体气敏电阻在接触到被测气体时，表面将发生_____反应，改变其阻值。

（6）图 3-7 所示电路中，当引脚 5 输入电压_____U_R 时，$VD_1 \sim VD_{10}$ 都不亮；当引脚 5 输入电压在_____U_R 时，VD_1 亮；当引脚 5 输入电压在_____U_R 时，$VD_1 \sim VD_2$ 亮；当引脚 5 输入电压在_____U_R 时，$VD_1 \sim VD_3$ 亮；当引脚 5 输入电压在_____U_R 时，$VD_1 \sim VD_4$ 亮；当引脚 5 输入电压在_____U_R 时，$VD_1 \sim VD_5$ 亮；当引脚 5 输入电压在_____U_R 时，$VD_1 \sim VD_6$ 亮；当引脚 5 输入电压在_____U_R 时，$VD_1 \sim VD_7$ 亮；当引脚 5 输入电压在_____U_R 时，$VD_1 \sim VD_8$ 亮；当引脚 5 输入电压在_____U_R 时，$VD_1 \sim VD_9$ 亮；当引脚 5 输入电压在_____U_R 时，$VD_1 \sim VD_{10}$ 均亮。

（7）图 3-19 所示 LM3914 电路中，引脚 6 与引脚 4 间的电压为 U_R，则电压比较器 1~10 的同相输入端电位分别是_____U_R、_____U_R、_____U_R、_____U_R、_____U_R、_____U_R、_____U_R、_____U_R、_____U_R、_____U_R。

（8）图 3-19 所示 LM3914 电路中，7 脚和 8 脚的功能是调节_____，9 脚是显示方式选择引脚，当其与 3 脚连接时是_____状显示，当其与 11 脚连接时是_____显示。

（9）图 3-8 所示空气质量监测电路中，当被测气体浓度增大时，气体传感器 A-B 间的电阻阻值变_____，输入到_____器 LM393 的 3 脚的电位_____（升高/降低），当其超过设定的基准电压时，1 脚输出_____电平，LED_____（导通发光/截止不发光）；电路中的气体传感器的 H-H 间是一个_____器，其功能是提高传感器对被测气体的_____。电路中与 LED 串联的电阻的功能是_____（分压/限流）。

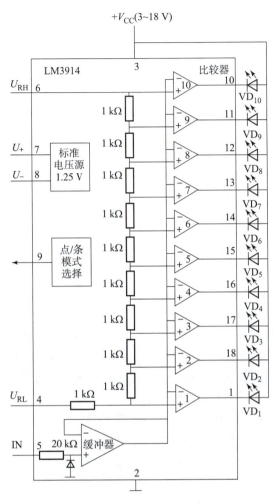

图 3-19 LM3914 结构图

图 3-8

项目 3 参考答案

知识拓展

拓展 3.1　气敏二极管简介

气敏二极管是一种非电阻型半导体气体传感器,也称结型气敏传感器。气敏二极管的结构如图 3-20 所示。该类传感器的工作原理是：金属 Pd（钯）与半导体接触形成接触势垒[①]。当二极管加正向偏置电压时，从半导体流向金属的电子将增加，即正向导通。当加反向偏置电压时，载流子基本没有变化。同时，Pb 对氢气具有选择性，检测氢气时，因对氢气有吸附作用，Pb 金属的功函数[②]改变，接触势垒减弱，导致载流子增多，正向电流增加。

因此，通过测量二极管的正向电流可以检测氢气浓度。

拓展 3.2　红外吸收式气敏传感器简介

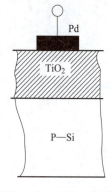

图 3-20　气敏二极管结构示意图

红外吸收式气敏传感器也是一种非电阻型气体传感器。

光是由一系列单色光组成。红外光也是由一系列在红外频率（1 mm～760 mm）范围内的单色光组成。大部分非对称结构的双原子和多原子气体（如 CH_4、H_2O、NH_3、CO、C_2H_2、SO_2、NO、NO_2 等）都具有吸收特定频率红外光能量的特性。所以，当红外光穿过某气体容器时，光的能量将按 $I = I_0 e^{(-\mu CL)}$ [③]减少。式中：I_0 为入射红外光的强度；μ 为气体的吸收系数；C 为待测气体浓度；L 为光程长度。

红外吸收式气敏传感器的工作原理，就是利用红外光通过被测气体时，在已知光程的情况下，能量随气体浓度减小的原理工作的。

一个完整的红外气体传感器由红外光源、光学腔体、红外探测器和信号处理电路构成。在测量混合气体时，需要在传感器的红外光源前安装一个分析气体吸收波长的窄带滤光片，以使传感器的信号变化只反映被测气体的浓度变化。

---

① 由于半导体 PN 结电子、空穴的扩散所形成的阻挡层两侧的势能差，称为势垒。
② 是指要使一粒电子立即从固体表面中逸出所必须提供的最小能量。
③ 朗伯-比尔定律。

项目 4

红外传感器应用电路设计或制作

项目描述

1. 项目背景

随着生活质量的不断提高，人们对智能化生活的需求越来越高，基于红外传感的智能系统和产品也日益丰富和普及。

本项目将以红外烟雾报警器电路、红外自动感应水龙头电路、红外自动干手器电路为载体，介绍红外发光二极管、光敏二极管、光敏三极管等红外传感器件知识和应用技术以及相关的信号发生及信号处理等外围器件和电路知识、红外传感电路的设计与制作技术等内容。

2. 项目任务

任务4.1　红外传感器典型应用电路分析
任务4.2　红外烟雾报警器电路制作
任务4.3　基于实验平台的红外车位管理电路实验

3. 知识导图

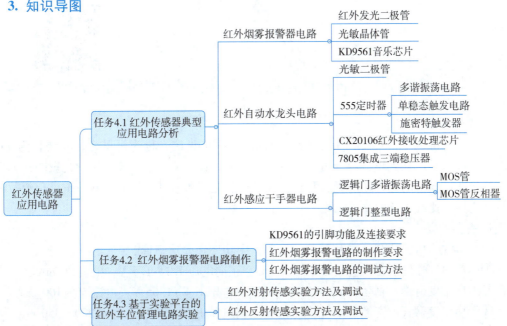

4. 学习目标

✓ 能描述红外发光二极管、光敏二极管、光敏三极管等光电传感器件的特性及功能。
✓ 能分析并描述 555 定时器的特性及原理。
✓ 会用 555 定时器构成多谐振荡器、单稳态触发器、施密特触发器并描述电路原理。
✓ 能分析并描述红外传感器典型电路原理。
✓ 会设计和制作烟雾报警电路。
✓ 能在项目学习和实践活动中，提升自我管理意识、卫生健康意识，培养敬业精神和工匠精神。

知识准备

4.1 光电传感器件

4.1.1 红外发光二极管

1. 结构

红外发光二极管的外形与发光二极管 LED 相似，如图 4-1 所示。其内部由红外辐射效率高的材料（砷化镓 GaAs）制成 PN 结，正向偏置时可激发红外光。

图 4-1 红外发光二极管外形

微课 红外光电传感器认知

2. 工作原理

光是一种电磁波，波长从几纳米到 1 mm。人眼可见的光称为可见光，其波长为 390 ~ 760 nm，按波长由长到短，可分为红、橙、黄、绿、青、蓝、紫。波长比紫光短的称为紫外光，波长比红光长的称为红外光。所以，红外光就是指波长为 1 mm ~ 760 nm，介于微波与可见光之间，比红光长的非可见光。

3. 主要特征

（1）封装尺寸及电压、电流区分小功率、中功率和大功率管。

①小功率红外发射管：直径 3 mm、5 mm，正向电压 1.1 ~ 1.5 V，电流 20 mA。
②中功率发射管：直径 8 mm、10 mm，正向电压 1.4 ~ 1.65 V，电流 50 ~ 100 mA。
③大功率发射管：直径 8 mm、10 mm，正向电压 1.5 ~ 1.9 V，电流 200 - 350 mA。

为适应不同的工作电压,回路中常串有限流电阻。

(2) 发射波长与光谱功率有关。

红外发光二极管的发射波长主要有 850 nm、870 nm、880 nm、940 nm、980 nm 几种,与光谱功率的关系是 850 nm > 880 nm > 980 nm,即波长越短,光谱功率越大。

(3) 控制距离与红外发光二极管的发射功率成正比。

为增加控制距离,红外发光二极管应工作于脉冲状态,且减小脉冲电流的占空比,可增加控制距离。

4.1.2 光敏二极管

1. 结构

光敏二极管也叫光电二极管,其外形如图 4-2 所示。

光敏二极管的结构与半导体二极管类似,内部是具有光敏特征的 PN 结,外壳上有透明的窗口以接收光照,实现光电转换。电路符号一般用 VD 表示。

2. 工作原理

光敏二极管同样具有单向导电性,但工作时需加上反向电压。

在无光照时,仅有很小的反向饱和漏电流,即暗电流(一般小于 0.1 μA),光敏二极管截止。当受到光照时,共价键上的部分束缚电子接受光子能量,挣脱共价键的束缚产生电子-空穴对,成为光生载流子,使少数载流子的密度增加,反向饱和漏电流增大,且随入射光强度的变化而变化。

图 4-2 光敏二极管外形

3. 光敏二极管检测方法

(1) 电阻测量法。

用万用表 $R \times 1$ kΩ 挡。测正向电阻约 10 kΩ。在无光照情况下,反向电阻为∞时,光敏二极管为好的,如反向电阻不是∞则说明漏电流大;有光照时,反向电阻随光照强度增加而减小,阻值可达到几 kΩ 或 1 kΩ 以下,则管子完好。若反向电阻是∞或为零,说明管芯断路或短路,是坏的。

(2) 电压测量法。

用万用表 1 V 挡,将红表笔接光电二极管"+"极,黑表笔接"-"极,在光照下,其电压与光照强度成比例,一般可达 0.2 - 0.4 V。

(3) 短路电流测量法。

用万用表 50 μA 挡将红表笔接光电二极管"+"极,黑表笔接"-"极,在白炽灯下(不能用日光灯),如电流随光照增强而增大则为完好,短路电流可达数十至数百 μA。

4.1.3 光敏三极管

1. 结构

光敏三极管也称为光电三极管或光电晶体管。其外形如图 4-3 所示。

光敏三极管与普通三极管相似,也有电流放大作用,但其集电极电流除受基极电流控制外,还受光辐射的控制。

光敏三极管实质上相当于在基极和集电极之间接有光敏二极管的普通三极管。其基区面积较大,发射区面积较小。管芯被装在带有玻璃透镜的金属管壳内。

除需用于温度补偿(Temperature compensation)和附加控制等作用外,光敏三极管的基极通常不引出。

2. 基本原理

当光敏三极管的具有较强光敏特性的 PN 结受到光辐射时,形成光电流,此光生电流由基极进入发射极,从而在集电极回路中得到一个放大了 β 倍的信号电流。光照强度越大,电流越大。

图 4-3 光敏三极管外形

3. 典型应用

光敏三极管作为光电传感器的敏感器件,在光的检测、信息的接收、传输、隔离等方面获得广泛的应用,成为各行各业自动控制必不可少的器件。

4. 检测方法

以 NPN 型光敏晶体管为例,用黑色滤光纸或不透光的黑布包住管子,用万用表 $R×1$k 挡,交换红、黑表笔分别测两引脚间电阻值,如阻值均为无穷大。移去遮光物后,若红表笔接发射极 e,黑表笔接集电极 c,阻值由无穷大偏转至 15~35 kΩ(指针向右偏转),则说明光敏三极管是完好的,且偏转的角度越大,说明其灵敏度越高。若表针没有偏转仍在无穷处或阻值为零,说明该光敏三极管已开路或短路损坏。

4.2　555 定时器及应用

4.2.1　555 定时器简介

555 定时器是一种集成电路芯片,常被用于定时器、脉冲信号发生器和振荡电路,也可被作为电路中的延时器件、触发器或起振元件。

微课　555 定时器认知

1. 引脚结构

555 定时器的引脚排列如图 4-4 所示。其芯片封装为 DIP8,即双列直插 8 个引脚。各引脚的功能如下。

引脚 1(GND):接地引脚。

引脚 2(TRIG,v_{I2}):触发输入引脚,当此引脚电压降至 $1/3V_{CC}$(或由引脚 5 控制的阈值电压)时,输出端输出高电平。

引脚 3(OUT,v_O):输出引脚。

引脚 4(RST,$\overline{R_D}$):复位引脚,低电平有效,即该引脚

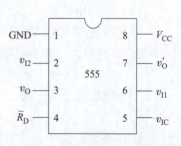

图 4-4　555 定时器引脚排列

为低电平时，555 定时器输出端输出低电平。

引脚 5（CTRL，v_{IC}）：阈值电压控制引脚，控制芯片的阈值电压。该引脚接空时默认两阈值电压为 $1/3 V_{CC}$ 与 $2/3 V_{CC}$。

引脚 6（THR，v_{I1}）：阈值输入引脚，当此引脚电压升至 $2/3 V_{CC}$（或由引脚 5 控制的阈值电压）时，输出端输出低电平。

引脚 7（DIS，v_O'）：放电端，内接晶体管，用于给电容放电。

引脚 8（V_{CC}）：电源引脚。

2. 工作特性

（1）$v_{I1} > \dfrac{2V_{CC}}{3}$，$v_{I2} > \dfrac{V_{CC}}{3}$ 时，输出 v_O 为低电平。

（2）$v_{I1} < \dfrac{2V_{CC}}{3}$，$v_{I2} < \dfrac{V_{CC}}{3}$ 时，输出 v_O 为高电平。

（3）$v_{I1} < \dfrac{2V_{CC}}{3}$，$v_{I2} > \dfrac{V_{CC}}{3}$ 时，输出 v_O 保持不变。

3. 电路结构

555 定时器的内部电路如图 4-5 所示。

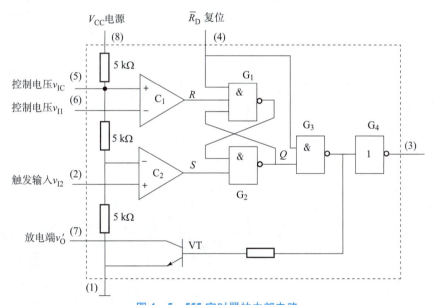

图 4-5 555 定时器的内部电路

由图可知，555 定时器内部有一个由 3 个 5 kΩ 构成的分压电路、两个电压比较器、一个 SR 锁存器、一个放电晶体管、一个与非门和一个反相器。

4. 工作原理

根据电阻串联分压原理，电路中由分压电路送至电压比较器 C_2 的反相输入端的电压为 $1/3\ V_{CC}$，送到电压比较器 C_1 的同相输入端的电压为 $2/3\ V_{CC}$。

因此，555 定时器的特性可描述如下。

当 $v_{I1} > \dfrac{2V_{CC}}{3}$、$v_{I2} > \dfrac{V_{CC}}{3}$ 时，电压比较器 C_1 因反相输入端电位大于同相输入端电位，输出低电平，SR 锁存器的复位端 $R=0$。电压比较器 C_2 因同相输入端电位大于反相输入端电位，输出高电平，SR 锁存器的置位端 $S=1$。低电平有效的 SR 锁存器置 0，即 $Q=0$。其后的与非门输出高电平，放电晶体管 T 导通，再经反相缓冲器后，555 定时器输出低电平。

当 $v_{I1} < \dfrac{2V_{CC}}{3}$、$v_{I2} < \dfrac{V_{CC}}{3}$ 时，电压比较器 C_1 因反相输入端电位小于同相输入端电位，输出高电平，SR 锁存器的复位端 $R=1$。电压比较器 C_2 因同相输入端电位小于反相输入端电位，输出低电平，SR 锁存器的置位端 $S=0$。低电平有效的 SR 锁存器置 1，即 $Q=1$，其后的与非门输出低电平，放电晶体管 VT 截止，再经反相缓冲器后，555 定时器输出高电平。

当 $v_{I1} < \dfrac{2V_{CC}}{3}$、$v_{I2} > \dfrac{V_{CC}}{3}$ 时，电压比较器 C_1 因反相输入端电位小于同相输入端电位，输出高电平，SR 锁存器的复位端 $R=1$。电压比较器 C_2 因反相输入端电位也小于同相输入端电位，输出也为高电平，SR 锁存器的置位端 $S=1$。低电平触发的 SR 锁存器，保持原来的状态，故 555 定时器也保持原来的状态。

4.2.2　555 定时器典型应用

1. 多谐振荡电路

多谐振荡电路是一种能产生矩形波的自激振荡器，也称为矩形波发生器。在接通电源后，不需要外加脉冲就能自动产生矩形脉冲。

由 555 定时器构成的多谐振荡电路如图 4-6 所示。电路的 Proteus 仿真波形如图 4-7 所示。

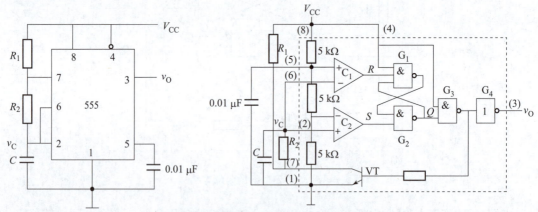

图 4-6　基于 555 定时器的多谐振荡电路

由图 4-6 可见，555 定时器的阈值输入引脚 6 和触发输入引脚 2 短接之后，通过电容 C 接地，电路没有外部信号的输入端，因此，电路的振荡为自激振荡。

电路的工作过程：接通电源后，电容 C 通过电阻 R_1、R_2 充电，当电容电压 v_C 上升至 $\dfrac{2}{3}V_{CC}$ 时，SR 锁存器的 $S=1$，$R=0$，输出 $Q=0$，电路输出 $v_O=0$，放电晶体管 VT 导通。电

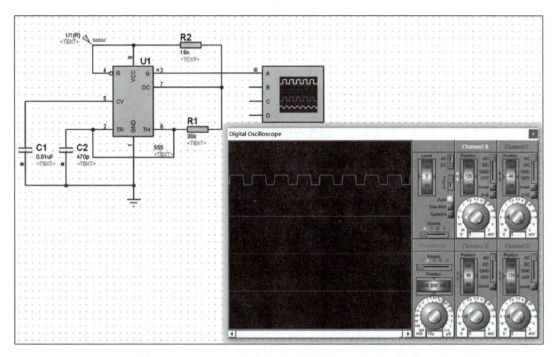

图 4-7 基于 555 定时器的多谐振荡电路仿真波形

容 C 通过电阻 R_2 和放电晶体管 VT 放电,当 v_C 减小到 $\frac{1}{3}V_{CC}$ 时,$S=0$,$R=1$,输出 $Q=1$,电路输出 $v_o=1$,放电晶体管 VT 截止,电容 C 又开始充电。如此往复,电路输出端 v_o 在 0～1 之间循环切换,电路没有稳定状态。

电容电压 v_C 和输出电压 v_o 的波形如图 4-8 所示。

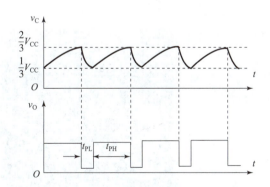

图 4-8 基于 555 定时器的多谐振荡电路输出波形

图中,t_{PH} 为正脉冲持续时间,即电容充电时间;t_{PL} 为负脉冲持续时间。经过分析计算,得

$$t_{PH} = (R_1 + R_2)C\ln 2 \approx 0.7(R_1 + R_2)C$$
$$t_{PL} = R_2 C \ln 2 \approx 0.7 R_2 C$$

故振荡脉冲的周期和频率分别为

$$T = t_{PH} + t_{PL} \approx 0.7(R_1 + R_2)C$$

$$f = \frac{1}{t_{PL} + t_{PH}} \approx \frac{1.43}{(R_1 + 2R_2)C}$$

2. 单稳态触发电路

单稳态触发器是有一个稳定状态和一个暂稳态的脉冲信号发生电路。在外加脉冲的作用下,单稳态触发器可以从一个稳定状态翻转到一个暂稳态,之后在电路的 RC 延时环节的作用下,该暂稳态维持一段时间又回到原来的稳态,暂稳态维持的时间取决于 RC 的参数值。

由 555 定时器构成的单稳态触发电路如图 4-9 所示,Proteus 仿真结果如图 4-10 所示。

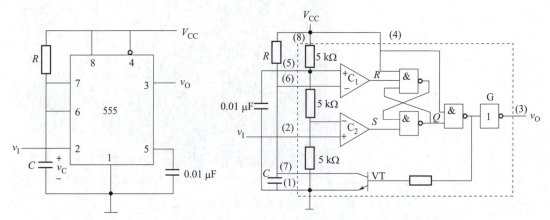

图 4-9 基于 555 定时器的单稳态触发电路

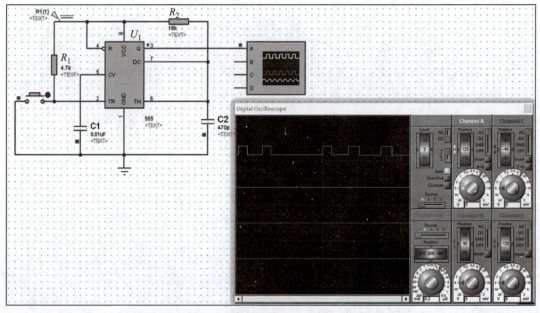

图 4-10 基于 555 定时器的单稳态触发电路仿真结果

由图 4-9 可见,555 定时器的触发输入引脚 2 用于外部触发信号输入端,阈值输入引脚 6 与引脚 7 短接后,通过电容 C 接地。

电路的工作过程：无触发信号输入时，$v_I > \frac{1}{3}V_{CC}$，电压比较器 C_2 的同相输入端电位高于反相输入端电位，锁存器的置位端 $S=1$。

若通电后锁存器的输出 $Q=0$，则电路输出 $v_o=0$，放电晶体管 VT 导通，电容 C 通过晶体管 VT 放电，电容电压降低，当其降至 $\frac{2}{3}V_{CC}$ 以下时，电压比较器 C_1 的同相输入端电位高于反相输入端电位，锁存器的复位端 $R=1$，SR 锁存器保持 $Q=0$ 的状态，v_o 稳定输出低电平。

若通电后锁存器的输出 $Q=1$，则电路输出 $v_o=1$，放电晶体管 VT 截止，电源通过电阻 R 向电容 C 充电，电容电压升高，当其上升至 $\frac{2}{3}V_{CC}$ 以上时，电压比较器 C_1 的反相输入端电位高于同相输入端电位，锁存器的复位端 $R=0$，SR 锁存器输出端 $Q=0$，v_o 输出低电平，放电晶体管导通，电容器 C 又开始放电，当电容电压下降至 $\frac{2}{3}V_{CC}$ 以下时，$R=1$，SR 锁存器保持 $Q=0$ 的状态，使 v_o 稳定，输出低电平。

当输入端施加触发负脉冲信号时，$v_I < \frac{1}{3}V_{CC}$，电压比较器 C_2 的同相输入端电位低于反相输入端电位，锁存器的置位端 $S=0$，SR 锁存器 $Q=1$，电路输出 $v_o=1$，进入暂稳态。这时，放电晶体管 VT 截止，电源通过电阻 R 给电容 C 充电，当电容电压上升至 $\frac{2}{3}V_{CC}$ 以上时，电压比较器 C_1 的反相输入端电位高于同相输入端电位，锁存器复位端 $R=0$。因这时触发负脉冲已撤销，锁存器的复位端 $S=1$，故 SR 锁存器输出端 $Q=0$，v_o 恢复到低电平。放电晶体管 VT 导通，电容器开始放电，当电容电压至 $\frac{2}{3}V_{CC}$ 以下时，锁存器复位端 $R=1$，保持了 v_o 稳定输出低电平。

单稳态触发电路在触发负脉冲的作用下，进入暂稳态，输出正脉冲的宽度由电容 C 的充电时间常数决定，$t_W = RC\ln 3 \approx 1.1RC$，其波形如图 4-11 所示。

单稳态触发电路通常用于脉冲的整形、延时及定时等。

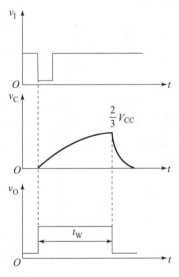

图 4-11 基于 555 的单稳态触发电路输出波形

3. 施密特触发电路

施密特触发器是一种有两个稳定状态的脉冲信号发生电路。与多谐振荡电路、单稳态触发电路等信号发生电路不同，施密特触发器采用电位触发方式，其状态由输入信号电位维持，且有正向阈值 V_{T+} 和负向阈值 V_{T-} 两个不同的触发电位。当输入电位上升到 V_{T+} 以上时，输出低电平；当输入电压减小到 V_{T-} 以下时，输出高电平。两个阈值电压之差 $\Delta V_T = V_{T+} - V_{T-}$，称为回差电压。

施密特触发器的逻辑符号及工作特性如图 4-12 所示。

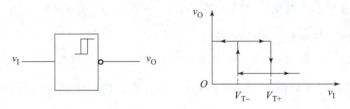

图 4-12 施密特触发器的逻辑符号及工作特性

由 555 定时器构成的施密特触发电路如图 4-13 所示。

由图可见,555 定时器的阈值输入引脚和触发引脚短接后作为施密特触发器的输入引脚。根据 555 定时器的特性,当输入电位大于 $2/3V_{CC}$ 时,v_O 输出低电平;当输入电位小于 $1/3V_{CC}$ 时,v_O 输出高电平。故正向阈值电压是 $2/3V_{CC}$,负向阈值电压是 $1/3V_{CC}$。

施密特触发器常用于波形变换(如正弦变余弦)、波形整形与抗干扰、幅度鉴别等。

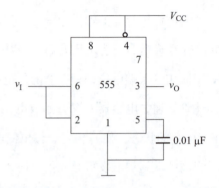

图 4-13 基于 555 定时器的施密特触发器

4.3 逻辑门脉冲信号发生器

4.3.1 逻辑门多谐振荡电路特性

在实际应用中,除 555 定时器构成的脉冲信号发生电路外,还常用到由逻辑门构成的脉冲信号发生电路。图 4-14 所示电路为由反相器构成的多谐振荡电路。图 4-15 所示为电路仿真结果。

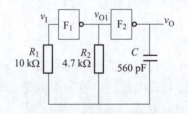

图 4-14 基于反相器的多谐振荡电路

微课 逻辑门多谐振荡电路

由图 4-14 和图 4-15 所见,电路在没有输入信号的情况下,输出端会产生矩形脉冲序列,因此,电路为自激振荡。

电路由两个反相器和电阻、电容构成。电路的振荡是靠电容器的充电和放电。电路刚上电时,如反相器 F_1 的输出 v_{O1} 为高电平,则反相器 F_2 的输出 v_O 为低电平,这时电容器 C 通过

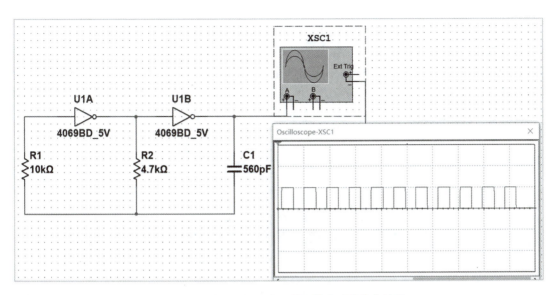

图 4 – 15 基于逻辑门的多谐振荡电路的仿真结果

电阻 R_2 充电，反相器 F_1 的输入端电位 v_1 上升，当其上升到 F_1 的阈值电压时，F_1 导通，v_{o1} 输出低电平，F_2 截止，v_o 输出高电平，电容器又通过电阻 R_2 放电，反相器 F_1 的输入端电位 v_1 下降，当其降低到 F_1 的阈值电压以下时，F_1 又截止，v_{o1} 输出高电平，F_2 又导通，v_o 输出低电平。如此循环，在输出端 v_o 输出脉冲信号序列。

由图 4 – 15 可见，电路中的两个反相器选用了 CD4069 芯片。CD4069 是一款 CMOS 型集成六反相器，CMOS（Complementary Metal Oxide Semiconductor）即互补金属氧化物半导体。为了更好地理解逻辑门脉冲信号电路的工作原理，在此介绍一下 MOS 管。

4.3.2 MOS 管简介

1. 结构及类型

MOS（Metal Oxide Semiconductor），金属氧化物半导体场效应管，有 3 个电极，分别称为栅极（G）、源极（S）、漏极（D）。按结构 MOS 管可分为 P 沟道和 N 沟道两种，按原理有增强型和耗尽型。MOS 管的电路符号如图 4 – 16 所示。

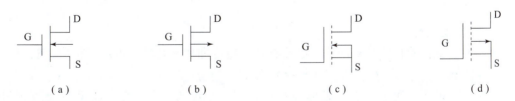

图 4 – 16 MOS 管的电路符号

(a) N 沟道耗尽型；(b) P 沟道耗尽型；(c) N 沟道增强型；(d) P 沟道增强型

2. MOS 管原理

现以 N 沟道增强型 MOS 管为例介绍 MOS 管的基本工作原理。

N 沟道增强型 MOS 管是以一块掺杂浓度较低的 P 型硅片为衬底,在衬底上面左右两侧制成两个高掺杂的 N^+ 区,并用金属铝引出两个电极,作为源极 S 和漏极 D。在硅片表面覆盖一层很薄的二氧化硅(SiO_2)绝缘层,再在 SiO_2 之上喷一层金属铝作为栅极 G。另外,在衬底引出引线 B,B 通常在管内与源极 S 相连接。其结构如图 4-17 所示。

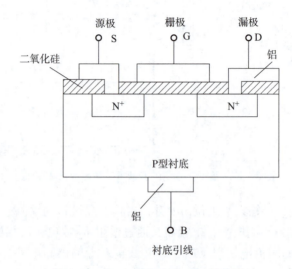

图 4-17 N 沟道增强型 MOS 管结构

对于 N 沟道增强型 MOS 管,当 $u_{GS} \leq 0$ 时,管子内部没有导电沟道,MOS 管截止。在 $u_{GS} > 0$ 时,栅极下面的 SiO_2 中产生了一个指向 P 型衬底且垂直向下的电场。该电场一方面排斥栅极附近 P 型衬底的空穴,留下不能移动的负离子,另一方面,吸引衬底中的电子。随着 u_{GS} 的增加,衬底表面的电子增多,当 u_{GS} 达到一定值(开启电压,一般为 2~20 V)时,吸引过来的电子在 P 型衬底表面形成一个 N 型薄层,即导电沟道。沟道形成以后,在 u_{DS} 的作用下,则有电流 i_D 沿沟道从漏极流向源极,管子导通。即增强型 NMOS 管的导通条件是:$u_{GS} \geq U_{TH}$(U_{TH} 是开启电压)。

如果用 N 型硅作衬底,而漏极和源极从 P+ 区引出,则为 PMOS 管。PMOS 管的 u_{GS}、u_{DS} 与 NMOS 管的极性相反。即增强型 PMOS 的饱和导通条件:$u_{GS} < 0$,且 $|u_{GS}| > |U_{TH}|$(U_{TH} 是开启电压)。

3. MOS 管特性

MOS 管与晶体管特性基本一致,也具有开关特性和放大特性,可用于构成逻辑门、放大器及存储器等。与晶体管相比,MOS 管主要有以下优点。

①输入电阻高。可抑制输入信号衰减,多用于小电流、高精度、高灵敏度的检测仪器中。

②温度稳定性好,抗辐射能力强。宜用于环境条件变化较大的场合。

③噪声低。适用于稳定性要求高的场合。

④工艺简单,集成度高。在大中规模集成电路中广泛使用。

4. MOS 管识别及检测

MOS 管的封装形式现多见的是塑料封装和贴片封装，在使用中重点是识别和检测 MOS 管的管型、引脚极性等。

一般塑封型 MOS 管，面向文字标识面（平面），从左至右分别为 G、D、S；贴片封装的 MOS 管，上面是 D，下面从左至右分别是 G、S，如图 4-18 所示。

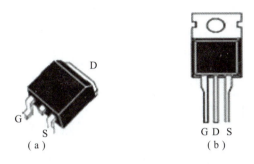

图 4-18 常见 MOS 管引脚分布

（a）贴片封装；（b）塑料封装

检测 MOS 管的类型，一般用万用表 $R \times 1 \ k\Omega$ 或 $R \times 10 \ k\Omega$ 挡，将黑表笔接栅极（G），红表笔分别接源极（S）和漏极（D），测量极间电阻，若测得的电阻值小，则为 P 沟道 MOS 管；若测得的电阻值大，则为 N 沟道 MOS 管。

判别 MOS 管的性能，一般用万用表 $R \times 100 \ \Omega$ 挡，两表笔分别接漏极（D）和源极（S），用手捏住栅极（G），观察表针左右摆动情况，摆动的幅度越大，MOS 管放大能力越强。

4.3.3 MOS 管反相器

由增强型 MOS 管构成的反相器电路如图 4-19 所示。

图 4-19 中，两个 MOS 管形成互补对称结构，其中 NMOS 管 VT_N 为开关管，PMOS 管 VT_P 是电路的有源负载。

电路的工作条件需满足：$V_{DD} > (V_{TN} + |V_{TP}|)$，即电源电压大于两个 MOS 管的阈值电压绝对值之和。

电路的工作原理：当输入高电平，即 $v_I = V_{DD}$ 时，VT_N 导通，VT_P 截止，v_O 输出近似为 0；当输入低电平，即 $v_I = 0$ 时，VT_N 截止，VT_P 导通，v_O 输出近似等于 V_{DD}。

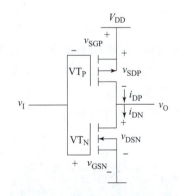

图 4-19 增强型 MOS 管反相器电路

4.3.4 逻辑门多谐振荡电路

由 MOS 管反相器构成的多谐振荡电路如图 4-20 所示。

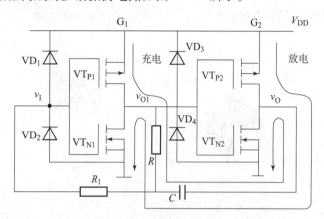

图 4-20　MOS 管反相器多谐振荡电路图

由图 4-20 可见，上电时如 v_{O1} 为高电平，则 v_O 为低电平，MOS 管 VT_{N1} 和 VT_{P2} 截止，VT_{N2} 和 VT_{P1} 导通，电容器 C 通过 VT_{P1}、VT_{N2} 和电阻 R 充电，v_I 上升，当其达到 VT_{N1} 的阈值电压时，VT_{N1} 导通 v_{O1} 输出低电平，VT_{N2} 截止，VT_{P2} 导通，v_O 输出高电平；之后，电容 C 开始放电，v_I 下降，当其低于阈值电压时 VT_{N1} 截止，VT_{P1} 导通，v_{O1} 输出高电平，VT_{N2} 导通，VT_{P2} 截止，v_O 输出低电平。

4.4　CX20106 红外接收处理芯片

CX20106 是一款红外线检波接收和处理的专用芯片。芯片外部为单列直插 8 个引脚，内部主要包括前置放大电路、限幅放大电路、检波电路、带通滤波电路、整形电路等。能对接收到的信号进行放大、滤波、检波和整形等处理，并可为输入端接入的红外接收管提供偏置电压。

微课　CX20106 简介

CX20106 的芯片外观、内部构成及引脚功能如图 4-21 所示。

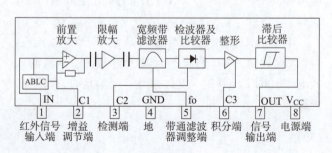

图 4-21　CX20106 芯片外观、内部构成及引脚功能

1. 引脚功能及连接要求

引脚 1：红外信号输入端，用于连接光敏二极管或光敏三极管。

引脚 2：前置放大器放大倍数调整网络，改变 RC 参数可改变前置放大电路放大倍数。推荐参数为 $R=4.7\ \Omega$，$C=1\ \mu F$。

引脚 3：检波电路，对地接检波电容，推荐 $C=3.3\ \mu F$。

引脚 4：接地端。

引脚 5：带通滤波器频率设置电路，与电源间接电阻，阻值越大频率越小，如 $R=200\ k\Omega$ 时，$f_0=42\ kHz$；$R=220\ k\Omega$ 时，$f_0=38\ kHz$。

引脚 6：与地之间接一积分电容，标准值为 330 pF。若电容太大，探测距离会变短。

引脚 7：遥控信号输出端，无接收信号时输出为高电平，有接收信号时，输出为低电平。CX20106 为集电极开路输出方式，故引脚 7 与电源间需接一个上拉电阻，推荐阻值为 20 kΩ。

引脚 8：接电源。

2. 内部主要电路的功能

（1）前置放大电路。

前置放大电路是直接与检测信号的传感器相连接、位于信源与放大器之间的电路。功能是放大来自信源的微弱电压信号，提高系统的信噪比，减少外界干扰等。

（2）限幅放大器。

限幅放大器的功能是去除过高或过低的电压信号，保护电路不因为太高或太低的电压，造成电路工作不正常。其工作原理：当放大器的输入信号幅度超过一定的电平时，放大器进入非线性工作区域，输出信号幅度达到限幅状态。

（3）宽频带滤波器。

宽频带滤波器是一个带通滤波器，功能是将红外光以外的电磁波滤除掉。

频带即带宽，是指能有效通过信道的信号的最大频带宽度。模拟信号的带宽又称为频宽，以 Hz 为单位，如模拟语音电话的信号带宽为 3 400 Hz；数字信号的带宽是指单位时间内链路能够通过的数据量，如 ISDN 的 B 信道带宽为 64 kb/s。链路是指电磁波从基站到终端传播的空间路径。

（4）检波器。

检波器的功能是将模拟信道中较高频率范围的低频信号或方波信号取出来。

（5）整形电路。

整形电路的功能是将变化缓慢或快速的非矩形脉冲变换成矩形脉冲，或将脉冲宽度不符合要求的波形变换成符合要求的波形。

（6）滞后比较器。

滞后比较器即施密特触发器。功能是应用其回差电压特性，进行波形整形与抗干扰。

4.5 红外传感电路其他外围器件

4.5.1 7805 三端稳压器

7805 是正电压输出的一款三端稳压集成电路，其外部只有 3 个引脚输出，文字面向上，从左到右分别是输入端、接地端和输出端。其外观类似普通的晶体管,通常采用TO-220的标准封装,如图4-22所示。

图4-22　7805外形

微课　红外传感电路其他外围器件

在实际应用中,用集成稳压电源芯片组成稳压电源所需的外围元件极少。而且7805电路内部还有过流、过热等保护电路,使用方便、可靠,价格便宜。

集成稳压电源分为78xx系列和79xx系列。其中,78xx系列为正电压输出,79xx系列为负电压输出。78或79后面的数字代表该三端集成稳压电路的输出电压,如7805表示输出电压为正5 V、7909表示输出电压为负9 V。

7805的应用电路如图4-23所示。图中,1脚为输入引脚,2脚为接地引脚,3脚为输出引脚。电容器C_1和C_2均为滤波电容。

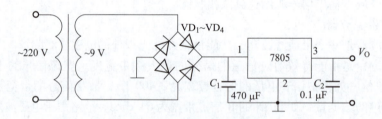

图4-23　7805应用电路图

4.5.2　KD9561

KD9561是一款CMOS四音音乐IC,其输出为变频方波信号,可用于警车、救护车、消防车等警报。其芯片、电路布线图及外部接线图如图4-24所示,音乐设置方式如表4-1所示。

表4-1　KD9561声音模式设置表

SEL1	SEL2	输出声音类型
不接	不接	警笛声
接电源V_{CC}	不接	救火车声
接地V_{SS}	不接	救护车声
任意接	接电源V_{CC}	机关枪声

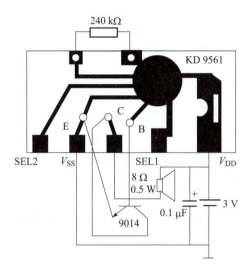

图 4-24　KD9561 布线

实际使用时，可接 240 kΩ 电阻进行声音快慢调节，也可在 100～390 kΩ 范围内选用。外接扬声器需由晶体管放大驱动。

项目实施

任务 4.1　红外传感器典型应用电路分析

1. 红外烟雾报警器电路

随着科技水平的不断提高，红外传感产品日益丰富，应用也日益普及，常用于门禁系统、照明控制、火灾检测、毒害气体泄漏检测、测距、智能遥感控制、车位管理、采暖通风等场合。

红外烟雾报警器是许多商场、酒店、医院、学校等公共场所及家庭应用的产品。图 4-25 所示电路是一款红外烟雾报警电路。电路中 VD_1 为红外发光二极管，VT_1 是光敏晶体管，VD_1 与 VT_1 串联构成正反馈感光电路。电路的功能是当环境有烟时，发出设定声音的报警声。

（1）电路结构分析。

①请分析电路结构，将相关内容填写在表 4-2 对应的单元格中。

微课　红外传感器应用案例

文档　红外传感器典型应用电路分析

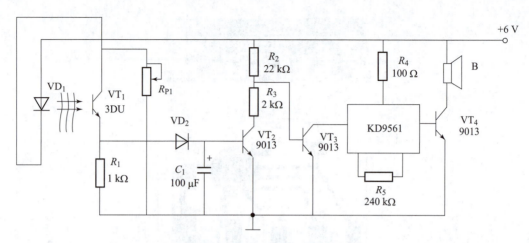

图 4-25 红外烟雾报警电路

表 4-2 图 4-25 所示电路结构分析表

器件标识	器件/电路名称	器件/电路特性	器件/电路的功能
R_{P1}			
R_1			
VT_2、VT_3			
KD9561			
VT_4			
B			
R_5			

②请根据器件在电路中的作用,将器件标识填入对应的模块。

传感器件/模块:＿＿＿＿＿＿＿＿＿＿＿＿＿＿＿＿＿＿＿＿＿＿＿＿＿

信号处理器件/模块:＿＿＿＿＿＿＿＿＿＿＿＿＿＿＿＿＿＿＿＿＿＿＿

执行器件/模块:＿＿＿＿＿＿＿＿＿＿＿＿＿＿＿＿＿＿＿＿＿＿＿＿＿

(2) 电路工作原理分析。

请分析电路工作原理,回答相关问题。

问题 1:电路工作时,红外发光二极管 VD_1 需以设定的初始电流发光,该初始电流由什么器件设定? 电流通路是什么?

＿＿

＿＿

问题 2:当环境洁净无烟时,红外发光二极管 VD_1 和光敏晶体管 VT_1 的正反馈过程是怎样的?

＿＿

＿＿

正反馈的启示

问题3：当环境洁净无烟时，VD_2、VT_2、VT_3 分别是什么状态？KD9561 为什么不能使报警器发出声音？

_____

_____

问题4：当环境有烟时，红外发光二极管 VD_1 和光敏晶体管 VT_1 的正反馈过程是怎样的？

_____

_____

问题5：当环境有烟时，VD_2、VT_2、VT_3 分别是什么状态？KD9561 为什么能使报警器发出声音？

_____

_____

2. 红外自动水龙头电路

随着生活水平的提高，人们对生活设施的智能化、自动化的需求越来越强烈。红外自动感应水龙头是在商场、车站、机场、服务区、医院、学校等许多公共场所被广泛应用的公共设施。红外感应自动水龙头的应用，不仅能高效节约水资源，而且可以避免病毒、细菌等的交叉感染，有利于人们的健康。

图 4-26 所示为红外自动感应水龙头电路，图中的红外传感器是由红外发光二极管 VL_1 和光敏二极管 VL_2 构成的红外对射管。电路的功能是有人洗手时水龙头自动打开，而无人洗手时水龙头关闭。

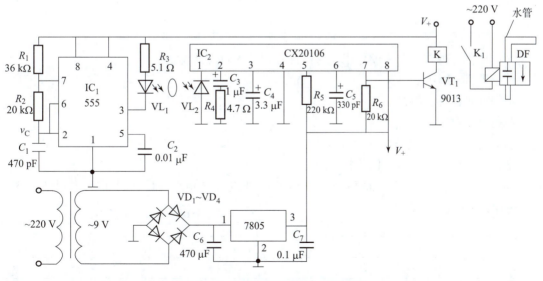

图 4-26 红外自动感应水龙头电路

(1) 电路结构分析。

①请分析电路结构,将相关内容填写在表4-3对应的单元格中。

表4-3 图4-26所示电路结构分析表

器件标识	器件/电路名称	器件/电路特性	器件/电路的功能
555定时器、R_1、R_2、C_1、C_2电路			
CX20106			
7805			
K			
K_1			
VT_1			
R_4、C_3			
C_4			
R_5			
C_5			
R_6			
C_6			
C_7			

②请根据器件在电路中的作用,将器件标识填入对应的模块。

传感器件/模块:_____

信号处理器件/模块:_____

执行器件/模块:_____

(2) 电路工作原理分析。

请分析电路工作原理,回答相关问题。

问题1:电路中,555定时器电路提供给红外发光二极管 VL_1 的电信号是什么信号? VL_1 为什么需要此种信号?

_____

_____

问题2:CX20106的引脚1是什么引脚?光敏二极管 VL_2 的工作电压是正向还是反向?为什么这样接?

问题 3：电路中 CX20106 的带通滤波电路的中心点频率应该是多少？

问题 4：CX20106 的引脚 7 为什么要接电阻器 R_6？

问题 5：无人洗手时，CX20106 的引脚 1 是否有红外信号输入？为什么？

问题 6：无人洗手时，CX20106 的引脚 7 输出什么电平？VT_1、K 和 K_1、电磁阀 DF 和水龙头分别是什么状态？

问题 7：有人洗手时，CX20106 的引脚 1 是否有红外信号输入？引脚 7 输出什么电平？VT_1、K 和 K_1、电磁阀 DF 和水龙头分别是什么状态？

问题 8：该电路的直流电源电压 V_+ 是多少伏？为什么？

3. 红外感应干手器电路

图 4-27 所示电路为一款基于红外反射传感技术的干手器电路。电路的传感器是由红外发光二极管 VD_1 和光敏二极管 VD_2 构成的红外反射管。电路的功能是当有人干手时，热风机通电工作；无人干手时，热风机断电不工作。

（1）电路结构分析。

①请分析电路结构，将相关内容填写在表 4-4 对应的单元格中。

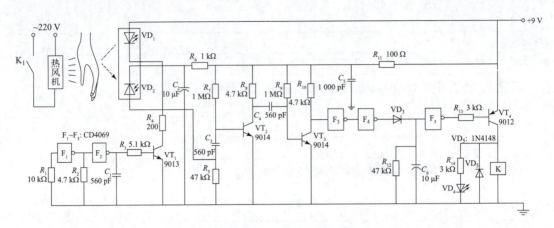

图 4-27　红外自动干手器电路

表 4-4　图 4-27 所示电路结构分析表

器件标识	器件/电路名称	器件/电路特性	器件/电路的功能
R_1、R_2、C_1、F_1、F_2 电路			
VD_2			
VT_4			
VD_4			
VD_5			
C_6、R_{12} 电路			
C_4			
C_2、C_5			
K			
K_1			
F_5			

②请根据器件在电路中的作用,将器件标识填入对应的模块。

传感器件/模块:＿＿＿＿＿＿＿＿＿＿

信号处理器件/模块:＿＿＿＿＿＿＿＿＿＿

执行器件/模块:＿＿＿＿＿＿＿＿＿＿

(2) 电路工作原理分析。

请分析电路工作原理,回答相关问题。

问题 1:电路中, R_3、R_4、VT_1 电路是一个前置放大电路,什么是前置放大电路?有什么功能?

问题2：电路中，VT_2、VT_3、R_5、$R_7 \sim R_{10}$、C_3、C_4电路是两级放大电路，为什么采用两级放大电路？

问题3：电路中，F_3、F_4电路是两级整形电路，为什么采用两级整形电路？

问题4：当无人干手时，光敏二极管VD_2是否能接收到红外发光二极管VD_1发出的红外信号？为什么？

问题5：当无人干手时，VD_3、VT_4、K、K_1、热风机分别是什么状态？为什么？

问题6：当有人干手时，光敏二极管VD_2是否能接收到红外发光二极管VD_1发出的红外信号？为什么？

问题7：当有人干手时，VD_3、VT_4、K、K_1、热风机分别是什么状态？为什么？

问题8：电路中电容器C_6的功能是如何实现的？

任务 4.2　红外烟雾报警器电路制作

1. 任务实施

用面包板或万用板,参照图 4-25 所示电路,制作烟雾报警电路,调节电位器 R_{P1},使在洁净无烟的环境下,扬声器不报警。根据实际环境选用适当方法模拟有烟环境,观察扬声器的报警情况。

2. 操作准备

(1) 所需元件。

① 100 Ω、1 kΩ、2 kΩ、22 kΩ、240 kΩ 电阻器各 1 只。

② 10 kΩ 电位器 1 只。

③ 红外对射传感器 1 只。

④ KD9561 集成音乐芯片 1 个。

⑤ 9013 晶体管 3 只。

⑥ 100 μF 铝电解电容器 1 只。

⑦ 有源蜂鸣器 1 只。

(2) 所需仪器。

① 多功能电路板 1 块。

② 指针型万用表 1 块。

③ 直流稳压电源 1 个。

(3) 导线若干。

3. 操作步骤

第一步:选择、检测电路所需元器件,将结果填入表 4-5 中。

表 4-5　"烟雾报警电路"器件检测单

序号	器件名称	器件类型	参数/标志	检测数据/内容	检测结果
1	红外发射管	5 mm			
2	红外接收管	3DU5C			
3	开关二极管	1N4148			
4	晶体管	9013			
5	电阻	100 Ω			
6	电阻	1 kΩ			
7	电阻	2 kΩ			
8	电阻	22 kΩ			
9	电阻	240 kΩ			
10	电位器	10 kΩ			
11	电容器	100 μF			

检测人:　　　　　复核人:

第二步：装接电路。

在面包板或万用板上装接电路，注意红外对射传感器、晶体管、发光二极管、电容器、KD9561 的连接。

第三步：调试电路。

（1）接通电源，调节电位器 R_{P1}，使扬声器在洁净无烟环境不报警。

（2）用适当方法模拟烟雾环境，观察扬声器报警情况。

第四步：总结、描述电路的功能。

调试记录
（记录问题及解决办法）
_____
_____
_____
_____
_____
_____
_____

4. 操作要求

（1）遵守操作规范，须断电接线。

（2）强化节约意识，元器件检测要精细，用线尽可能少。

（3）布局需合理，装接需整齐，器件引线需平整。

5. 评价内容及指标

"烟雾报警电路制作"项目实施评价表见表 4-6。

表 4-6 "烟雾报警电路制作"项目实施评价表

考核项目（权重）	任务内容	评价指标	配分
任务完成（0.9）	器件选择及检测（40 分）	器件检测方法规范	10
		器件参数检测正确	20
		器件筛选处理得当	10
	电路装接（60 分）	红外传感器装接正确	10
		二极管装接正确	10
		晶体管装接正确	10
		KD9561 装接正确	10
		电位器装接正确	5
		电容器装接正确	5
		焊接质量	5
		电路功能正常	5
劳动素养（0.1）	操作安全规范		20
	承担并完成工作任务		20
	组织小组同学完成工作任务		10
	协助小组其他同学完成工作任务		10
	组织或参加操作现场整理工作		15
	协助教师收、发实训器材等工作		10
	有节约意识，用材少，无器材、器件损坏		15

任务 4.3　基于实验平台的红外车位管理电路实验

1. 实验原理

NEWLab 红外传感器实验模块如图 4-28 所示。由图可见，该模块中包含了 2 个红外对射传感器 LTH-301-32、2 个红外反射传感器 ITR20001/T。

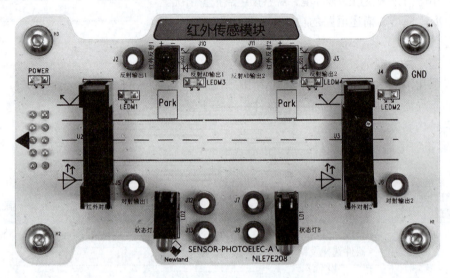

图 4-28　NewLab 红外传感器模块

（1）红外对射传感电路。

红外对射传感电路如图 4-29 所示，在本实验中用于模拟停车场的车辆出入场的管理。

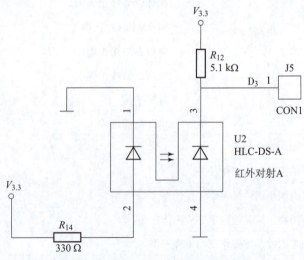

图 4-29　NEWLab 红外对射传感电路

其工作原理如下。

无车辆出入时，红外发光二极管发射的红外光使光敏二极管导通，D_3 端输出低电平。

有车辆出入时，红外发光二极管发射的红外光被车辆遮挡，光敏二极管截止，D_3 输出高电平。

（2）红外反射传感电路。

红外反射传感电路如图 4-30 所示，实验中用于模拟车位管理。

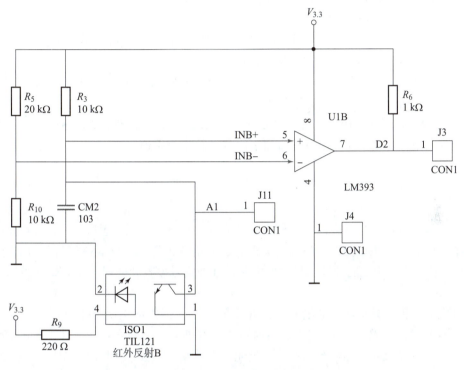

图 4-30　NEWLab 红外反射传感电路

其工作原理如下。

无车辆泊入时，红外发光二极管发射出的红外光没被反射，光敏晶体管或光电三极管截止，A1 端输出高电平。

有车辆泊入时，红外发光二极管发射出的红外光被车辆反射，光敏晶体管或光电三极管接收红外光导通，A1 端输出低电平。

2. 实验步骤

（1）实验准备。

①打开"物联网开发实验平台"软件，导入并选择红外感应实验的实验包。

②将 NEWLab 实验硬件平台通电并与计算机连接。

（2）硬件装接。

①将红外传感器模块放置在 NEWLab 实验平台一个实验模块插槽上。

②将模式选择调整到自动模式，按下电源开关，启动实验平台，使红外传感模块开始工作，模块电源指示红色 LED 灯亮。

③选择硬件连接说明，查看上位机软件平台硬件检测情况，如通过则可进一步调试，如未通过需检查硬件连接情况，直到检测通过。

(3) 红外对射传感模块测试。

①将万用表调至直流电压挡，用红表笔接红外对射输出 J5 口，黑表笔接地（J4 口），在有、无遮挡两种情况下测量红外对射输出电压值。

②在 NEWLab 软件平台中，选择"场景模拟实验"，观察在有、无车辆出入两种情况下的红外对射传感电路的电压比较器输出电平值和电压值。

(4) 红外反射传感模块测试。

①将万用表调至直流电压挡，用红表笔接红外反射输出 J2 口，黑表笔接地（J4 口），在有、无遮挡情况下测量红外反射输出电压值。

②将万用表红表笔接红外反射输出 J10 口，黑表笔接地（J4 口），在有、无车辆泊位两种情况下测量红外反射 AD 输出电压值。

③在 NEWLab 软件平台中，选择"场景模拟实验"，观察在有、无车辆泊位两种情况下的红外反射传感电路的 AD 输出电压值和车位 B 的输出电平值。

项目总结

本项目以红外烟雾报警电路、红外自动感应水龙头电路、红外感应干手器电路等典型红外传感电路为载体，主要介绍红外发光二极管、光敏二极管、光敏晶体管等红外传感器件、555 定时器及反相器构成的脉冲信号发生电路、红外信号接收和处理芯片 CX20106 等器件知识及应用方法。

红外发光二极管外形与普通发光二极管 LED 相似，但内部是由砷化镓（GaAs）等红外辐射效率高的材料制成 PN 结，正向偏置时可激发红外光。红外光是波长在 1 mm～760 nm，介于微波与可见光之间，比红光长的非可见光。红外发光二极管工作时需要脉冲信号驱动来增加其发射功率和控制距离。

光敏二极管也叫光电二极管，其外形结构与半导体二极管类似，但外壳上有用于接收光照的透明窗口，内部是具有光敏特征的 PN 结。光敏二极管也具有单向导电性，但工作时需加上反向电压。在无光照时，其反向饱和漏电流很小，光敏二极管截止。当受到光照时，其共价键上的部分束缚电子受光后挣脱共价键形成光生载流子，增加了少数载流子的密度，增大了反向饱和漏电流。入射光越强，反向饱和漏电流越大。

光敏三极管也叫光电三极管或光电晶体管。其外形与普通三极管相似，但除需用于温度补偿和附加控制等作用外，光敏三极管的基极通常不引出，所以一般只有两个脚，其管芯被装在带有玻璃透镜金属管壳内。光敏三极管也有电流放大作用，其集电极电流除受基极电流控制外，还受光辐射的控制。当其具有光敏特性的 PN 结受到光辐射时，形成光电流，此光生电流由基极进入发射极，从而在集电极回路中得到一个放大了 β 倍的信号电流。光照强度越大，电流越大。

555 定时器是一种集成电路芯片，常被用于定时器、脉冲产生器和振荡电路，也可被作为电路中的延时器件、触发器或起振元件。555 定时器为 DIP8 型封装结构，当其引脚 2 的输入电压大于 1/3 电源电压，引脚 6 的输入电压大于 2/3 电源电压时，引脚 3 输出低电平；当其引脚 2 的输入电压小于 1/3 电源电压，引脚 6 的输入电压小于 2/3 电源电压时，引脚 3 输出高电平；当其引脚 2 的输入电压大于 1/3 电源电压，引脚 6 的输入电压小于 2/3 电源电压时，引脚 3 输出电平保持原来的状态不变。555 定时器可构成多谐振荡电路、单稳态触发电路和施密特触发电路等脉冲信号发生和处理电路。

逻辑门脉冲信号发生电路是由 CMOS/MOS 反相器及电容器、电阻器构成，其工作原理是依靠逻辑门的导通与截止控制电容器的充电和放电，以使输出端输出一定频率的脉冲信号。

CX20106 是一款红外信号的接收和处理芯片，其外部结构为单列直插 8 个引脚，其中引脚 1 为红外信号输入引脚，需接光敏二极管阴极；引脚 7 为集电极开路输出引脚，需通过一个上拉电阻接电源，当引脚 1 有红外信号接入时，引脚 7 输出为低电平；当引脚 1 没有红外信号接入时，引脚 7 输出为高电平。CX20106 芯片内部主要由前置放大电路、限幅放大电路、带通滤波电路、检波电路、积分电路、整形电路等构成。

红外烟雾报警电路是以红外发光二极管和光敏晶体管对射原理工作的电路。当环境中有烟雾时，红外发光二极管发出的红外光被烟雾遮挡，光敏晶体管内阻增大，使红外发光二极管电流减小，光敏晶体管的内阻进一步增大，当该电阻增大到一定程度时，开关晶体管控制的 KD9561 工作，扬声器发出预设的报警声。

红外感应自动水龙头电路是以红外发光二极管和光敏二极管对射原理工作的电路。由 555 定时器构成的多谐振荡电路发出的脉冲信号驱动红外发光二极管发出红外光。当无人洗手时，该红外光经凸透镜聚光后被光敏二极管接收，并由 CX20106 进行信号的放大、滤波、检波、整形等处理后，从引脚 7 输出低电平，开关晶体管截止，继电器线圈不得电，常开触点断开，电磁阀不工作，水龙头不出水；而当有人洗手时，红外发光二极管发出的红外光被遮挡，光敏二极管接收不到红外信号，CX20106 的引脚 7 输出高电平，开关晶体管导通，继电器线圈得电，常开触点闭合，电磁阀得电，水龙头出水。

红外干手器电路是以红外发光二极管和光敏二极管反射原理工作的电路。由反相器构成的多谐振荡电路驱动红外发光二极管发出红外光。有人干手时红外发光二极管发出的红外光被手反射，由光敏二极管接收导通产生反向漏电流，该电流信号经两级放大、两级整形后转换为脉冲信号。在脉冲信号高电平期间，开关二极管导通，经反相器后使 PNP 型晶体管导通，继电器线圈得电，常开触点闭合，热风机工作。无人干手时，红外发光二极管发出的红外光不被反射，光敏二极管截止，PNP 型晶体管截止，继电器线圈不得电，常开触点断开，热风机不工作。

项目练习

1. 单项选择题

（1）图 4-31 所示电路是 555 定时器构成的（　　）。
A. 单稳态触发电路　　　　　　　　B. 多谐振荡电路
C. 施密特触发电路　　　　　　　　D. 双稳态触发电路

（2）图 4-5 所示电路，当 $v_{I1} < 2/3 V_{CC}$，$v_{I2} > 1/3 V_{CC}$ 时，输出端（　　）。
A. 输出高电平　　B. 输出低电平　　C. 保持不变　　D. 状态不定

（3）图 4-5 所示电路，当 $v_{I1} > 2/3 V_{CC}$，$v_{I2} > 1/3 V_{CC}$ 时，输出端（　　）。
A. 输出高电平　　B. 输出低电平　　C. 保持不变　　D. 状态不定

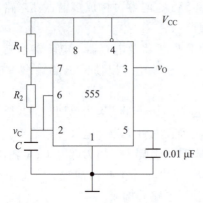

图 4-31　555 定时器应用 1　　　　　　图 4-5

(4) 图 4-5 所示电路，当 $v_{I1} < 2/3 V_{CC}$，$v_{I2} < 1/3 V_{CC}$ 时，输出端（　　）。
A. 输出高电平　　B. 输出低电平　　C. 保持不变　　D. 状态不定

(5) 图 4-32 所示 CX20106 芯片的带通滤波器频率设置电路应接（　　）。
A. 4 脚　　　　B. 5 脚　　　　C. 6 脚　　　　D. 7 脚

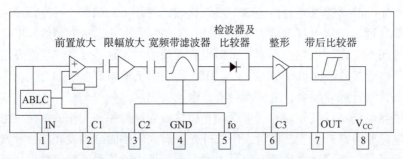

图 4-32　CX20106 芯片引脚及结构示意图

(6) 图 4-32 所示 CX20106 芯片，检波电容应接（　　）。
A. 1 脚　　　　B. 2 脚　　　　C. 3 脚　　　　D. 4 脚

(7) 图 4-32 所示 CX20106 芯片，前置放大器放大倍数调整网络应接（　　）。
A. 1 脚　　　　B. 2 脚　　　　C. 3 脚　　　　D. 4 脚

(8) 图 4-32 所示 CX20106 芯片，信号输出引脚是（　　）。
A. 4 脚　　　　B. 5 脚　　　　C. 6 脚　　　　D. 7 脚

(9) 图 4-32 所示 CX20106 芯片，红外信号输入引脚是（　　）。
A. 1 脚　　　　B. 2 脚　　　　C. 3 脚　　　　D. 4 脚

(10) 图 4-33 所示电路符号是（　　）。
A. N 沟道增强型 MOS 管　　　　B. P 沟道增强型 MOS 管
C. N 沟道耗尽型 MOS 管　　　　D. P 沟道耗尽型 MOS 管

图 4-33　MOS 管符号

(11) NMOS 管的导通条件是（　　）。
A. $u_{GS} \geqslant 2 \sim 20$ V　　B. $u_{GS} < 2 \sim 20$ V　　C. $u_{GS} \geqslant 0.5$ V　　D. $u_{GS} < 0.5$ V

(12) 图 4-34 所示电路的 T_N 和 T_P 分别是（　　）。
A. PMOS 负载管和 NMOS 开关管
B. NMOS 负载管和 PMOS 开关管
C. PMOS 开关管和 NMOS 负载管
D. NMOS 开关管和 PMOS 负载管

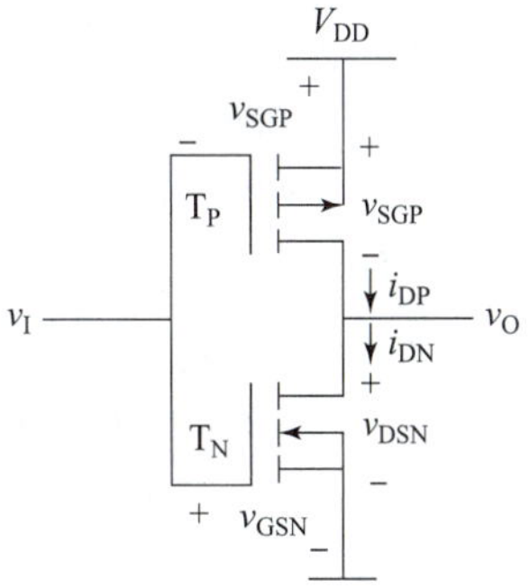

(13) 图 4-34 所示电路，当 $v_I = V_{DD}$ 时，T_N、T_P 和 v_O 的状态分别是（　　）。
A. 导通、截止、高电平
B. 导通、截止、低电平
C. 截止、导通、高电平
D. 截止、导通、低电平

图 4-34　MOS 管反相器

(14) 图 4-34 所示电路，当 v_I 为低电平时，T_N、T_P 和 v_O 的状态分别是（　　）。
A. 导通、截止、高电平　　　　　B. 导通、截止、低电平
C. 截止、导通、高电平　　　　　D. 截止、导通、低电平

(15) 图 4-27 所示电路中，晶体管 VT_2 和 VT_3 构成的是（　　）。
A. 直接耦合的两级放大电路　　　B. 电容耦合的两级放大电路
C. 信号整形电路　　　　　　　　D. 滤波电路

(16) 图 4-27 所示电路中，反相器 F_3 和 F_4 构成的是（　　）。
A. 多谐振荡电路　　　　　　　　B. 两级放大电路
C. 整形电路　　　　　　　　　　D. 滤波电路

图 4-27

(17) 图 4-27 所示电路中，电容器 C_2 和 C_5 的功能是（　　）。
A. 保持　　　B. 滤波　　　C. 耦合　　　D. 检波

(18) 图 4-27 所示电路中，电容器 C_6 的功能是（　　）。
A. 保持　　　B. 滤波　　　C. 耦合　　　D. 检波

(19) 图 4-27 所示电路中，VD_1 是（　　）。
A. 红外发光二极管　　　　　　　B. 光敏二极管
C. 开关二极管　　　　　　　　　D. 续流二极管

(20) 图 4-27 所示电路中，VD_2 是（　　）。
A. 红外发光二极管　　　　　　　B. 光敏二极管
C. 开关二极管　　　　　　　　　D. 续流二极管

(21) 图 4-27 所示电路中，VD_3 是（　　）。
A. 红外发光二极管　　　　　　　B. 光敏二极管
C. 开关二极管　　　　　　　　　D. 续流二极管

(22) 图 4-27 所示电路中，VD_4 是（　　）。
A. 发光二极管　B. 光敏二极管　C. 开关二极管　D. 续流二极管

(23) 图 4-27 所示电路中，VD_5 是（　　）。
A. 发光二极管　B. 光敏二极管　C. 开关二极管　D. 续流二极管

(24) 图 4-27 所示电路中，由电阻 R_1、R_2，电容 C_1，反相器 F_1、F_2 构成的是（　　）。

A. 单稳态触发电路 B. 多谐振荡电路
C. 整形电路 D. 反相电路

2. 判断题（正确：T；错误：F）

（1）光敏二极管就是红外发光二极管。 （   ）
（2）红外光是指波长比红光短的可见光。 （   ）
（3）红外发光二极管反向偏置时可激发红外光。 （   ）
（4）图 4-35 所示电路为 555 定时器构成的施密特触发电路。 （   ）

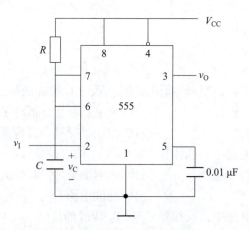

图 4-35 555 定时器应用电路 2

（5）图 4-35 所示电路没有稳定状态。 （   ）
（6）光敏晶体管的基极通常不引出。 （   ）
（7）NMOS 的导通条件是 $u_{GS} < 0$，且 $|u_{GS}| > |U_{TH}|$。 （   ）
（8）CX20106 的引脚 7 是集电极开路输出方式，需与电源间接一个 20 Ω 的上拉电阻。
 （   ）
（9）与晶体管相比，MOS 管的温度稳定性更好。 （   ）
（10）光敏二极管工作时需加正向电压。 （   ）

3. 填空题

（1）光敏二极管在无光照时，暗电流较_____；在有光照时，_____密度_____，反向饱和漏电流随入射光强度的增强而_____。

（2）光敏二极管工作时需加上_____向电压。

（3）红外发光二极管需工作在脉冲状态，是为了增加_____。

（4）图 4-5 所示电路中，电压比较器 C_1 的同相输入端电压为_____V_{CC}，电压比较器 C_2 的反相输入端电压为_____V_{CC}。在 6 脚电位_____V_{CC}，2 脚电位_____V_{CC} 时，3 脚输出低电平；在 6 脚电位_____V_{CC}，2 脚_____V_{CC} 时，3 脚输出高电平；在 6 脚电位_____V_{CC}，2 脚电位_____V_{CC} 时，3 脚输出电平保持不变。在复位端为低电平时，缓冲器 G_4 输入端为_____电平，定时器输出 v_O 为_____电平，放电晶体管 VT_____。

（5）图 4-36 所示电路接通电源后，电容器 C 通过电阻 R_1 和 R_2_____，当 v_C 上升至

_____时，SR 锁存器的置位端 S = _____，复位端 R = _____，输出端 Q = _____，v_O = _____，晶体管 VT _____，电容 C 通过_____放电；当 v_C 减小到_____时，SR 锁存器的置位端 S = _____，复位端 R = _____，输出端 Q = _____，v_O = _____，晶体管 VT _____，电容器 C 又开始充电，循环往复，输出端 v_O 在 0 和 1 之间循环切换。该电路是由 555 定时器构成的_____电路，电路无输入信号，工作依靠_____振荡。

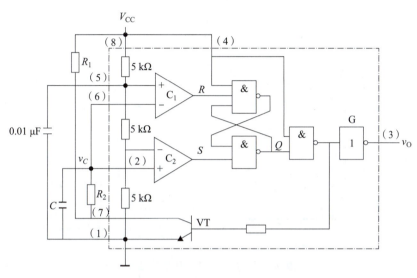

图 4-36 555 定时器应用电路 3

(6) 图 4-37 所示电路，无触发信号 $\left(v_I > \dfrac{1}{3}V_{CC}\right)$ 时，SR 锁存器的置位端 S = _____，若通电后 SR 锁存器输出端 Q = 0，则电路输出 v_O = _____，晶体管 VT _____，电容器 C _____，SR 锁存器的 R 端为_____电平，输出端 Q = _____，电路稳定输出_____电平；若通电后 SR 锁存器输出端 Q = 1，则电路输出 v_O = _____，晶体管 VT _____，电容器 C _____，当电容电压 v_C _____时，SR 锁存器的 R 端为_____电平，输出端 Q = _____，电路输出 v_O = _____，晶体管 VT _____，电容器 C 又开始_____，电路输出 v_O = _____，SR 锁存器的 R 端恢复到_____电平，电路稳定输出_____电平；当 v_I 端施加触发信号（负脉冲）时，SR 锁存器的 S = _____，输出端 Q = _____，晶体管 T _____，电源通过_____给电容 C _____，当 $v_C >$ _____时，SR 锁存器的 R 端变为_____电平，因脉冲信号撤销后 SR 锁存器的 S 端仍为高电平，则 SR 锁存器置_____，输出又恢复为_____电平。该电路是由 555 定时器构成的_____电路，1 态是电路的_____状态，0 态是电路的_____态。

(7) 图 4-26 所示的 555 定时器构成的是_____电路，VL_1 是_____二极管。电路在无人洗手时，_____经凸透镜聚集后被_____二极管接收并输入到_____信号接收处理芯片 CX20106 进行放大、_____、整形等处理后，在 CX20106 的引脚_____输出_____电平，_____型晶体管 VT_1 截止，继电器线圈

_____，其_____触点 K_1_____，电磁阀断电，阀门关闭，水龙头不出水；当有人洗手时，_____被手遮挡，_____二极管接收不到_____信号，CX20106 的引脚_____输出_____电平，_____型晶体管 VT_1_____，继电器线圈_____，其常开触点 K_1_____，电磁阀通电，阀门打开，水龙头出水。

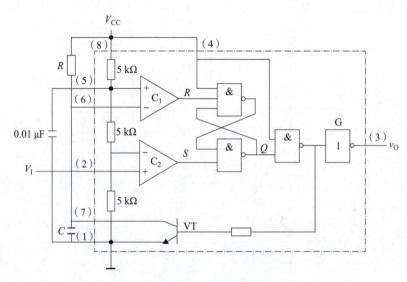

图 4-37 555 定时器应用电路 4

（8）图 4-38 所示电路，若上电时 v_{O1} 为高电平，则 v_O 为_____电平，MOS 管 VT_{N1} 和 VT_{P2}_____，VT_{N2} 和 VT_{P1}_____，电容器 C 通过_____、VT_{N2} 和电阻 R 充电，v_I 上升，当其达到 VT_{N1} 的_____电压时，VT_{N1}_____，v_{O1} 输出_____电平，VT_{N2}_____，VT_{P2}_____，v_O 输出_____电平；之后，电容器 C 开始_____，v_I 下降，当其低于_____电压时，VT_{N1}_____，VT_{P1}_____，v_{O1} 输出_____电平，VT_{N2}_____，VT_{P2}_____，v_O 输出_____电平。

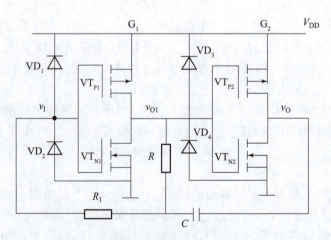

图 4-38 题 3（8）图

项目 4 参考答案

项目 4　红外传感器应用电路设计或制作

知识拓展

拓展 4.1　热释电型红外传感器简介

热释电红外传感器又称为热红外传感器，是一种能检测人体发射的红外线能量的变化，并将其转换成电压信号输出的高灵敏度的红外探测元件。热释电红外传感器可较好地抵抗小动物、电磁场、灯光等干扰，且具有功耗小、成本低、隐蔽性好、灵敏度高、不受白天黑夜的限制等特点，因此广泛用于防盗报警等安防装置中。

热释电红外传感器主要由传感器探测元件、菲涅尔[①]透镜、干涉滤光片和场效应管匹配器等几部分组成。其外观、内部结构及内部电气连接如图 4-39 所示。

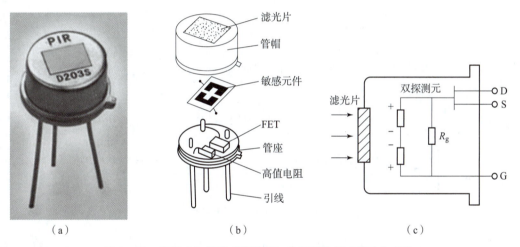

图 4-39　热释电红外传感器外观、内部结构及内部电气连接
（a）外观图；（b）内部结构图；（c）内部电气连接图

传感器探测元件一般由高热电材料（如锆钛酸铝、钽酸锂等）制成，每个探测器内装有 2 个反极性串联的探测元件构成差动平衡结构，以抑制高温产生的干扰；菲涅尔透镜一般装于探测器前方，用于提高探测器的灵敏度；因高热材料的电阻值通常高达 10^{13} Ω，因此需用场效应管进行阻抗变换。

热释电红外传感器主要利用热电效应原理感应红外辐射信号。热电效应是指受热物体中的电子由高温处向低温处移动时产生电流或者电荷堆积的一种现象。

人体在恒定体温 37 ℃时，会发出波长为 10 μm 左右的红外线，通过热释电红外传感器的菲涅尔滤光片聚集后，由热释电探测元件转换为电信号，再经场效应管匹配器进行阻抗变换后，送往放大电路等进行信号的后续处理，从而实现报警等功能。

---

① 菲涅尔是法国物理学家，被誉为"物理光学的缔造者"。他发现了光的反射/折射与视点角度之间的关系，称"菲涅尔效应"。即当视线垂直于表面时，反射较弱，而当视线非垂直于表面时，夹角越小，反射越明显。

拓展 4.2　数字智能热释电红外传感器 AS612 简介

AS612 是将数字智能控制电路与人体探测敏感元件集成在电磁屏蔽罩内的热释电红外传感器。其外观如图 4-40 所示。

AS612 有 6 个引脚，窗口大小为 3 mm×4 mm，由外接 3 V 直流电源供电。

AS612 的内部结构如图 4-41 所示。由图可见，AS612 内部主要由模数转换器（ADC）、带通滤波器（BPF）、振荡器（OSC）、补偿及报警事件逻辑电路（Comp & Alarm Event Logic）、测试控制逻辑电路（Test Control Logic）、带隙基准电路（BAND GAP REF）等构成。其各引脚功能如下。

图 4-40　AS612 外形

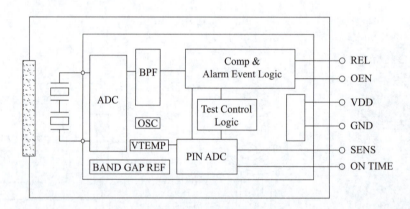

图 4-41　AS612 内部结构图

（1）REL：触发输出引脚。当探头接收到的热释电红外信号超过探头的触发阈值之后，内部会产生一个计数脉冲。如探头在 4 s 之内接收到 2 个脉冲或接收到的信号幅值超过触发阈值的 5 倍以上时，REL 引脚有高电平触发输出。输出 REL 的维持时间从最后一次有效脉冲开始计时。

（2）ON TIME：REL 输出定时设置引脚。ON TIME 引脚的电平值用于设置 REL 高电平的持续时间。如果在 REL 高电平期间有多次触发信号产生，只要检测到新的触发信号，REL 的时间将被复位，然后开始重新计时。

① 采用模拟 REL 定时方式：ON TIME 脚与电源接一个阻值为 10 kΩ~15 MΩ 的上拉电阻 R，定时时间 T_d（s）与电阻 R（kΩ）的近似关系为：T_d（s）= 0.04R+1。如果需要更长的定时时间，可以在 ON TIME 脚再接一个电容 C 到地，则定时时间 T_d（s）与电阻 R（kΩ）的近似关系如图 4-42 所示。

如果对功耗要求高且经常处于有效延时时间段状态，建议选用数字 REL 定时方式。

② 采用数字 REL 定时方式，ON TIME 脚需接不超过 $V_{DD}/2$ 的固定电位实现定时。实际使用时，可采用电阻分压形式来实现 REL 定时调节，由上分压电阻 R_H 和下分压电阻 R_L 构

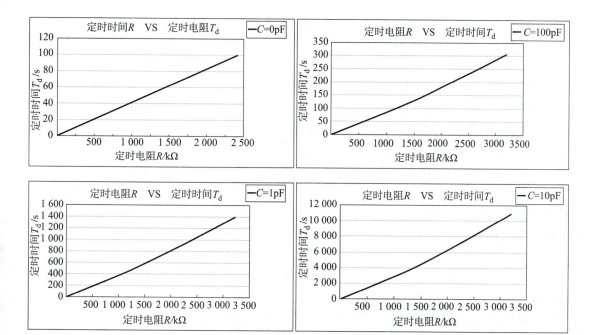

图 4−42 ON TIME 上拉电阻与 REL 定时时间的关系

成，R_H 和 R_L 建议使用 1% 精度的电阻。上分压电阻 R_H 固定为 1 MΩ，下分压电阻 R_L 及输出定时时间（T_d）与电压设置如表 4−7 所示。

表 4−7 ON TIME 脚的电压、下分压电阻与 REL 定时时间对应表

序号	ONTIME 脚电压中心值	ONRIME 下分压电阻 R_L/Ω（±1%）	T_d/s
0	1/64	0 k	1.8
1	3/64	51 k	3.6
2	5/64	91 k	5.4
3	7/64	120 k	7.2
4	9/64	180 k	14.4
5	11/64	220 k	29
6	13/64	270 k	43
7	15/64	330 k	58
8	17/64	360 k	115
9	19/64	430 k	230
10	21/64	510 k	346
11	23/64	560 k	461
12	25/64	680 k	922
13	27/64	750 k	1843
14	29/64	910 k	2765
15	31/64	1M	3686

采用数字 REL 定时方式时，ON TIME 脚电压若高于 $V_{DD}/2$，其定时时间可能会产生跳挡，只能在表 4-7 所示的 16 种时间中选一种。如果表 4-7 中的时间不合适，只能选用模拟 REL 定时方式。

（3）SENS：灵敏度阈值设定引脚。SENS 脚输入的电压决定灵敏度阈值的高低。SENS 脚电压超过 $V_{DD}/2$ 时，阈值最大，PIR 对信号的感应距离最小。SENS 脚电压越小则灵敏度越高，感应距离越远，共有 32 挡感应距离可选。

（4）OEN：使能端，可使 REL 输出或通过光照传感器实现自动控制。

AS612 工作时，热释电探测元件感应到人体移动信号，通过高阻抗差分输入电路耦合到数字集成电路芯片上，数字集成电路芯片中的 ADC 将信号转换成 15 位数字信号，当信号超过选定的数字阈值时就会有定时的 REL 电平输出。在使能端 OEN 的控制下 REL 可输出或通过光照传感器实现自动控制。灵敏度阈值和时间参数通过电阻设置，所有的信号处理都在芯片上完成。

AS612 具有数字信号处理、低电压、低功耗、响应速度快、可屏蔽其他频率的输入干扰、稳定性好、有效抑制重复误动作、应用电路简单等特点。目前广泛应用于玩具、防盗报警器、感应灯、网络摄像机、局域网监控器等装置中。

项目 5

湿敏传感器应用电路设计或制作

项目描述

1. 项目背景

湿度也是影响工农业生产和环境舒适度的重要指标。随着工农业生产的智能化程度及人们对美好生活向往的需求提高,湿度监测仪、除湿机等湿度监控设备的应用也日益普及。湿度监控的实现主要是由湿度传感器检测被测环境的湿度信号,经信号处理后,作用于指示或控制等执行器件。

本项目以育秧棚湿度指示器电路设计为载体,介绍湿敏传感电路的主要结构、工作原理及典型应用。

2. 项目任务

任务 5.1 湿敏传感器典型应用电路分析
任务 5.2 育秧棚湿度指示器电路的设计与制作
任务 5.3 基于实验平台的湿度传感器实验

3. 知识导图

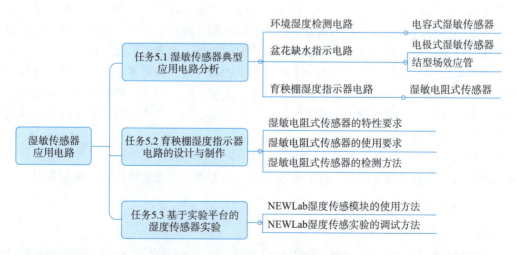

4. 学习目标

✓ 能理解并描述湿敏传感器的功能及原理。

- ✓ 能分析并描述湿敏传感器典型电路的结构及工作原理。
- ✓ 会设计和制作育秧棚湿度指示器电路。
- ✓ 能在项目学习和实践活动中，提升专业认同感，树立专业志向，培养工匠精神。

知识准备

5.1 湿敏传感器简介

5.1.1 湿敏传感器概述

微课　湿敏传感器认知

湿度是指大气中所含的水蒸气量，通常用绝对湿度和相对湿度两种表示方法。

绝对湿度是指在一定大小空间中的水蒸气量，常用"kg/m^3"和水的蒸气压表示。

相对湿度是某一被测蒸气压与相同温度下饱和蒸气压[①]比值的百分数，常用"%RH"表示，是一个无量纲的量。

湿敏传感器是能够感受外界湿度变化，并通过器件材料的物理或化学性质变化，将湿度转化成相应信号的器件。

用于检测湿度的湿敏元件主要分为水分子亲和型湿敏元件和非水分子亲和型湿敏元件。

水分子亲和型湿敏元件是利用水分子附着或浸入某些物质后其电阻率或介电常数等电气性能发生变化的特性检测湿度。常用的有电阻式湿敏元件、电容式湿敏元件。

非亲和型湿敏元件是利用其与水分子接触产生的物理效应检测湿度。常用的有热敏电阻式湿度传感器和红外线吸收式湿敏传感器。其中，热敏电阻式湿度传感器是利用热电效应原理工作的湿度传感器，红外线吸收式湿敏传感器是利用水蒸气能吸收特定波长的红外线的特性工作的湿度传感器。

氯化锂（LiCl）湿敏电阻和半导体陶瓷湿敏电阻是两种较常用的湿敏元件。随着科技的不断发展，将温度与湿度集成为一体的集成数字式温湿度传感器的应用也在逐渐普及。

---

① 在密闭条件中，在一定温度下，与固体或液体相平衡的蒸气所具有的压强称为饱和蒸气压。同一物质在不同温度下有不同的饱和蒸气压，并随着温度的升高而增大。纯溶剂的饱和蒸气压大于溶液的饱和蒸气压；对于同一物质，固态的饱和蒸气压小于液态的饱和蒸气压。

5.1.2 典型湿敏传感器

1. 氯化锂湿敏电阻

氯化锂湿敏电阻是利用吸湿性盐类潮解，离子电导率发生变化而制成的湿度检测元件。氯化锂湿敏电阻主要由引线、基片、感湿层与电极组成，其结构如图 5-1 所示。

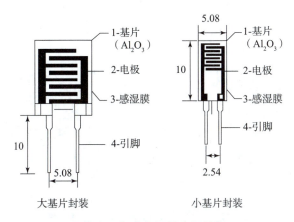

图 5-1 氯化锂湿敏电阻结构

氯化锂通常与聚乙烯醇组成混合体。在氯化锂（LiCl）溶液中，Li 和 Cl 均以离子的形式存在。Li^+ 对水分子的吸引力强，其溶液中的离子导电能力与浓度成正比。当溶液置于一定湿度环境中，若环境相对湿度高，溶液将吸收水分，使 Li^+ 浓度降低，电阻率增高；当环境相对湿度变低时，溶液中 Li^+ 浓度升高，其电阻率下降，从而实现对湿度的测量。

氯化锂湿敏元件的湿度-电阻特性曲线如图 5-2 所示。由图可见，不同浓度的氯化锂湿敏元件在相应的相对湿度范围内，电阻与湿度的变化呈线性关系。因此，为扩大湿度测量的线性范围，可以将多个氯化锂含量不同的器件组合使用，如将测量范围分别为（10%～20%）RH、（20%～40%）RH、（40%～70%）RH、（70%～90%）RH 和（80%～99%）RH 的 5 种元件配合使用，就可自动转换完成整个湿度范围的湿度测量。体现了"众擎易举，独木难支"的团队合作的优势。

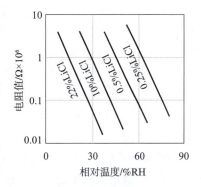

图 5-2 氯化锂湿敏电阻的湿度-电阻特性

氯化锂湿敏元件的优点是滞后小，不受测试环境风速影响，检测精度高达 ±5%；但其耐热性差，不能用于露点①以下测量，器件性能的重复性不理想，使用寿命短。

---

① 在空气中水汽含量不变，保持气压一定的情况下，使空气冷却达到饱和时的温度称露点。低于露点温度，部分蒸气将凝结成露。

2. 半导体陶瓷湿敏电阻

半导体陶瓷（简称半导瓷）湿敏电阻通常是用两种以上的金属氧化物半导体材料混合烧结而成的多孔陶瓷。这些材料有 $ZnO-LiO_2-V_2O_5$ 系、$Si-Na_2O-V_2O_5$ 系、$TiO_2-MgO-Cr_2O_3$ 系、Fe_3O_4 等。其中 $ZnO-LiO_2-V_2O_5$ 系、$Si-Na_2O-V_2O_5$ 系、$TiO_2-MgO-Cr_2O_3$ 系的电阻率随湿度增加而下降，故称为负湿度特性湿敏半导体陶瓷；Fe_3O_4 的电阻率随湿度增大而增大，故称为正湿度特性湿敏半导体陶瓷。

半导体陶瓷湿敏电阻主要有烧结型湿敏电阻和涂覆膜型湿敏电阻，如图 5-3 所示。

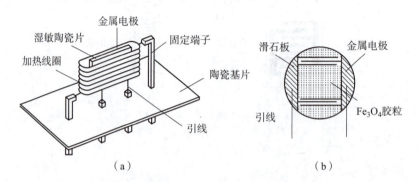

图 5-3 半导体陶瓷电阻结构
(a) 烧结型湿敏电阻；(b) 涂覆膜型湿敏电阻

烧结型湿敏电阻是将感湿灵敏度适中、电阻率低、温度特性好的 $MgCr_2$ 与能改善烧结特性、提高元件的机械强度及抗热骤变特性的 TiO_2（30% mol），在 1 300 ℃ 的空气中烧结成多孔的电极，再将元件安装在高致密、疏水性好的陶瓷基片上而构成。

涂覆膜型湿敏电阻是将由金属氧化物微粒经过堆积、黏结而成的材料作为湿敏元件，较典型的是 Fe_3O_4 湿敏器件。Fe_3O_4 湿敏器件采用滑石瓷做基片，在基片上用丝网印刷工艺印制成梳状金属电极，将纯净的 Fe_3O_4 胶粒调制成浆后涂覆在金属电极的基片上，经低温烘干，引出电极而制成。

半导体陶瓷湿敏电阻具有较好的热稳定性，较强的抗玷污能力，能在恶劣、易污染的环境中较准确地检测湿度数据，且响应速度快、温度范围宽，在实际应用中较为常见。

3. 电容式湿敏传感器

电容式湿敏传感器是利用湿敏元件的电容值随湿度变化的原理进行湿度检测的传感器。典型的是薄片状电容式湿敏传感器。

电容器是由金属极板与绝缘介质构成，其电容量与电容器的极板面积成正比，与电容器的极板间距成反比，与极板间介质的介电常数成正比。

按图 5-4 所示的电容器结构，电容器的电容量为

$$C = \frac{\varepsilon A}{d}$$

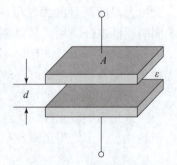

图 5-4 电容器结构示意图

式中：C 为电容器的电容量；A 为电容器极板的面积；d 为电容器极板的间距。

薄片状电容式湿敏传感器采用乙酸-丁酸纤维素、乙酸-丙酸纤维素等高分子聚合物或多孔氧化铝等金属氧化物作为电介质材料，利用这类材料的吸湿性，使其介电常数随湿度变化而变化，从而改变电容量大小的特性进行湿度检测。

5.2　湿敏电阻式传感器的应用

1. 特性要求

因湿度的检测必须将湿敏器件与水直接接触，湿敏传感器件只能直接暴露于待测环境中，不能密封。因此，湿敏传感器需适合在宽温、湿范围内使用，并具有测量精度高、响应速度快、重现性好、灵敏度高、易于批量生产、成本低的特点，以及抗腐蚀、耐低温和高温等特性。

2. 使用要求

（1）低频交流电源供电。

电阻式湿敏传感器必须使用交流电源供电。因为电解质湿度传感器的电导是靠离子的移动实现的，在直流电源作用下，正、负离子会固定向电源两极运动，产生电解作用，使感湿层变薄受损。而交流电源作用下，正、负离子往复运动，则不会产生电解。

交流电源的频率选择的原则是在不产生正、负离子定向积累的情况下尽可能低。因为频率过高，测试引线的容抗下降，易导致湿敏电阻短路，同时高频的集肤效应也将引起阻值变化，影响测量准确度。

（2）进行温度补偿。

湿度传感器有不同的温度系数，工作区也有宽有窄，因此需根据湿度传感器的温度特性进行适当的温度补偿。

例如，半导体陶瓷湿敏传感器具有负的温度特性（NTC），其电阻与温度的关系为

$$R = R_0 \exp\left(\frac{B}{T} - AH\right)$$

式中：H 为相对湿度；T 为绝对温度；R_0 为在 $T=0$ ℃、相对湿度 $H=0$ 时的阻值；A 为湿度常数；B 为温度常数。

实际使用时，若工作温差为 30 ℃，湿度的温度系数为 0.07%/RH，测量误差为 0.21% RH/℃，则不需进行温度补偿；若湿度的温度系数为 0.4%/RH，则引起 12% RH/℃ 的测量误差，必须进行温度补偿。

（3）线性化处理。

湿度传感器的感湿特性与相对湿度之间是非线性的，需要通过相应的变换使感湿特征量与相对湿度之间的关系线性化。

（4）采用适当的测量电路。

常用于湿敏传感器的测量电路有电桥和电阻-电压转换电路。电桥是检测装置常用的测量电路，如图 5-5 所示。

电桥是电阻、电容及电感式传感器常用的检测电路。用电桥作为湿敏电阻传感器的检测电路，可将湿敏电阻作为电桥的一个桥臂，通过适当选择其他桥臂上电阻的阻值。使电桥平

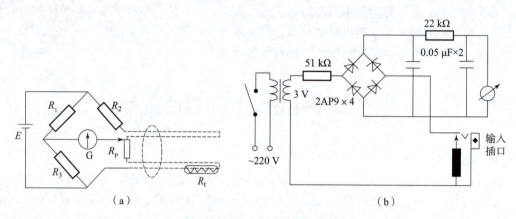

图 5-5 湿敏传感器的测量电路
（a）湿敏电阻的电桥测量电路；（b）湿敏电阻的欧姆定律测量电路

衡。当湿敏电阻传感器随湿度变化发生电阻值变化时，电桥失去平衡，桥路输出的不平衡电压值送信号处理电路进行相关处理。

欧姆定律转换电路就是利用电阻与电流、电压的关系，使电流通过湿敏电阻，将其转换成电压输出。

3. 湿敏电阻的检测方法

湿敏电阻器的检测方法是用万用表的 $R \times 1K$ 挡，测量湿敏电阻器的阻值。先将湿敏电阻置于比较干燥的环境中，观察万用表测量的电阻值，再用蘸水的棉签放在湿敏电阻的感湿片上，或将湿敏电阻置于盛水的容器中，观察万用表测得的阻值变化；如电阻值增大为正湿度特性的湿敏电阻；如电阻值减小为负湿度特性的湿敏电阻；如果电阻值不变，则说明感湿灵敏度低或损坏，需用相同型号的湿敏电阻替换。

项目实施

任务 5.1 湿敏传感器典型应用电路分析

1. 环境湿度检测电路

微课　湿敏传感器应用案例　　　　　　　文档　湿敏传感器典型应用电路分析

图 5-6 所示电路是由电容式湿度传感器构成的环境湿度检测电路，电路的传感器件是电容式湿敏传感器，在环境湿度变化时，因介质的介电常数发生变化而引起电容量变化。电

路的功能是用电压表显示与湿度对应的电压值。

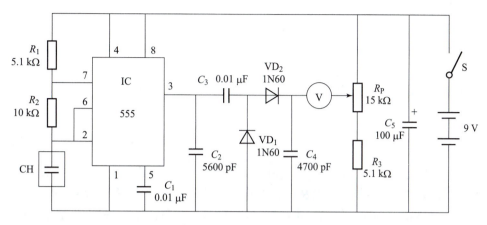

图 5-6 环境湿度检测电路

（1）电路结构分析。

①请分析电路结构，将相关内容填写在表 5-1 对应的单元格中。

表 5-1 图 5-6 所示电路结构分析表

器件标识	器件/电路名称	器件/电路特性	器件/电路的功能
555 定时器、R_1、R_2、CH 电路			
R_P、R_3 电路			
C_2			
VD_1、VD_2			
C_3			
C_4			
C_5			

②请根据器件在电路中的作用，将器件标识填入对应的模块。

传感器件/模块：_____

信号处理器件/模块：_____

执行器件/模块：_____

（2）电路工作原理分析。

请分析电路工作原理，回答相关问题。

问题 1：当环境湿度变化时，555 定时器与 R_1、R_2、CH 构成的电路输出的信号有什么变化？

问题2：当555定时器的引脚3输出与环境湿度对应的信号后，C_2、VD_1、VD_2、C_3、C_4分别对信号作什么处理？

_____
_____

问题3：电路中的C_5与电源并联，其功能实现的原理是什么？

_____

2. 盆花缺水指示电路

盆花是点缀人们生活、提升生活品质的常用之物。盆花的养护最主要的是水分充足，但盆花是否缺水仅靠眼观不能准确判断，利用盆花缺水指示器进行智能科学养护，非常必要。

图5-7所示电路为盆花缺水指示电路。电路的检测器件是一对插入土壤中的电极，当土壤湿度变化时，电极间的电阻值会相应变化。

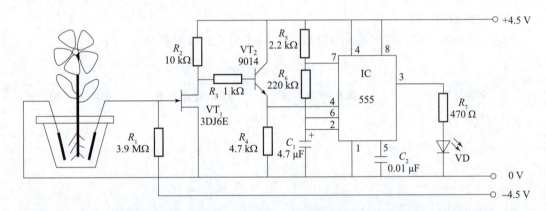

图5-7　盆花缺水指示器电路

电路的功能是当土壤不缺水时，指示灯VD熄灭；而土壤缺水时指示灯VD闪烁。

电路中的VT_1是N沟道耗尽型结型场效应管。结型场效应管在制造时，在SiO_2绝缘层中掺入大量的正离子。当栅源电压$U_{GS}=0$时，这些正离子产生的电场在P型衬底中"感应"出足够的电子，构成N型导电沟道。若$U_{DS}>0$，则产生较大的漏极电流I_D；当$U_{GS}<0$时，则削弱了正离子所构成的电场，使N沟道变窄，从而使I_D变小。反向U_{GS}达到一定数值时，沟道消逝，$I_D=0$。对应$I_D=0$的U_{GS}称为夹断电压，用符号$U_{GS(off)}$表示。

（1）电路结构分析。

①请分析电路结构，将相关内容填写在表5-2对应的单元格中。

表 5–2　图 5–7 所示电路结构分析表

器件标识	器件/电路名称	器件/电路特性	器件/电路的功能
555 定时器、R_5、R_6、C_1、C_2 电路			
R_1			
R_4			
VT_2			
VD			

②请根据器件在电路中的作用，将器件标识填入对应的模块。

传感器件/模块：_____

信号处理器件/模块：_____

执行器件/模块：_____

（2）电路工作原理分析。

请分析电路工作原理，回答相关问题。

问题 1：当土壤不缺水时，检测电极的极间电阻如何变化？

_____

_____

问题 2：当土壤不缺水时，场效应管 VT_1 和晶体管 VT_2 分别是什么状态？为什么？

_____

_____

问题 3：当土壤不缺水时，555 定时器的引脚 3 输出的是什么电平？VD 是什么状态？为什么？

_____

_____

问题 4：当土壤缺水时，检测电极的极间电阻怎么变化？

_____

_____

问题 5：当土壤缺水时，场效应管 VT_1 和晶体管 VT_2 分别是什么状态？为什么？

_____

_____

问题 6：当土壤缺水时，555 定时器的引脚 3 输出的是什么电平？VD 是什么状态？为什么？

3. 育秧棚湿度指示器电路

简易育秧棚湿度指示器电路如图5-8所示。电路中的传感器件是电阻式湿度传感器，即湿敏电阻。电路的功能是湿度正常时，绿色指示灯亮；当湿度高于设定值时，红色指示灯亮。

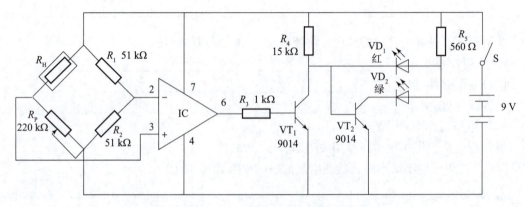

图5-8 育秧棚湿度指示器电路

①请分析电路结构，将相关内容填写在表5-3对应的单元格中。

表5-3 图5-8所示电路结构分析表

器件标识	器件/电路名称	器件/电路特性	器件/电路的功能
R_1、R_2、R_P、R_H 电路			
IC			
R_P			
VT_1			
VT_2			
VD_1			
VD_2			
R_5			

②请根据器件在电路中的作用，将器件标识填入对应的模块。

传感器件/模块：

信号处理器件/模块：

执行器件/模块：

(2) 电路工作原理分析。

请分析电路工作原理，回答相关问题。

问题 1：当育秧棚内相对湿度正常时，湿敏电阻 R_H 的阻值什么状态？

问题 2：当育秧棚内相对湿度正常时，IC 的输出是什么电平？为什么？

问题 3：当育秧棚内相对湿度正常时，VT_1、VT_2、VD_1、VD_2 分别是什么状态？

问题 4：当育秧棚内相对湿度较大时，湿敏电阻 R_H 的阻值什么状态？

问题 5：当育秧棚内相对湿度较大时，IC 的输出是什么电平？为什么？

问题 6：当育秧棚内相对湿度较大时，VT_1、VT_2、VD_1、VD_2 分别是什么状态？

任务 5.2　育秧棚湿度指示器电路的设计与制作

任务 5.2.1　育秧棚湿度指示器电路的仿真设计

1. 任务目标

参照图 5-8 所示电路，设计一个育秧棚湿度指示器电路，当相对湿度低于设定值时，绿灯亮；当相对湿度高于设定值时，红灯亮。

2. 任务要求

(1) 在 Proteus 中设计电路。

(2) 进行电路仿真及调试。

(3) 设计要求。

①电路结构正确。

②器件参数正确。

③电路功能正常。

④布局合理、美观。

3. 任务实施

(1) 电路设计。

第一步：器件选型。

①湿敏电阻器：用电位器 RV_1 替代。

②电压比较器：用集成运算放大器 LM324。

③其他器件：参照图 5-9 所示电路。

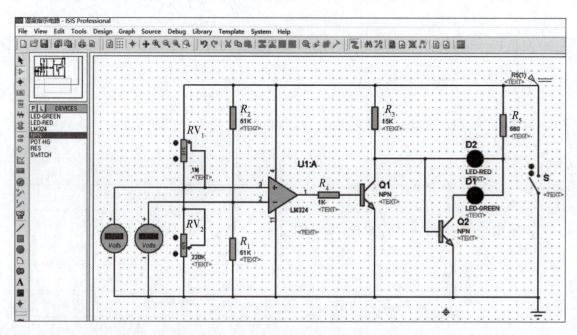

图 5-9 湿度指示器电路仿真案例

第二步：电路连接及参数设置。

①电源：用 9 V 电源通过开关 S 控制。

②其他器件：参照图 5-9 所示电路。

(2) 仿真调试。

在仿真运行状态下，先通过调整电位器 RV_2，使在电位器 RV_1（相当湿敏电阻）阻值适当的情况下，电压比较器反相端电位为 4.5 V，电路中绿灯亮，表示相对湿度正常；减小电位器的 RV_1 阻值，模拟相对湿度增大，使红灯点亮，表示相对湿度超过设定值。

任务 5.2.2　育秧棚湿度指示器电路的制作

1. 任务实施

用面包板或万用板，参照图 5-8 所示电路，制作育秧棚湿度指示器电路，调节可调电位器 RP，使电路在相对湿度正常时绿色发光二极管亮；将湿敏传感元件置于较潮湿环境，使红色发光二极管发光。

2. 操作准备

（1）所需元件。

①HR202L 湿敏电阻 1 只。

②51 kΩ 电阻 2 只。

③560 Ω、1 kΩ、15 kΩ 电阻各 1 只。

④220 kΩ 电位器 1 只。

⑤LM393 电压比较器 1 片。

⑥9014 晶体管 2 只。

⑦红色、绿色发光二极管各 1 只。

⑧拨动开关或单刀开关 1 个。

（2）所需仪器。

①多功能电路板或万能板 1 块；

②指针式万用表 1 块；

③直流稳压电源 1 台；

④焊接工具及材料（限焊接制作）视需。

（3）导线若干。

3. 操作步骤

第一步：选择、检测电路所需元器件。

"育秧棚湿度指示器电路"器件检测单见表 5-4。

表 5-4　"育秧棚湿度指示器电路"器件检测单

序号	器件名称	器件类型	参数/标志	检测数据/内容	检测结果
1	湿敏电阻	HR202L			
2	电压比较器	LM393			
3	晶体管	9014			
4	电阻	560 Ω			
5	电阻	1 kΩ			
6	电阻	15 kΩ			
7	电阻	51 kΩ			
8	电阻	220 kΩ			
9	发光二极管	5 mm			

检测人：　　　　　复核人：

第二步：装接电路。

在面包板或万用板上装接电路，注意晶体管、发光二极管的极性。

第三步：接通电源，观察：

（1）相对湿度正常时，红、绿发光二极管的状态；

（2）电路置于湿度环境时，红、绿发光二极管的状态。

第四步：总结、描述电路的功能。

调试记录

（记录问题及解决办法）

_____

_____

_____

_____

_____

_____

_____

4. 操作要求

（1）增强安全意识，遵守操作规范。采用焊接制作的，电烙铁使用必须严格遵守焊接操作规程。

（2）检测认真、细致，既要保证质量，也要避免浪费。

（3）强化节约意识，用线、用料应做到最少。

（4）布局合理，装接整齐，器件引线平整。

（5）焊接制作的电路板，焊点须规范、美观，符合工艺要求。

5. 评价内容及指标

"育秧棚湿度指示器电路"项目实施评价见表5-5。

表5-5 "育秧棚湿度指示器电路"项目实施评价表

考核项目（权重）	任务内容	评价指标	配分
任务完成（0.9）	器件选择及检测（40分）	器件检测方法规范	10
		器件参数检测正确	20
		器件筛选处理得当	10
	电路装接（60分）	湿敏电阻器装接正确	10
		发光二极管装接正确	10
		晶体管装接正确	10
		LM393装接正确	10
		电阻器装接正确	5
		电桥装接正确	5
		焊接质量	5
		电路功能正常	5

续表

考核项目（权重）	任务内容	评价指标	配分
劳动素养（0.1）	操作安全规范		20
	承担并完成工作任务		20
	组织小组同学完成工作任务		10
	协助小组其他同学完成工作任务		10
	组织或参加操作现场整理工作		15
	协助教师收、发实训器材等工作		10
	有节约意识，用材少，无器材、器件损坏		15

任务5.3 基于实验平台的湿度传感器实验

1. 实验原理

（1）HS1101湿度传感器。

HS1101湿度传感器是法国Humirel公司生产的电容式湿度传感器，其外观如图5-10所示。该传感器具有全互换性、在标准环境下不需校正、能在长时间饱和下快速脱湿、可以自动化焊接（包括波峰焊或水浸）、具有高可靠性与长时间稳定性，以及采用专利的固态聚合物结构、可用于线性电压或频率输出回炉、能快速反应等特点，主要应用于办公自动化、车厢内空气质量控制、家电、工业控制系统等领域。

图5-10 HS1101湿度传感器外观

HS1101在电路中相当于一个电容器，但电容量随所测空气湿度的增加而增大。HS1101的测量范围为（0%~100%）RH，电容量为162~200 pF，误差不大于±2%，响应时间小于5 s，温度系数为0.34 pF/℃，年漂移量0.5% RH，长期稳定，是目前应用较为普遍的湿度传感器。

HS1101的湿度-电容特性如图5-11所示。

（2）NEWLab湿度传感器模块。

NEWLab湿度传感器模块如图5-12所示。

图中：

- 标注①为湿度传感器HS1101。

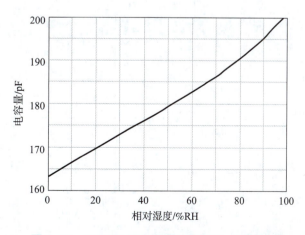

图5-11 HS1101湿度传感器的湿度-电容特性

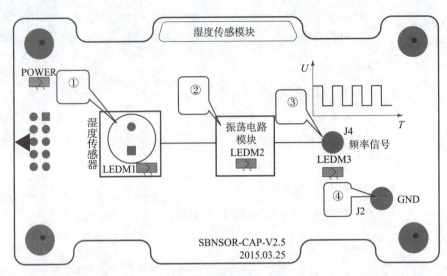

图 5-12　HS1101 湿度传感器外观

- 标注②为振荡电路模块。
- 标注③为频率信号接口 J4。
- 标注④为接地 GND 接口 J2。

（3）湿度传感器模块电路。

湿度传感器模块电路如图 5-13 所示。

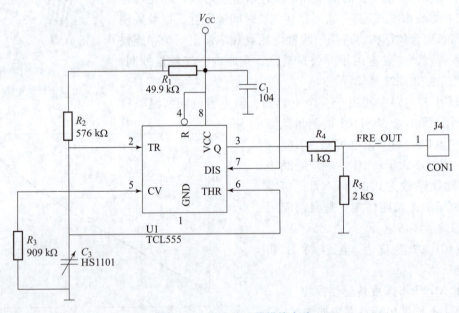

图 5-13　湿度传感器模块电路

图中：
- C_3 为传感器等效电容。

- 脉冲周期为 $T = t_{pH} + t_{pL} \approx 0.7(R_1 + R_2)C_3$。
- 脉冲频率为 $f = \dfrac{1}{t_{pL} + t_{pH}} \approx \dfrac{1.43}{(R_1 + 2R_2)C_3}$。
- 脉冲占空比为 $T_H/T = (R_2 + R_1)/(2R_2 + R_1)$。
- 湿度与振荡电路频率的关系如表 5-6 所示。

表 5-6　湿度传感电路湿度与振荡频率的对照表

湿度/%RH	频率/Hz	湿度/%RH	频率/Hz
0	7351	60	6600
10	7224	70	6468
20	7100	80	6330
30	6976	90	6186
40	6853	100	6033
50	6728		

2. 实验步骤

（1）实验准备。
①打开"物联网开发实验平台"软件，导入湿度传感实验的实验包。
②将 NEWLab 实验硬件平台通电并与计算机连接。
（2）硬件装接。
①将湿度传感模块放置在 NEWLab 实验平台实验模块插槽上。
②将示波器连接到频率信号输出端口 J4 和接地端口 J2 之间。
（3）启动实验。
①将模式选择调整到自动模式，按下电源开关，启动实验平台，使湿度传感模块开始工作。
②启动 NEWLab 实验上位机软件平台，选择湿度传感器。
③选择场景模拟实验，上位机软件测试硬件平台的湿度传感模块正常工作，并进入工作界面。
④观察实验参数。

项目总结

本项目以环境湿度指示电路、盆花缺水指示电路、育秧棚湿度监测电路等为载体，主要介绍典型湿度传感器的工作原理及应用方法等知识。

湿敏传感器是能够感受外界湿度变化，并通过器件材料的物理或化学性质变化，将湿度转化成有用信号的器件。

常用的湿敏传感器有电阻式湿度传感器和电容式湿度传感器。

电阻式湿度传感器随着相对湿度的变化电阻值发生变化。主要有氯化锂电阻式传感器和半导体陶瓷电阻式传感器。其中，氯化锂湿敏元件是负湿度特性湿度传感器，随着相对湿度的增大，电阻值减小。氯化锂湿敏元件的优点是滞后小，不受风速影响，检测精度高。但其耐热性差，不能用于露点以下测量，器件性能的重复性不理想，使用寿命短；半导体陶瓷（简称半导瓷）湿敏电阻有正湿度特性和负湿度特性两种。$ZnO-LiO_2-V_2O_5$ 系、$Si-Na_2O-V_2O_5$ 系、$TiO_2-MgO-Cr_2O_3$ 系、Fe_3O_4 等，其中 $ZnO-LiO_2-V_2O_5$ 系、$Si-Na_2O-V_2O_5$ 系、$TiO_2-MgO-Cr_2O_3$ 系的湿敏电阻为负湿度特性，Fe_3O_4 为正湿度特性。湿敏半导体陶瓷具有较好的热稳定性，较强的抗玷污能力，能在恶劣、易污染的环境中较准确地检测湿度数据，且响应速度快、温度范围宽。

电容式湿度传感器随着相对湿度的变化，电容量发生变化。HS1101 湿度传感器是法国 Humirel 公司生产的电容式湿度传感器，在电路中相当于一个电容器，其测量范围为 0%~100%RH，误差不超过 ±2%，响应时间小于 5 s，温度系数为 0.34 pF/℃，年漂移量 0.5% RH，长期稳定，是目前应用较为普遍的湿度传感器。

环境湿度检测电路将湿敏电容作为电容与 555 定时器构成一个多谐振荡器，其输出的脉冲信号经电容器转换成三角波，并经二极管脉冲信号整流、电容器滤波后，由电压表显示与湿度相应的电压值。

盆花缺水指示电路将插入土壤中的两个电极作为检测元件，当土壤湿度正常时，土壤电阻率较小，两电极间的电阻值较小，场效应管 VT_1 导通，晶体管 VT_2 截止，555 定时器的复位引脚为低电平，555 定时器构成的多谐振荡器不振荡，发光二极管 VD 熄灭；当土壤缺水时，土壤电阻率变大使两电极间的电阻值增大，场效应管 VT_1 截止，晶体管 VT_2 导通，555 定时器的复位引脚为高电平，多谐振荡器振荡，输出脉冲信号使发光二极管 VD 闪烁。

育秧棚湿度指示器电路由湿敏电阻与电阻、电位器构成湿度测量电桥，相对湿度正常时，湿敏电阻 R_H 的阻值较大，电压比较器反相输入端电位高于同相输入端，输出低电平，晶体管 VT_1 截止，VT_2 导通，绿色发光二极管亮；当相对湿度较高时，湿敏电阻 R_H 的阻值减小，电压比较器同相输入端电位高于反相输入端，输出高电平，晶体管 VT_1 导通，VT_2 截止，红色发光二极管点亮，表示相对湿度超出由电位器 RP 设定的值。

项目练习

1. 单项选择题

(1) 电阻式湿敏传感器当相对湿度增大时（ ）。
A. 电阻值增大　　　　　　　　B. 电阻值减小
C. 电阻值相应变化　　　　　　D. 电阻功率相应变化

(2) 下列不是电阻式传感器的是（ ）。
A. 氯化锂湿敏传感器　　　　　B. 半导瓷湿度传感器
C. Fe_3O_4 湿敏传感器　　　　　D. HS1101 湿度传感器

(3) 图 5-6 所示电路中，CH 是（ ）。
A. 湿敏电阻　　　　　　　　　B. 湿敏电容
C. 滤波电容　　　　　　　　　D. 耦合电容

(4) 图 5-6 所示电路中，CH 与 555 定时器构成的是（ ）。
A. 单稳态触发电路　　　　　　B. 多谐振荡电路

图 5-6

C. 施密特触发电路 D. 双稳态触发电路

(5) 图 5-6 所示电路中，二极管 VD_1 和 VD_2 是（　　）。

A. 开关二极管 B. 整流二极管
C. 稳压二极管 D. 续流二极管

(6) 图 5-7 所示电路中，在土壤湿度正常时，场效应管 VT_1 和晶体管 VT_2 的状态是（　　）。

A. 导通，导通 B. 截止，截止
C. 导通，截止 D. 截止，导通

(7) 图 5-7 所示电路中，555 定时器构成的是（　　）。

A. 单稳态触发电路 B. 多谐振荡电路
C. 施密特触发电路 D. 双稳态触发电路

图 5-7

(8) 图 5-7 所示电路中，当土壤缺水时，555 定时器因（　　）。

A. 复位引脚 4 为高电平，振荡输出脉冲信号使 VD 闪烁
B. 复位引脚 4 为低电平，振荡输出脉冲信号使 VD 闪烁
C. 输入引脚 4 为高电平，振荡输出脉冲信号使 VD 闪烁
D. 输入引脚 4 为低电平，振荡输出脉冲信号使 VD 闪烁

(9) 图 5-8 所示电路中，正常湿度的设定是通过调节（　　）实现的。

A. 电阻器 R_1 B. 电阻器 R_2
C. 电位器 RP D. 湿敏电阻 R_H

图 5-8

(10) 图 5-8 所示电路中，当相对湿度超过设定值时，电压比较器的反相输入端电位（　　）。

A. 高于同相输入端电位，输出低电平
B. 低于同相输入端电位，输出低电平
C. 高于同相输入端电位，输出高电平
D. 低于同相输入端电位，输出高电平

2. 判断题（正确：T；错误：F）

(1) 氯化锂湿敏电阻的电阻值随相对湿度的变化而增大。（　　）
(2) 半导体陶瓷湿敏传感器具有正湿度系数。（　　）
(3) N 沟通耗尽型结型场效应管在 $U_{GS}=0$ 时，即构成 N 型导电沟道。（　　）
(4) 图 5-6 所示电路中，电容器 C_5 为滤波电容。（　　）
(5) 图 5-6 所示电路中，555 定时器引脚 3 输出的脉冲信号频率由电阻 R_1、R_2 和 CH 的电容量决定。（　　）
(6) 图 5-7 所示电路中，当土壤缺水时，场效应管 VT_1 导通。（　　）
(7) 图 5-7 所示电路中，555 定时器是否振荡取决于其复位引脚 4 的电平高低。（　　）
(8) 图 5-8 所示电路中，相对湿度正常时，红色发光二极管点亮；相对湿度增大时，绿色发光二极管点亮。（　　）
(9) 图 5-8 所示电路中，相对湿度正常时，晶体管 VT_1 导通，VT_2 截止。（　　）

（10）图5-8所示电路中，相对湿度超过设定值时，晶体管 VT$_1$ 导通，VT$_2$ 截止。
（   ）

3. 填空题

（1）图5-6所示电路中，CH 是_____式湿敏传感器，555 定时器构成的是_____电路，输出的_____形脉冲信号经电容器 C_2 转换后，变为_____波，二极管 VD$_1$、VD$_2$ 是_____二极管，电容器 C_3、C_4 是_____电容，电位器 RP 用于调_____，因电容器 C_5 _____不能发生突变，可以防止开关抖动造成的误动作。

（2）图5-7所示电路中，当土壤不缺水时，土壤电阻率较_____，两电极间的电阻值较_____，场效应管 VT$_1$ _____，晶体管 VT$_2$ _____，555 定时器的_____引脚4为_____电平，555 定时器构成的_____器不振荡，发光二极管 VD _____。当土壤缺水时，土壤电阻率变_____，两电极间的电阻值变_____，VT$_1$ _____，VT$_2$ _____，555 定时器的引脚4为_____电平，555 定时器构成的_____开始振荡，输出_____信号，发光二极管 VD _____。

（3）图5-8所示电路中，R_H 是_____电阻，R_H 与电阻 R_1、R_2、电位器 RP 构成的是_____。相对湿度正常时，湿敏电阻_____的阻值较大，电压比较器反相输入端的电位_____于同相输入端电位，比较器输出_____电平，晶体管 VT$_1$ _____，VT$_2$ _____，_____发光二极管亮。当相对湿度较高时，湿敏电阻_____的阻值变_____，电压比较器同相输入端电位_____于反相输入端电位，比较器输出_____电平，晶体管 VT$_1$ _____，VT$_2$ _____，_____发光二极管点亮。

知识拓展

参考答案项目5

拓展5.1　DHT11型集成温湿度传感器简介

DHT11 数字温湿度传感器是一款含有已校准数字信号输出的温湿度复合传感器，采用4针单排引脚封装，如图5-14所示。

各引脚的功能如下。

引脚1：V_{DD}，采用 3.5~5.5 V 直流电源。

引脚2：串行数据端，单总线。

引脚3：空引脚。

引脚4：GND，电源负极。

DHT11 内部包含一个电阻式感湿元件和一个 NTC 测温元件，采用专用的数字模块采集技术和温湿度传感技术，能与8位单片机相连接，典型连接如图5-15所示。

图5-14　DHT11 外观

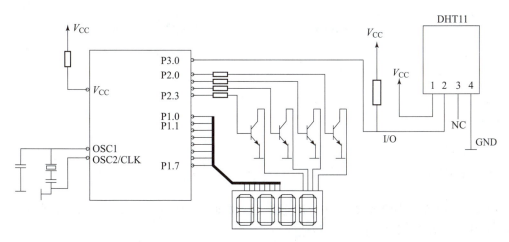

图 5-15　DHT11 与单片机连接案例

实际应用时，建议连接线长度短于 20 m 时用 5 kΩ 上拉电阻，大于 20 m 时根据实际情况使用合适的上拉电阻。

DHT11 的可靠性较高、长期稳定性好、超快响应、抗干扰能力强、性价比高；单线制串行接口，连接方便；超小体积、极低功耗，信号传输距离可达 20 m 以上。因此，成为各类应用场合的最佳选择。目前已用于暖通空调、测试及检测设备、汽车、数据记录器、消费品、自动控制、气象站、家电、湿度调节器、医疗、除湿器等领域。

DHT11 数字温湿度传感器的主要参数如表 5-7 所示。

表 5-7　DHT11 的特性参数

参数		条件	最小值	典型值	最大值	单位
湿度	分辨率		1	1	1	%RH
				8		bit
	重复性			±1		%RH
	精度	25 ℃		±4		%RH
		0~50 ℃			±4	%RH
	互换性		可完全互换			
	量程范围	0 ℃	30		90	
		25 ℃	20		90	
		50 ℃	20		80	
	响应时间	1/e（63%）25 ℃ 1 m/s 空气	6	10	15	s
	迟滞			±1		%RH
	长期稳定性			±1		%RH/yr

续表

参数		条件	最小值	典型值	最大值	单位
温度	分辨率		1	1	1	℃
			8	8	8	bit
	重复性			±1		℃
	精度		±1		±2	℃
	量程范围		0		50	℃
	响应时间	1/e（63%）	6		30	s

DHT11 的 DATA 用于微处理器与传感器之间的通信和同步，采用单总线数据格式，数据传输格式及时序要求在项目 7 中叙述。

拓展 5.2　AHT10 型集成温湿度传感器简介

AHT10 是一款高精度、完全校准的温湿度传感器，嵌入了双列扁平无引脚的 SMD 封装，底面尺寸为 4×5 mm，高度为 1.6 mm，如图 5-16 所示。

AHT10 内含一个 MEMS① 工艺的半导体电容式湿度传感元件和一个标准片上温度传感元件，提高了产品的可靠性与卓越的长期稳定性，且具有超快响应、抗干扰能力强、性价比极高等优点。

图 5-16　AHT10 外形及尺寸

AHT10 通信方式采用标准 I^2C 通信方式，超小的体积、极低的功耗，使其成为各类应用的最佳选择。广泛用于暖通空调、除湿器、测试及检测设备、消费品、汽车、自动控制、数据记录器、气象站、家电、湿度调节、医疗及其他相关湿度检测控制。

AHT10 的输入电压范围为 1.8~3.3 V；湿度精度的典型值为 ±3% RH；温度精度的典型值为 ±0.5 ℃。

拓展 5.3　SHT20 型集成温湿度传感器简介

SHT20 是瑞士（Sensirion）的一款性价比较高的集成数字温湿度传感器，嵌入了适于回流焊的双列扁平无引脚 DFN 封装，底面尺寸 3 mm×3 mm，高度 1.1 mm，如图 5-17 所示。SHT20 传感器的输出也是经过标定的数字信号，采用标准 I^2C 格式。

---

① MEMS：为电子机械系统（Micro-Electro-Mechanical System），指尺寸在几毫米乃至更小的高科技装置。MEMS 工艺融合了光刻、腐蚀、薄膜、LIGA、硅微加工、非硅微加工和精密机械加工等技术，是一项革命性的新技术，广泛应用于高新技术产业。

项目 5　湿敏传感器应用电路设计或制作

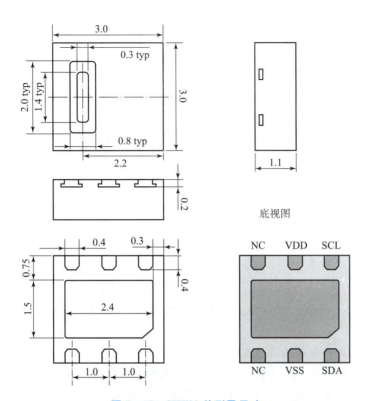

图 5-17　SHT20 外形及尺寸

　　SHT20 传感器本身由硅制成，外壳由镀金铜引线框架和绿色环氧树脂基模塑料制成。该装置不含铅、镉和汞，因此，完全符合 ROHS[①] 和 WEEE[②]标准。

　　SHT20 外表采用包覆成型，能使传感器免受如老化、震动、挥发性化学气体等外界因素的影响，保证了良好的稳定性。

　　SHT20 内含一个经过改进的电容式湿度传感元件和一个标准的能隙温度传感元件，配有 4C 代 CMOSens ®[③]芯片，还有放大器、A/D 转换器、OTP[④] 内存和数字处理单元，性能得到了极大提升，在高湿环境下的性能更加稳定。

　　SHT20 能检测到电池低电量状态，输出校验和，提供电子的识别跟踪信息，提高了通信的可靠性。

　　SHT20 的分辨率可通过编程设定。

---

　　①　ROHS：《电气、电子设备中限制使用某些有害物质指令》。
　　②　WEEE：Waste Electrical and Electronic Equipment（WEEE）Directive，报废的电子电气设备。
　　③　CMOSens ®是用先进半导体技术实现的，传感器元件与模拟和数字信号处理电路集成在一个 CMOS 硅芯片上的技术，CMOSens ®芯片是具有高集成度的智能微传感器系统。
　　④　OTP：One Time Programmable，是单片机的一种存储器类型，意指一次性可编程。

173

项目 6

霍尔传感器应用电路设计或制作

项目描述

1. 项目背景

霍尔传感器是一种基于霍尔效应的磁电转换传感器,目前为全球排名第三的传感器产品。

霍尔测量仪器具有精度高(在工作温度区内精度优于1%)、测量范围宽(电流50 kA,电压6400 V)、适合任何波形测量、体积小、功耗小、耐震动,并具有不怕灰、油、水、盐等的污染或腐蚀等优点。霍尔开关也具有无触点、无磨损、输出波形清晰、无抖动、无回跳、位置重复精度高、功耗小等优点。因此,霍尔传感器广泛用于工业、汽车、手机、计算机及测控装置中,用于电流、电压、功率、转速、位移、力、角度、加速度、磁场等的测量和作为接近开关、压力开关等,是节能降耗器件的优选。

本项目以霍尔传感器计数电路为载体,介绍霍尔传感器的工作原理及应用方法。

2. 项目任务

任务6.1 霍尔传感器典型应用电路分析
任务6.2 霍尔计数电路制作
任务6.3 基于实验平台的霍尔传感器应用实验

3. 知识导图

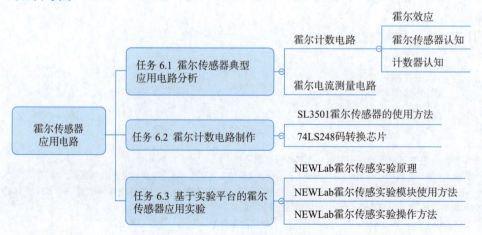

4. 学习目标

✓ 能描述霍尔效应。
✓ 能描述霍尔传感器的特性及原理。
✓ 会分析并描述霍尔传感器计数电路的结构及工作原理。
✓ 能完成霍尔传感器计数电路的设计与制作。
✓ 能完成基于实验平台的霍尔传感器实验任务。
✓ 能在项目学习和实践活动中,提升自我管理意识和专业认同感,培养工匠精神。

知识准备

6.1 霍尔传感器

6.1.1 霍尔效应

霍尔效应是 1879 年美国物理学家霍尔（E. H. Hall）发现的一种磁电效应。当电流垂直于外磁场通过半导体时,载流子发生偏转,垂直于电流和磁场的方向会产生一个附加电场,从而在半导体的两端产生电势差,被称为霍尔电势差。其原理如图 6-1 所示。

微课　霍尔传感器认知

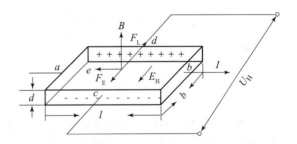

图 6-1　霍尔效应原理

图中:
B 为垂直于 $l-b$ 平面的磁感应强度;
e 为电子的电量,$e = 1.602 \times 10^{-19}$ 库仑;
F_L 为电子在磁场中所受的洛仑兹力 $F_L = evB$,v 为电子的运动速度;
F_E 为电子受霍尔电场 E_H 作用的电场力 $F_E = eE_H$;
U_H 为霍尔电势,$U_H = K_H IB\cos\theta$,K_H 为霍尔元件的灵敏度。
霍尔效应可使用左手定则判断。

6.1.2 霍尔传感器

1. 霍尔元件的基本结构

霍尔元件是根据霍尔效应制作的一种磁场传感器件。霍尔元件主要由霍尔片、引线和外壳组成。霍尔片一般用 N 型的锗、锑化铟、砷化铟等半导体单晶材料,制成长 4 mm、宽 2 mm、高 0.1 mm 的薄片;霍尔元件的引线为 4 根,其中长度方向的电极 a、b 称为控制电极,另两侧的电极 c、d 为霍尔电极。其外形、结构及符号如图 6-2 所示。

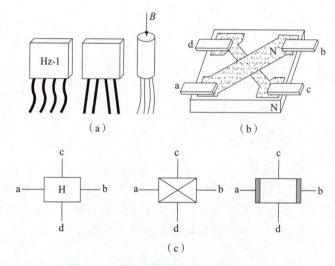

图 6-2 霍尔传感器外形、结构及符号
(a) 霍尔元件外形;(b) 霍尔元件结构;(c) 霍尔元件符号

2. 霍尔元件的性能参数

(1) 霍尔灵敏度系数 K_H。

霍尔灵敏度系数 K_H 是指单位磁感应强度下,通过单位控制电流所产生的霍尔电动势。

(2) 额定电流 I_c。

霍尔元件通过控制电流将发热,使霍尔元件在空气中产生 10 ℃ 温升的控制电流称为额定电流。

(3) 输入电阻 R_i。

它指在规定条件(磁感应强度 $B = 0$、环境温度为 20 ℃ ±5 ℃)下,两控制极(输入端)间的等效电阻。

(4) 输出电阻 R_o。

它指在规定条件(磁感应强度 $B = 0$、环境温度为 20 ℃ ±5 ℃)下,两霍尔电极(输出端)间的等效电阻。

(5) 不等位电势 U_o 和不等位电阻 r_o。

在额定控制电流作用下,当外加磁场为零时,霍尔输出端之间的开路电压称为不等位电势。不等位电势与电极的几何尺寸和电阻率不均匀等有关,很难完全消除,一般要求 $U_o \leqslant$

1 mV。不等位电势与额定电流之比称为不等位电阻 r_o，r_o 越小越好。

（6）寄生直流电势 U_o。

当外加磁场为零，霍尔元件用交流激励时，霍尔电极输出除交流不等位电势之外的直流电势，称为寄生直流电势。其是由于电极与基片间接触不良，产生的直流效应造成的。

（7）霍尔电势的温度系数 α。

它是一定磁场强度和控制电流作用下，温度每变化 1 ℃，霍尔电势变化的百分数。该系数与霍尔元件的材料有关。

3. 霍尔元件测量及补偿

零误差及温度误差是霍尔传感器的主要缺陷，也是改进霍尔传感器性能的技术难点。零误差是由于制造工艺原因产生不等位电势引起的误差；温度误差是由于半导体材料的热敏性，使其输入电阻、输出电阻及霍尔电势都随温度的变化而变化，从而造成测量误差。这两种误差是很难消除的，主要是通过改善信号处理电路，采取有效的补偿措施加以弥补。

减小温度误差的主要方法有以下几个。

①选用温度系数小的元件作为霍尔元件。

②采用恒温措施。

③采用恒流源提供控制电流。

④对于正温度系数的霍尔元件，在元件控制极并联分流电阻。

常用霍尔元件的补偿电路如图 6 – 3 所示。

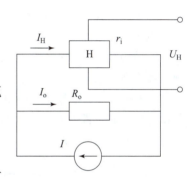

图 6 – 3　霍尔元件的补偿电路

4. 集成霍尔传感器

集成霍尔传感器是利用集成电路工艺将霍尔元件、放大器、施密特触发器、输出电路等集成在一起的传感器。

与分立的霍尔元件相比，集成霍尔传感器具有下述特点。

①集成霍尔传感器将元件、电路集成于一体，实现了传感器与测量电路良好连接，减少了焊点，提高了可靠性。

②集成霍尔传感器的输出是经过处理的霍尔输出信号，输出信号快，无传送抖动问题。

③集成霍尔传感器的功耗低，温度稳定性好。

④集成霍尔传感器的灵敏度不受磁场移动速度影响。

按照输出信号的形式，集成霍尔传感器分为开关型集成霍尔传感器和线性集成霍尔传感器。

（1）开关型集成霍尔传感器。

开关型集成霍尔传感器将霍尔元件的输出霍尔电势，经过处理后转换成高电平或低电平的数字信号输出。其内部一般由霍尔元件、稳压电路、差分放大器、施密特触发器、集电极开路输出门等电路构成。其结构框图如图 6 – 4 所示。

①稳压电路。稳压电路的功能是进行电压调整，电源电压可调范围为 4.5 ~ 24 V。稳压电路同时具有反相电压保护功能。

②霍尔元件。霍尔元件为敏感元件，功能是将检测到的磁场变化信号转变为霍尔电势输出。

③差分放大电路。差分放大电路用于放大霍尔元件输出的微弱电信号。

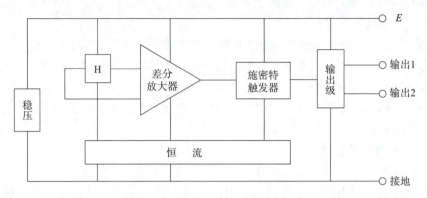

图 6-4 集成霍尔传感器结构框图

④施密特触发器。施密特触发器用于将模拟信号转变为数字脉冲信号输出。

⑤恒流电路。恒流电路的功能是进行温度补偿,保证温度在 -40～130 ℃ 范围内变化时,电路仍可正常工作。

⑥输出级。开关型集成霍尔传感器采用集电极开路输出模式,带负载能力强,接口方便,输出电流可达 20 mA 左右。

A3144 是较典型的宽温开关型集成霍尔传感器,工作温度范围可达 -40～150 ℃。其内部由电压调整电路、反相电压保护电路、霍尔元件、温度补偿电路、微信号放大器、施密特触发器和 OC 门输出级构成,其引脚结构及内部电路如图 6-5 所示。

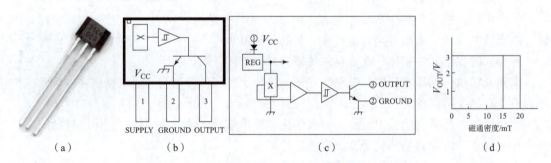

图 6-5 A3144 实物外形、引脚、内部电路及特性曲线
(a) 实物;(b) 引脚结构;(c) 内部电路;(d) 输出特性

(2) 线性集成霍尔传感器。

线性集成霍尔传感器一般由霍尔元件、差分放大器、射极跟随输出及稳压电路四部分构成,输出电压与外加磁场呈线性比例关系。线性集成霍尔传感器有单端输出与双端输出两种形式。

①单端输出线性集成霍尔传感器。单端输出的线性集成霍尔传感器是一个三端器件,其输出电压能随外加磁场的微小变化线性变化。

SS49E 是一款体积小、多功能的线性集成霍尔传感器,能在永磁铁或电磁铁产生的磁场作用下工作,线性输出电压由电源电压设置,并随磁场强度的变化而等比例变化。其外形、内部电路及特性曲线如图 6-6 所示。

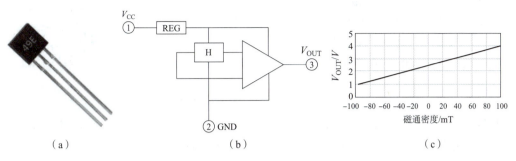

图6-6 SS49E外形、内部电路及特性曲线
(a) 实物；(b) 内部电路；(c) 输出特性

SS49E 的主要特性如下。
- 工作电压范围为 4.5~6 V。
- 微型系统架构。
- 低噪声输出。
- 磁优化封装。
- 准确的线性输出提供了外围电路设计的灵活性。
- 工作温度范围宽达 -40~150 ℃。

② 双端输出线性集成霍尔传感器。双端输出线性集成霍尔传感器有 2 个输出端，内部由霍尔元件 HG、放大器 AG、差动输出电路 D 和稳压电源等组成。其输出特性在一定范围内为线性，线性中的平衡点相当于 N、S 磁极的平衡点。

双端输出线性集成霍尔传感器的内部电路及输出特性如图 6-7 所示。

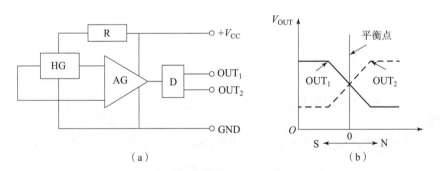

图6-7 双端输出线性集成霍尔传感器的内部电路和输出特性
(a) 内部电路；(b) 输出特性

6.2 计数器简介

计数作为人们日常生活中的一项重要活动，无时无刻不在伴随着我们。原始社会人们曾用"结绳""契刻"等方法进行计数，但人类最早的计数工具是我国春秋时期出现的"算筹"。算筹是用竹子、木头或兽骨做材料，约 270 枚一束，放在布袋里可随身携带。"算

盘"也是我国彪炳史册的计数工具的另一项重大发明。

随着社会的发展和科技的不断进步,人类的计数工具逐渐从简单到复杂,从低级到高级。本项目的计数器是一种时序逻辑器件,可以对输入时钟脉冲的个数进行计数。计数值随输入时钟脉冲个数增加的为递增计数器,减少的为递减计数器。以二进制计数的为二进制计数器,以十进制计数的为十进制计数器。二进制计数器的计

微课 计数器认知

数值与位数有关,n 位二进制计数器的计数值从 $0 \sim 2^n - 1$,共 2^n 个状态。计数器的计数状态数称为计数器的"模",2^n 个计数状态的计数器即模为 2^n 计数器。

计数器一般由触发器构成,但实际应用的计数器多为中规模集成计数器。74LS161 和 74LS90 是两款较典型的集成计数器芯片。

6.2.1　74LS161

1. 引脚结构及功能

74LS161 是 4 位二进制模 16 的中规模集成计数器芯片,采用 DIP16 的封装形式,其引脚结构如图 6-8 所示。

各引脚的功能如下。

U_{CC}(16 脚)为电源引脚,GND(8 脚)为接地引脚。

$\overline{RD}$(1 脚)为低电平有效的清 0 控制引脚。

$\overline{LD}$(9 脚)为低电平有效的预置数控制引脚。

ET(10 脚)和 EP(7 脚)为高电平有效的计数控制引脚。

Q_3、Q_2、Q_1、Q_0(11~14 脚)为从高到低的输出引脚。

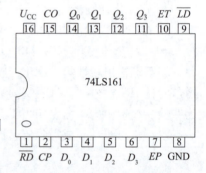

图 6-8　74LS161 引脚排列

D_3、D_2、D_1、D_0(6~3 脚)为从高到低的预置数输入引脚。

CO(15 脚)为进位输出引脚。

2. 逻辑功能

74LS161 具有异步清 0、同步预置数、计数和保持 4 个功能,其功能如表 6-1 所示。

表 6-1　74LS161 的功能表

$\overline{RD}$	$\overline{LD}$	ET	EP	CP	D_3	D_2	D_1	D_0	Q_3	Q_2	Q_1	Q_0
0	×	×	×	×	×	×	×	×	0	0	0	0
1	0	×	×	↑	D	C	B	A	D	C	B	A
1	1	0	×	×	×	×	×	×	保　持			
1	1	×	0	×	×	×	×	×	保　持			
1	1	1	1	↑	×	×	×	×	计　数			

①异步清 0 功能。当 $\overline{RD}=0$ 时,不论 CP 端是否有时钟脉冲,输出端立即全部清 0,这

种不受时钟脉冲控制的清 0 功能称为"异步清 0"。

②同步预置数功能。当 $\overline{RD}=1$、$\overline{LD}=0$ 时,计数器在时钟脉冲信号 CP 上升沿的作用下,输出端 $Q_3Q_2Q_1Q_0$ 的值等于预置数输入端 $D_3D_2D_1D_0$ 的值,这种在时钟信号的作用下才能实现的置数功能称"同步预置数"。

③保持功能。当 $\overline{RD}$ 和 $\overline{LD}$ 都为高电平,信号无效时,若 ET 或 EP 任意一个为低电平,计数器保持原来的状态不变,称为保持功能。

④计数功能。当 $\overline{RD}=1$、$\overline{LD}=1$、$ET=EP=1$ 时,在 CP 上升沿的作用下,计数器的值在 0000~1111 之间循环计数,即进行模 16 加法计数。当计数值 $Q_3Q_2Q_1Q_0=1111$ 时,进位输出端 CO 输出高电平。

6.2.2 74LS90

1. 引脚结构及功能

74LS90 是一个集成的二 – 五 – 十进制计数器,其内部有一个二进制计数器和一个五进制计数器。芯片封装形式为 DIP14,即双列直插 14 个引脚,如图 6 – 9 所示。

由图可见,74LS90 芯片的电源引脚和接地引脚的分布与之前的芯片有所不同,其引脚 5 是电源引脚 U_{CC},引脚 10 为接地引脚 GND。

其余各引脚的功能以下。

$\overline{CP}_A$(14 脚)为二进制计数器的时钟输入端。

$\overline{CP}_B$(1 脚)为五进制计数器的时钟输入端。

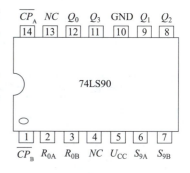

图 6 – 9 74LS90 的引脚排列

$Q_3\,Q_2\,Q_1\,Q_0$(11 脚、8 脚、9 脚、12 脚)为从高到低的计数器输出端,其中 Q_0 为二进制计数器的输出端、$Q_3\,Q_2\,Q_1$ 为五进制计数器的输出端。

R_{0A}(2 脚)和 R_{0B}(3 脚)为高电平有效的清 0 引脚。

S_{9A}(6 脚)和 S_{9B}(7 脚)为高电平有效的置 9 引脚。

NC(4 脚和 13 脚)为空引脚。

2. 逻辑功能

74LS90 既可以作为二进制计数器使用,也可以作为五进制计数器使用,更多情况是接成 8421BCD 码的十进制计数器使用。用 74LS90 作为 8421BCD 码的十进制计数器时,计数脉冲需从 $\overline{CP}_A$(14 脚)端输入,而 $\overline{CP}_B$(1 脚)需与 Q_0 短接,其功能如表 6 – 2 所示。

表 6 – 2 74LS90 的真值表

R_{0A}	R_{0B}	S_{9A}	S_{9B}	CP	Q_3	Q_2	Q_1	Q_0
×	×	1	1	×	1	0	0	1
1	1	×	0	×	0	0	0	0
1	1	0	×	×	0	0	0	0
0	×	0	×	↓	计 数			

续表

R_{0A}	R_{0B}	S_{9A}	S_{9B}	CP	Q_3	Q_2	Q_1	Q_0
0	×	×	0	↓	计		数	
×	0	0	×	↓	计		数	
×	0	×	0	↓	计		数	

由表可见，74LS90 作为 8421BCD 码的十进制计数器时，有清 0、置 9 和计数 3 个功能。

①清 0 功能。当 S_{9A} 和 S_{9B} 不全为 1，$R_{0A}=R_{0B}=1$ 时，计数器输出端 $Q_3Q_2Q_1Q_0$ 输出为 0000（"0"的 8421BCD 码），即十进制数清"0"。

②置 9 功能。当 $S_{9A}=S_{9B}=1$ 时，计数器输出端 $Q_3Q_2Q_1Q_0$ 输出为 1001（"9"的 8421BCD 码），即十进制数被置"9"。

③计数功能。当 R_{0A} 和 R_{0B} 任意一端为低电平，且 S_{9A} 和 S_{9B} 任意一端为低电平时，计数器在时钟脉冲的下降沿的作用下进行计数，计数值在 0000～1001 这 10 个状态之间循环。

8421BCD 码是将每一位十进制数都用 4 位二进制数表示，从高到低的权值分别是 8 - 4 - 2 - 1，加权之和即为其表示的十进制数。0～19 的 8421BCD 码如表 6 - 3 所示。

表 6 - 3 0～19 的 8421BCD 码

十进制数	8421BCD 码	十进制数	8421BCD 码
0	0000	10	00010000
1	0001	11	00010001
2	0010	12	00010010
3	0011	13	00010011
4	0100	14	00010100
5	0101	15	00010101
6	0110	16	00010110
7	0111	17	00010111
8	1000	18	00011000
9	1001	19	00011001

在用 8421BCD 码表示十进制数时，应注意两个问题：一是每个 8421BCD 码只能表示一位十进制数；二是 BCD 码是一种编码，与数值不同，数值的高位"0"不影响数值的大小，可以去掉，但编码要求足位，高位的"0"有效，不能随意去掉。

6.2.3　其他进制计数器

计数器的功能是计数，即累计输入的时钟脉冲的个数。计数器还可用于定时。如计数器的时钟脉冲频率为 f，则其周期 $T=1/f$，当其计数个数为 n 时，$n·T$ 即为其定时的时间。

实际应用中，对计数器的需求各种各样，如用于电子钟表计时的计数器需实现 60 s、60 min、24 h 的计数；交通灯中的倒计时器，需根据路口的车流量情况进行各种计数等。而计数器的芯片供应是无法满足这种无止境需求的。因此，实际应用所需的任意进制计数器是用典型的集成计数器芯片通过适当连接实现的。

1. 用 74LS161 构成任意进制计数器

(1) 实现思路。

如前所述，74LS161 是一个集成 4 位二进制模 16 递增计数器，正常情况下其计数值在 0000～1111 这 16 个状态之间循环。用 74LS161 构成任意进制计数器的基本思路是，在其达到规定的最大计数值时，使其计数值强制为 0 或规定的最小值，这样其计数值就会在 0 与最大值之间或最小值与最大值之间循环，进行任意进制的计数。

为实现上述控制要求，需解决两个关键问题：

①如何使 74LS161 的计数值强制为 0 或规定的最小值；

②在 74LS161 达到规定的最大值时，用什么方法使其清 0 端 $\overline{RD}$ 或预置数控制端 $\overline{LD}$ 置入低电平信号？

根据 74LS161 的逻辑功能，可以通过异步清 0 和同步预置数的功能解决其强制清 0 和置入最小值的问题。而控制计数器在达到规定的最大值时，使其清 0 端 $\overline{RD}$ 或预置数控制端 $\overline{LD}$ 置入低电平信号的方法，则可以通过适当的逻辑门将输出的最大计数值的相应位作逻辑运算后，反馈到清 0 端 $\overline{RD}$ 或预置数控制端 $\overline{LD}$。因为与非门具有"输入全 1，输出为 0"的逻辑功能，故用与非门将计数器为规定的最大计数值时输出为"1"的输出端，进行与非运算后，接入到 74LS161 的清 0 端 $\overline{RD}$ 或预置数控制端 $\overline{LD}$，可以实现当计数值为规定的最大计数值时，$\overline{RD} = 0$ 或 $\overline{LD} = 0$。

(2) 实现方法。

因 74LS161 的异步清 0 功能和同步预置数功能都可控制计数器的最小值，故用 74LS161 构成任意进制计数器有两种方法：一是"反馈复位法"，二是"反馈置位法"。

①反馈复位法。反馈复位法是利用 74LS161 的异步清 0 功能，使计数器在达到计数值的最大值时，用与非门反馈给 $\overline{RD}$ 端一个低电平信号，使计数器强制清 0。

图 6 - 10 所示案例是用 74LS161 的反馈复位法构成的十三进制计数器的实现方法。

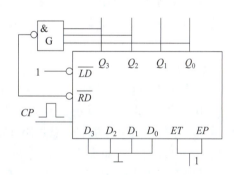

图 6 - 10 十三进制计数器（反馈复位法）

由图可见，74LS161 预置数控制端 $\overline{LD} = 1$，为无效信号；计数控制端 $ET = EP = 1$，为有效信号；异步清 0 端 $\overline{RD}$ 通过与非门接在计数器的 $Q_3Q_2Q_0$ 端，在计数器的输出 $Q_3Q_2Q_1Q_0 \neq 1101$ 时，$\overline{RD} = 1$，为无效信号。故 74LS161 工作在计数状态，计数值从 0000 开始进行加 1 计数，当计数值达到 1101 时，异步清 0 端 $\overline{RD} = 0$，计数器立即清 0，因此，计数器的有效计数状态为 0000～1100，共 13 个状态，为十三进制计数器。

采用反馈复位法构成任意进制计数器时，预置数输入端 $D_3D_2D_1D_0$ 可为任意值，建议接地。同时，因是"异步清 0"，反馈输出值需用计数器最大计数值 N 的下一个状态，即 $N + 1$ 反馈，这样计数器的计数值才能得到 0～N 个状态。

②反馈置位法。图 6 - 11 所示案例是用 74LS161 的反馈置位法构成的十三进制计数器的实现方法，其中图 6 - 11（a）所示为计数最小值为 0000 的计数器的实现电路，图 6 - 11

(b) 所示为计数最小值不是 0000 的计数器的实现电路。

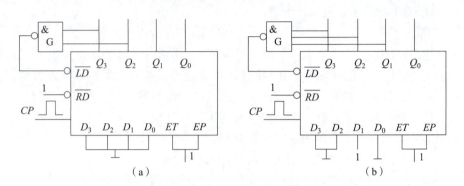

图 6-11 十三进制计数器（反馈置位法）
(a) 计数值为 0000~1100；(b) 计数值为 0010~1110

由图 6-11（a）可见，74LS161 异步清 0 端 $\overline{RD}=1$，为无效信号；计数控制端 $ET=EP=1$，为有效信号；预置数控制端 $\overline{LD}$ 通过与非门接在计数器的 Q_3Q_2 端，预置数输入端 $D_3D_2D_1D_0=0000$。在计数器的输出 $Q_3Q_2Q_1Q_0 \neq 1100$ 时，$\overline{LD}=1$，为无效信号。故 74LS161 工作在计数状态，计数值从 0000 开始进行加 1 计数，当计数值达到 1100 时，预置数控制端 $\overline{LD}=0$，计数器在时钟信号的上升沿时，置入 $D_3D_2D_1D_0$ 输入的 0000，$Q_3Q_2Q_1Q_0$ 从 1100 跳到 0000，重新开始加 1 计数。因此，计数器的有效计数状态为 0000~1100，共 13 个状态，为十三进制计数器。

由图 6-11（b）可见，74LS161 异步清 0 端与计数控制端的接法同图 6-11（a）；但其预置数控制端 $\overline{LD}$ 通过与非门接在计数器的 $Q_3Q_2Q_1$ 端，预置数输入端 $D_3D_2D_1D_0=0010$。计数器的输出 $Q_3Q_2Q_1Q_0 \neq 1110$ 时，$\overline{LD}=1$，为无效信号。故 74LS161 工作在计数状态。计数开始时，计数器可能从 0000 开始加 1 计数，当计数值达到 1110 时，预置数控制端 $\overline{LD}=0$，计数器在时钟信号的上升沿时，置入 $D_3D_2D_1D_0$ 输入的 0010，$Q_3Q_2Q_1Q_0$ 从 1110 跳到 0010 后，从 0010 开始进行加 1 计数，到 1110 时，又回到 0010。因此，计数器的有效计数状态为 0010~1110，共 13 个状态，为十三进制计数器。

采用反馈置位法构成任意进制计数器时，预置数输入端 $D_3D_2D_1D_0$ 需接入计数器的最小值。同时，因是"同步预置数"，在计数值达到最大值时，需要在时钟脉冲的上升沿，计数器才能置入 $D_3D_2D_1D_0$ 输入的值，故可直接用计数器的最大计数值 N 反馈。

2. 用 74LS90 构成任意进制计数器

（1）实现思路。

用 74LS90 构成任意进制计数器的思路与 74LS161 基本相同，即可使计数器工作在计数状态，利用其异步清 0 功能，在计数值达到要实现的计数器的最大计数值时，控制其异步清 0 端为有效信号，实现清 0。因 74LS90 的清 0 信号为高电平有效，故反馈控制逻辑门需用与门。

（2）实现方法。

①10 以内的任意进制计数器。74LS90 芯片用作 8421BCD 码十进制计数时，其计数值在 0~9 间循环。因此，构成 10 以内进制的计数器，仅需一片 74LS90。

图 6-12 所示为计数值在 0~6 的七进制计数器的实现案例。

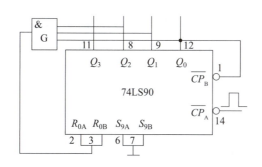

图 6-12 用 74LS90 构成的 7 进制计数器

由图 6-12 可见，74LS90 的计数脉冲从 $\overline{CP}_A$（14 脚）端接入；$\overline{CP}_B$（1 脚）与 Q_0（12 脚）短接；高电平有效的置 9 端 S_{9A}（6 脚）、S_{9B}（7 脚）同时接地，为低电平无效信号；高电平有效的异步清 0 端 R_{0A}（2 脚）和 R_{0B}（3 脚）同时通过与门与计数器的输出端 $Q_2Q_1Q_0$（8、9、12 脚）连接，当 $Q_3Q_2Q_1Q_0 \neq 0111$ 时，与运算使 $R_{0A}=R_{0B}=0$，计数器工作在 8421BCD 码的计数状态，计数器从 0000 开始进行加 1 计数。当计数值 $Q_2Q_1Q_0=0111$ 时，与门使 $R_{0A}=R_{0B}=1$，计数器立即清 0，因此计数器的值在 0000~0110 间循环，为七进制计数器。

与 74LS161 的反馈复位法相同，因是"异步清 0"，需用计数器最大计数值 N 的下一个状态，即 $N+1$ 反馈。

10 以上的任意进制计数器。当用计数器构成 11-100 进制的计数器时，因计数器值为两位数（10-99），则需 2 片 74LS90；若构成 101-1000 进制的计数器，因计数器值为三位数（100-999），则需要 3 片 74LS90，以此类推。

图 6-13 所示为用 74LS90 构成的 24 进制计数器的实现案例。

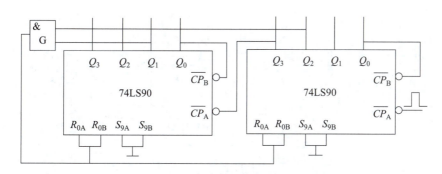

图 6-13 用 74LS90 构成的 24 进制计数器逻辑图

由图 6-13 可见，电路中采用了两片 74LS90 芯片，且两芯片的高电平有效的置 9 端 S_{9A} 和 S_{9B} 均接地，两芯片的 Q_0 均与各自的 $\overline{CP}_B$ 短接，两芯片的高电平有效的清 0 端短接后通过与门和十位（高位）芯片的 Q_1 端与低位芯片的 Q_2 端连接，计数脉冲从个位（低位）芯片的 $\overline{CP}_A$ 端接入，高位芯片的 $\overline{CP}_A$ 端与低位芯片的最高位 Q_3 连接。因此，两芯片都工作在 8421BCD 码的十进制计数状态，在外部计数脉冲的每个下降沿，个位芯片从 0000（0 的

8421BCD 码）开始加 1 计数，当计数值达到 1001（9 的 8421BCD 码）时，下一个计数脉冲的下降沿，个位芯片的 Q_3 端从 1 跳到 0，为十位芯片的 $\overline{CP}_A$ 端提供一个下降沿，十位芯片计数值加 1，实现了"逢十进一"的进位操作。个位芯片又开始 0000～1001 的加 1 计数。当十位芯片的计数值 $Q_3Q_2Q_1Q_0 = 0010$（2 的 8421BCD 码）、个位芯片的计数值 $Q_3Q_2Q_1Q_0 = 0100$（4 的 8421BCD 码），即计数器的计数值为 24 时，两芯片的清 0 端同时得到高电平，两计数器芯片立即同时清 0，因此电路的计数值是在十进制数的 00～23 间循环，为 24 进制计数器。

项目实施

任务 6.1　霍尔传感器典型应用电路分析

1. 霍尔计数电路

图 6-14 所示电路是由 SL3501 霍尔传感器构成的计数电路。SL3501 霍尔传感器是一款三脚单端输出的霍尔传感器，能够感受到较小的磁场变化，当有黑色金属零件经过传感器时，传感器输出 20 mV 脉冲信号。

微课　霍尔传感器应用案例

文档　霍尔传感器典型应用电路分析

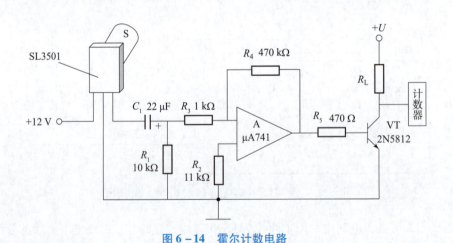

图 6-14　霍尔计数电路

电路的功能是将传感器检测到的金属零件个数通过计数器显示出来。
（1）电路结构分析。

① 请分析电路结构,将相关内容填写在表 6-4 对应的单元格中。

表 6-4 图 6-14 所示电路结构分析表

器件标识	器件/电路名称	器件/电路特性	器件/电路的功能
SL3501			
C_1、R_1 电路			
μA741、R_2~R_3 电路			
VT、R_L			

② 请根据器件在电路中的作用,将器件标识填入对应的模块。

传感器件/模块:_____

信号处理器件/模块:_____

执行器件/模块:_____

(2) 电路工作原理分析。

请分析电路工作原理,回答相关问题。

问题 1:当有黑色金属零件经过传感器 SL3501 时,传感器输出 20 mV 脉冲信号,该脉冲信号经过 C_1、R_1 电路后输出什么信号?

_____

_____

问题 2:电路中经放大电路放大的信号为什么需通过 VT 接计数器?

_____

_____

_____

2. 霍尔电流测量电路

图 6-15 所示是霍尔电流测量电路。电路的功能是通过嵌入钳形硅钢片中的三端霍尔传感器检测电流,并经相应处理后通过数字式万用表显示出来。

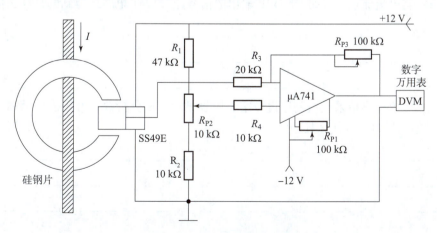

图 6-15 霍尔电流测量电路

(1) 电路结构分析。

①请分析电路结构,将相关内容填写在表6-5对应的单元格中。

表6-5 图6-15所示电路结构分析表

器件标识	器件/电路名称	器件/电路特性	器件/电路的功能
SS49E			
R_3、R_4、RP_1、RP_3、$\mu A741$ 电路			
R_1、R_2、RP_2 电路			

②请根据器件在电路中的作用,将器件标识填入对应的模块。

传感器件/模块:_____

信号处理器件/模块:_____

执行器件/模块:_____

(2) 电路工作原理分析。

请分析电路工作原理,回答相关问题。

问题1:当电流流过导线时,钳形硅钢片中的什么量产生变化?

_____

_____

问题2:当电流流过导线时,SS49E输出的是什么信号?

_____

_____

问题3:当电流流过导线时,SS49E输出的信号经 $\mu A741$ 电路后得到的是什么信号?

_____

_____

问题4:电流检测结果最后要通过数字万用表显示,试分析数字万用表内部需对 $\mu A741$ 电路处理过的信号再进行什么处理?

_____

_____

_____

任务 6.2　霍尔计数电路制作

1. 任务实施

用面包板或万用板，参照图 6-14 所示电路，制作霍尔计数电路，让金属钢球通过霍尔传感器，观察计数值。

2. 操作准备

（1）所需元件。

①1 kΩ、10 kΩ、11k Ω、470 kΩ 电阻各 1 只；470 Ω 电阻 2 只。

②SL3501 霍尔传感器 1 个。

③22 μF 电容器 1 只。

④μA741 集成运算放大器 1 片。

⑤2N5812 或同类晶体管 1 只。

⑥74LS90 或同类集成计数器 1 片。

⑦74LS248 码转换芯片 1 片。

⑧共阴极数码管 1 只。

（2）所需仪器。

①多功能电路板 1 块。

②指针式万用表 1 块。

③直流稳压电源或直流电源模块 1 个。

（3）导线若干。

3. 操作步骤

第一步：选择、检测电路所需元器件（表 6-6）。

表 6-6 "霍尔计数器电路" 器件检测单

序号	器件名称	器件类型	参数/标志	检测数据/内容	检测结果
1	霍尔传感器	SL3501			
2	集成运算放大器	μA741			
3	晶体管	2N5812			
4	电阻	470 Ω			
5	电阻	1 kΩ			
6	电阻	10 kΩ			
7	电阻	11 kΩ			
8	电阻	470 kΩ			
9	计数器芯片	74LS90			

续表

序号	器件名称	器件类型	参数/标志	检测数据/内容	检测结果
10	码转换芯片	74LS248			
11	数码管	共阴极			

检测人：　　　　　　复核人：

第二步：在面包板或万用板上按图 6-14 所示装接测量电路。

第三步：在面包板或万用板上按图 6-16 所示装接计数显示电路。

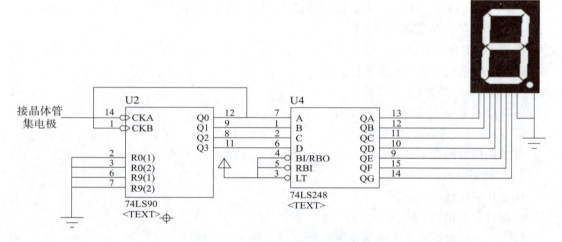

图 6-16　计数显示电路连接示例

（1）晶体管的集电极与 74LS90 的引脚 14 连接。

（2）计数器需经码转换器 74LS248 将 8421BCD 码转换成七段数码管字型码，由数码管显示。

数码管与码转换器 74LS248 的相关知识参见拓展内容。

第四步：接通电源，将金属钢球通过霍尔传感器，观察计数值的变化。

第五步：总结、描述电路的功能。

4. 操作要求

（1）先作连线图，再接线。

（2）遵守操作规范，须断电接线。

（3）布局需合理，装接需整齐，器件引线需平整。

（4）强化节约意识，用线尽可能少。

调试记录

（记录问题及解决办法）

5. 评价内容及指标（表 6–7）

表 6–7 "霍尔计数器电路"项目实施评价表

考核项目 （权重）	任务内容	评价指标	配分
任务完成 （0.9）	器件选择及检测 （40 分）	器件检测方法规范	10
		器件参数检测正确	20
		器件筛选处理得当	10
	电路装接 （60 分）	霍尔传感器装接正确	10
		集成运算放大器装接正确	10
		晶体管装接正确	10
		数码管装接正确	10
		电阻器装接正确	5
		74LS248 装接正确	5
		电路/焊接质量	5
		电路功能正常	5
劳动素养 （0.1）	操作安全规范		20
	承担并完成工作任务		20
	组织小组同学完成工作任务		10
	协助小组其他同学完成工作任务		10
	组织或参加操作现场整理工作		15
	协助教师收、发实训器材等工作		10
	有节约意识，用材少，无器材、器件损坏		15

任务 6.3　基于实验平台的霍尔传感器应用实验

1. 实验原理

（1）NEWLab 霍尔磁传感器模块。

NEWLab 霍尔磁传感器模块如图 6–17 所示。

图中：

①为线性霍尔传感器 SS49E 及相应电路，共 4 个；

②、③为霍尔开关传感器及相应电路，共 2 个；

④~⑦为线性 AD 输出 1、2、3、4 接口 J4、J5、J7、J6，用于测量霍尔线性元件电路的输出电压；

⑧、⑨为霍尔开关输出 1、2 接口 J2、J3，用于测量霍尔开关元件电路的输出电压；

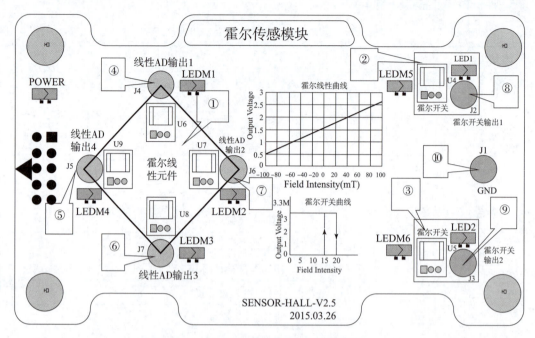

图6-17　NEWLab 霍尔传感器模块

⑩为接地 GND 接口 J1。

（2）霍尔线性元件电路。

霍尔线性元件电路如图 6-18 所示。

（3）霍尔开关元件电路。

霍尔开关开关电路如图 6-19 所示。

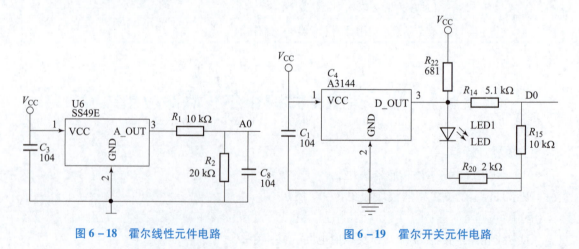

图6-18　霍尔线性元件电路　　　　图6-19　霍尔开关元件电路

（4）霍尔传感器模块场景模拟界面。

霍尔传感器模块场景模拟界面如图 6-20 所示。

图 6-20 霍尔传感器实验场景模拟界面

2. 实验步骤

（1）实验准备。

①打开"物联网开发实验平台"软件，导入霍尔传感实验的实验包。

②将 NEWLab 实验硬件平台通电并与计算机连接。

（2）硬件装接。

①将霍尔传感模块放置在 NEWLab 实验平台实验模块插槽上。

②将万用表连接到频率信号输出端口 J4 和接地端口 J1 之间。

（3）启动实验。

①选择自动模式，按下电源开关，启动实验平台。

②在 NEWLab 实验上位机软件平台中，选择霍尔实验。

③选择硬件连接说明，上位机软件测试硬件平台的霍尔传感模块正常工作，进入工作界面。

④在磁场不变情况下测量霍尔线性元件电路输出的电压，观察模拟实验场景的霍尔线性传感器的 AD 值。

⑤将磁铁移近霍尔传感器，测量磁场变化后的霍尔线性元件电路输出的电压，观察模拟实验场景的霍尔线性传感器的 AD 值。

⑥将万用表接于霍尔开关输出 1 端口 J2 与 J1 之间，在磁场不变情况下测量霍尔开关元件电路输出的电压，观察模拟实验场景的霍尔开关 1 的控制状态。

⑦将磁铁 S 极移到霍尔开关元件位置，测量此时霍尔开关元件 1 的比较器输出电压，观察模拟实验场景的霍尔开关 1 的控制状态。

项目总结

霍尔传感器是依据霍尔效应工作的传感器件。

霍尔效应是一种磁电效应，当电流垂直于外磁场通过半导体时，载流子发生偏转，垂直于电流和磁场的方向会产生一附加电场，从而在半导体的两端产生大小为 $U_H = K_H I B \cos\theta$ 的霍尔电势差。其中 K_H 为霍尔元件的灵敏度；I 为通过半导体的电流；B 为磁感应强度。

霍尔元件是根据霍尔效应制作的一种磁场传感器件，主要由霍尔片、引线和外壳组成。霍尔片是由 N 型半导体单晶材料制成的一定尺寸的薄片。霍尔元件的引线为 4 根，长度方向的电极为控制电极，另两侧的电极为霍尔电极。霍尔元件的性能参数主要有灵敏度系数 K_H、额定电流 I_c、输入电阻 R_i、输出电阻 R_o、不等位电势 U_o 和不等位电阻 r_o、寄生直流电势 U 和霍尔电势的温度系数 α。

霍尔元件使用时会存在零误差及温度误差，需要进行适当的补偿。温度误差常用的补偿方法有：用温度系数小的元件作为霍尔元件；采用恒温措施和恒流源；对于正温度系数的霍尔元件，在控制极并联分流电阻等。

集成霍尔传感器是将霍尔元件、放大器、施密特触发器、输出电路等集成在一起的传感器。具有可靠性高、功耗低、温度稳定性好、灵敏度不受磁场移动速度影响等优点。集成霍尔传感器分为开关型和线性两种。开关型集成霍尔传感器将霍尔元件的输出霍尔电势，经过处理后转换成高电平或低电平的数字信号输出；线性集成霍尔传感器的输出电压与外加磁场呈线性比例关系。

霍尔传感器的应用领域较广，可用于测量位移、转速、角度、压力、电流、功率等，还可用其构成霍尔开关、霍尔计数器。

项目练习

1. 单项选择题

（1）霍尔传感器是依据（　　）工作的传感器。
　A. 热敏效应　　B. 光敏效应　　C. 湿敏效应　　D. 磁电效应

（2）霍尔电势的方向（　　）。
　A. 与电流方向相同　　　　　　B. 与磁场的方向相同
　C. 与电流与磁场方向相同　　　D. 与电流与磁场方向垂直

（3）霍尔元件的霍尔片一般用（　　）构成。
　A. N 型半导体单晶材料　　　　B. P 型半导体单晶材料
　C. 导体　　　　　　　　　　　D. 绝缘体

（4）霍尔元件的引线为（　　）根。
　A. 2　　B. 2　　C. 4　　D. 8

（5）霍尔元件长度方向的电极 a、b 称为（　　）。
　A. 控制电极　　B. 霍尔电极　　C. 阳极　　D. 阴极

（6）开关型集成霍尔传感器能将磁场变化信号转换成（　　）输出。
　A. 模拟电压　　　　　　　　　B. 正比于磁场变化的电压
　C. 数字脉冲信号　　　　　　　D. 反比于磁场变化的电压

（7）下列不是霍尔元件误差补偿方法的是（　　）。
　A. 选用温度系数小的元件作为霍尔元件
　B. 采用恒温措施
　C. 采用恒流源提供控制电流

D. 在控制极串联分压电阻

(8) 单端输出的线性集成霍尔传感器是一个（　　）。

A. 单端器件　　　B. 两端器件　　　C. 三端器件　　　D. 四端器件

(9) 下列不是 74LS161 功能的是（　　）。

A. 异步清 0　　　B. 同步预置数　　C. 计数　　　　　D. 置 9

(10) 下列不是 74LS90 功能的是（　　）。

A. 异步清 0　　　B. 异步置 9　　　C. 计数　　　　　D. 同步预置数

2. 判断题（正确：T；错误：F）

(1) 霍尔效应产生的霍尔电势可使用右手定则判断。（　）

(2) 霍尔片是用压敏材料制成的薄片。（　）

(3) 霍尔元件由不等位电势引起的误差，称为温度误差。（　）

(4) 在额定控制电流作用下，当外加磁场为零时，霍尔输出端之间的开路电压称为不等位电势。（　）

(5) 开关型集成霍尔传感器的输出为正比于磁场的电压信号。（　）

(6) 线性集成霍尔传感器的输出为数字脉冲电压信号。（　）

(7) 74LS161 在复位引脚 1 为低电平时，在时钟脉冲的上升沿将清 0。（　）

(8) 74LS161 只要预置数引脚 9 为低电平，就可置入由引脚 6、引脚 5、引脚 4、引脚 3 送入的数值。（　）

(9) 74LS90 要想输出 8421BCD 码的十进制计数值，需将时钟信号从引脚 14 接入，将引脚 1 和引脚 12 短接。（　）

(10) 74LS90 当引脚 2 和引脚 3 同为高电平，引脚 6 和引脚 7 同为低电平时，计数值为 0。（　）

3. 填空题

(1) 由于制造工艺及实际应用中的种种因素的影响，霍尔元件将产生_____误差及温度误差。

(2) 在规定条件（磁感应强度 $B=0$、环境温度为 20 ℃ ±5 ℃）下，元件两控制极（输入端）间的等效电阻称为_____电阻；元件两霍尔电极（输入端）间的等效电阻称为_____电阻。

(3) 对于正温度系数的霍尔元件，补偿误差的方法之一是在元件_____极并联分流电阻。

(4) 开关型集成霍尔传感器中的施密特触发器能将_____信号转换成_____信号。

(5) 线性集成霍尔传感器的输出电压与外加磁场呈_____比例关系。

(6) 74LS161 在引脚 1、引脚 9 均为低电平，引脚 6、5、4、3 为 0101 时，输出值 $Q_3Q_2Q_1Q_0 = $ _____。

(7) 74LS161 在引脚 1、7、9、10 均为高电平时，工作在_____状态。

(8) 74LS161 是一款 4 位二进制模_____的递增计数器，其最大计数值为_____B。

(9) 74LS90 中集成了一个二进制计数器和一个_____进制计数器，要作为 8421BCD 码的十进制计数器使用，时钟脉冲信号需从其引脚_____接入，并将引脚 1 和引脚_____短接。

(10) 74LS90 的电源和地需从引脚_____和引脚_____接入。

知识拓展

参考答案项目 6

拓展 6.1　霍尔位移传感器

霍尔传感器除前述用于计数、电流测量外，也可用于位移测量、压力测量、转速测量、角度测量、电功率测量等，还可用于构成霍尔开关。

霍尔式位移传感器如图 6-21 所示。

根据霍尔效应，在控制电流恒定时，霍尔电势与磁感应强度成正比。当霍尔元件在磁场中移动时，磁感应强度 B 随其位置变化，因此，霍尔电势也随其位置变化。

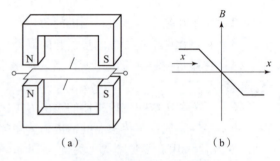

图 6-21　霍尔位移传感器
(a) 位移传感器结构；(b) 位移-磁场关系

图 6-21 所示霍尔位移传感器中，上、下两磁钢形成了极性相反、磁场强度相同的均匀梯度磁场，霍尔片位于两磁钢气隙中。当霍尔片沿 x 轴方向移动时，磁场在 x 方向上均匀变化，霍尔电势与位移 x 的关系为

$$U_H = Kx$$

式中：K 为一个常数，是霍尔传感器的输出灵敏度，$K = K_H I \dfrac{dB}{dx}$。

霍尔位移传感器的特点是惯性小、响应速度快，可用于测量 1~2 mm 的小位移。

拓展 6.2　霍尔压力传感器

霍尔式压力传感器如图 6-22 所示。

由图可见，霍尔压力传感器主要由弹簧管 1、磁钢 2、霍尔片 3 和直流稳压电源构成。其中，霍尔片与弹簧管组成压力-位移转换模块，霍尔片与磁钢构成位移-电势转换模块。

霍尔片位于弹簧管的自由端，被测压力由弹簧管的固定端引入，当弹簧管检测到压力变化时，弹簧管自由端带动霍尔片产生位移，实现压力-位移的转换。霍尔片在磁场中的位移又引起磁场的变化，从而在霍尔片的输出端产生了霍尔电势，实现了位移-电势的转换。

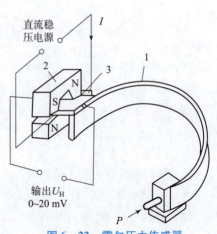

图 6-22　霍尔压力传感器

直流稳压电源的作用是为霍尔片提供恒定的工作电流。

拓展 6.3　霍尔转速传感器

霍尔转速测量传感器如图 6-23 所示。图中，非磁性齿盘安装在被测转速的转轴上，霍尔元件粘贴在 U 形永久磁铁的磁极端面上。齿盘在轴的带动下转动时，齿顶和齿根交替经过霍尔元件，当齿顶正对霍尔元件时，磁路的磁阻因磁隙变小而减小，霍尔电势较大，传感器输出高电平信号；当齿根正对霍尔元件时，磁路的磁阻因磁隙变大而增大，霍尔电势较小，传感器输出低电平信号。霍尔传感器输出的微小脉冲信号经隔直、放大、整形等处理后，可送入相应的显示器件显示转速值。

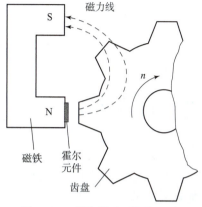

图 6-23　霍尔转速测量传感器

拓展 6.4　霍尔开关

霍尔开关的结构如图 6-24 所示。当按键未被按下时，通过霍尔传感器的磁场由上到下；而当按键按下时，通过霍尔传感器的磁场则变成由下到上。因此，对应于按键按下和放开，霍尔传感器输出的信号相反，处于开关状态，可以控制其后的逻辑电路产生相应的动作。

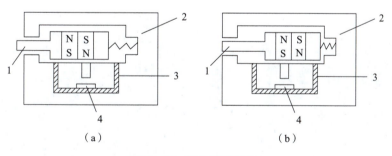

图 6-24　霍尔开关结构
（a）按钮放开；（b）按钮按下
1—按键；2—外壳；3—导磁材料；4—霍尔集成传感器

霍尔开关工作稳定可靠、功耗低。动作过程中传感器与机械部件无机械接触，使用寿命较长。

项目 7

数字温度传感电路设计

项目描述

1. 项目背景

现实环境中存在的多数物理量信号均为模拟信号,如温度、湿度、压力、声音、光强等。而多数智能处理器只能对数字信号进行处理。数字传感电路的主要任务是通过传感器采集自然环境中的模拟信号,并转化为电压或电流等电信号,再通过模数(A/D)转换器转换成数字信号后,送给智能处理芯片进行处理、显示。

本项目用热敏电阻传感器采集环境中的温度信息,通过信号处理电路将其转化为电压信号,再经过A/D转换器将模拟电压信号转换为数字信号,送单片机进行处理后通过数码管等器件进行实时显示。

2. 项目任务

任务7.1 基于集成模–数转换器的数字温度监测系统硬件电路的仿真设计

任务7.2 基于集成模–数转换器的数字温度监测系统控制程序设计及调试

3. 知识导图

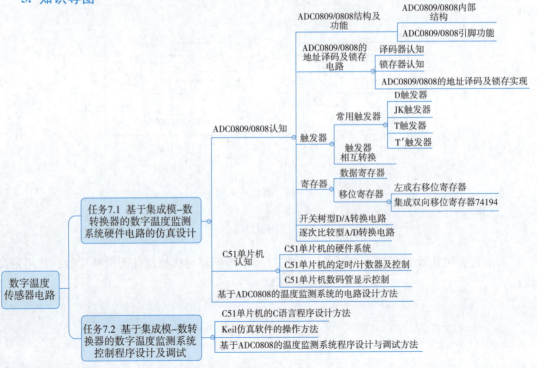

项目 7　数字温度传感电路设计

4. 学习目标

- ✓ 能识别并描述 A/D 转换器的引脚功能。
- ✓ 能描述 ADC0809 的内部结构和工作原理。
- ✓ 能分析并描述开关树型 D/A 转换电路的工作原理。
- ✓ 能分析并描述逐次比较型 A/D 转换电路的工作原理。
- ✓ 能进行基于 A/D 转换器件的数字温度监测系统的仿真设计。
- ✓ 能在项目学习和实践活动中，养成绿色生态、节能环保的良好生活习惯。

知识准备

7.1　ADC0809 结构及功能

ADC0809 是一款 8 位的逐次逼近型 A/D 转换芯片，转换时间约为 100 μs，可以和单片机直接连接，广泛用于数字传感电路中。

7.1.1　ADC0809 的内部结构

微课　ADC0809 的结构及功能

ADC0809 的内部结构如图 7-1 所示。由图可见，ADC0809 内部主要由 3 个部分组成，即输入通道、逐次逼近型 A/D 转换器、三态输出锁存器。

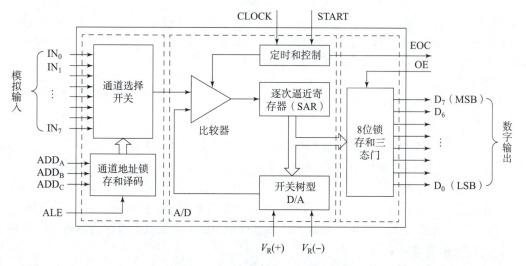

图 7-1　ADC0809 的内部逻辑结构

1. 输入通道

ADC0809 的输入通道由 8 路模拟开关、地址锁存器与译码器构成。8 路模拟开关用于选通 8 个模拟信号输入通道。ADC0809 允许输入 8 个模拟信号，但 8 个模拟信号采用分时共用 A/D 转换器的机制，即同一时刻只能对一路模拟信号进行 A/D 转换。输入模拟通道的选择就由通道地址锁存和译码器的地址输入端 ADD_C、ADD_B、ADD_A 完成。

2. 逐次逼近型 A/D 转换器

逐次逼近型 A/D 转换器又称为逐次比较型 A/D 转换器，是 ADC0809 器件的核心部分，主要由数据寄存器和移位寄存器构成。在启动正脉冲 START 信号作用下，开始进行 A/D 转换。每一次转换需要经过 8 个时钟周期（CLOCK 一般选 500 kHz）。在转换期间，START 应保持低电平。当转换结束时，EOC 端被置为高电平，供单片机等智能处理器查询。

3. 三态输出锁存器

三态输出锁存器用于锁存 A/D 转换器转换完成输出的数字量。其输出受高电平有效的输出允许端 OE 的控制，在 OE 为高电平时，三态输出锁存器的数据才可以被读出。

7.1.2 ADC0809 引脚结构及功能

1. 引脚结构

ADC0809 芯片封装形式为 DIP28，有双列直插 28 个引脚，其引脚结构如图 7-2 所示。

2. 引脚功能

$IN_0 \sim IN_7$：模拟信号输入端。

$D_7 \sim D_0$：数字量输出端，为三态可控输出，直接和微处理器数据线连接。

ADD_A、ADD_B、ADD_C：模拟通道选择地址信号，ADD_C 为高位，ADD_A 为低位。ADD_C、ADD_B、ADD_A 为 000 ~ 111 分别从 $IN_0 \sim IN_7$ 中选择一路模拟信号输入。

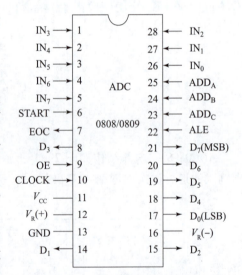

图 7-2 ADC0809 引脚图

$V_R(+)$、$V_R(-)$：正、负参考电压输入端，提供片内 DAC 电阻网络的基准电压。如为单极性输入，则 $V_R(+) = 5$ V、$V_R(-) = 0$ V；如为双极性输入，则 $V_R(+)$、$V_R(-)$ 分别接正、负极性的参考电压。

START：A/D 转换启动信号，正脉冲有效。脉冲的上升沿逐次逼近寄存器清零，下降沿 A/D 开始转换。在转换期间，START 应保持低电平。

ALE：地址锁存允许信号，高电平有效。信号有效时，3 位地址信号被锁存，译码选通对应模拟通道。使用时常与 START 连在一起，以便锁存通道地址的同时，启动 A/D 转换。

EOC：转换结束信号，高电平有效。转换过程中为低电平，其余时间为高电平。可用于 CPU 查询或发中断请求信号。

OE：输出允许信号，高电平有效。该信号有效时，ADC0809 的输出三态门被打开，转换结果才能通过数据总线被读走。使用时常与 EOC 连在一起。

CLOCK：转换时钟信号输入端。ADC0809 的转换操作，需在外接时钟脉冲信号的控制下进行，时钟频率范围为 10～1 280 kHz，实际应用中，通常取 CLK = 500 kHz。

V_{CC}、GND：电源正极及地线。

ADC0809 内部各部件通过井然有序的机制有条不紊地协同工作。其中，地址选择端 ADD_C、ADD_B、ADD_A 通过输入通道地址码选择输入模拟通道，ALE 锁存选通的通道地址，确保在同一时刻 A/D 转换电路只对选择的一路模拟信号进行转换。启动脉冲 START 有上升沿时，A/D 转换电路按 CLOCK 时钟频率逐位比较转换，转换结束后电路置 EOC 为高电平，并在 OE 为高电平时，输出转换的数字量。

7.2 ADC0809 的地址译码及锁存电路

地址译码和锁存电路位于 ADC0809 的输入通道，主要作用是根据锁存地址从 8 路模拟信号通道中选通一路模拟量输入。其中，锁存器是将 ADC0809 的输入通道选择端的地址信号锁存，译码器是将通道地址信号转换成通道选择信号。

7.2.1 ADC0809 地址译码原理

1. 译码器概述

译码器是将具有特定含义的二进制或其他编码转换成对应的信号输出的组合逻辑器件。常见的种类有二进制译码器、二—十进制译码器。二进制译码器的输入如果是 n 位，则输出为 2^n 个。

微课　ADC0809 的地址译码与锁存原理

2. 典型译码器 74HC138

（1）引脚结构。

74HC138 芯片的引脚结构和实物如图 7 - 3 所示。其封装形式为 DIP16，有双列直插 16 个引脚。

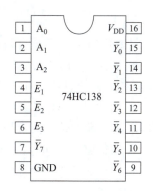
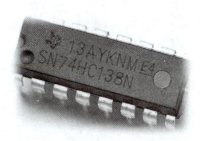

图 7 - 3　74HC138 芯片引脚和实物

（2）引脚功能。

74HC138 芯片的引脚功能如表 7 - 1 所示。

表 7-1　74HC138 功能表

输入						输出							
使能信号			输入码										
$\overline{E_1}$	$\overline{E_2}$	E_3	A_2	A_1	A_0	$\overline{Y_0}$	$\overline{Y_1}$	$\overline{Y_2}$	$\overline{Y_3}$	$\overline{Y_4}$	$\overline{Y_5}$	$\overline{Y_6}$	$\overline{Y_7}$
1	×	×	×	×	×	1	1	1	1	1	1	1	1
×	1	×	×	×	×	1	1	1	1	1	1	1	1
×	×	0	×	×	×	1	1	1	1	1	1	1	1
0	0	1	0	0	0	0	1	1	1	1	1	1	1
0	0	1	0	0	1	1	0	1	1	1	1	1	1
0	0	1	0	1	0	1	1	0	1	1	1	1	1
0	0	1	0	1	1	1	1	1	0	1	1	1	1
0	0	1	1	0	0	1	1	1	1	0	1	1	1
0	0	1	1	0	1	1	1	1	1	1	0	1	1
0	0	1	1	1	0	1	1	1	1	1	1	0	1
0	0	1	1	1	1	1	1	1	1	1	1	1	0

引脚 1、引脚 2、引脚 3：输入引脚。

引脚 4、引脚 5、引脚 6：控制引脚，也称使能引脚。其中 4、5 引脚低电平有效，6 引脚高电平有效。

引脚 7、引脚 9~15：低电平输出引脚 $\overline{Y_7}$、$\overline{Y_6}$、$\overline{Y_5}$、$\overline{Y_4}$、$\overline{Y_3}$、$\overline{Y_2}$、$\overline{Y_1}$、$\overline{Y_0}$。

引脚 16：电源。

引脚 8：接地端。

由表 7-1 可见，只有当 3 个使能控制信号同时有效时，对应 3 个输入端的任意一组编码输入，有且只有一路输出信号为低电平，输出有效信号的下标即为输入编码对应的二进制数。

（3）内部电路。

74HC138 内部电路结构如图 7-4 所示。由图可见，只要使能信号不全有效，如 $E_3 = 0$ 或 $\overline{E_1}$ 和 $\overline{E_2}$ 至少有一个为 1，与非门 G_1 的输出都为高电平，经非运算后送入到与非门 G_{10}~G_{17} 的输入端的信号为低电平，使得不论输入端 A_2、A_1、A_0 输入的编码是什么，G_{10}~G_{17} 的输出均为高电平，称高阻状态①；只有当使能信号全部有效，即 $E_3 = 1$、$\overline{E_1} = 0$、$\overline{E_2} = 0$ 时，与非门 G_1 的输出才为低电平，经非运算后送入到与非门 G_{10}~G_{17} 的输入端的信号为高电平，这时与非门 G_{10}~G_{17} 才根据 A_2、A_1、A_0 输入的编码，每次有一个输出低电平，如表 7-1 所示。

---

① 高阻态是一种输出与输入逻辑上断开，输出不受输入的逻辑控制的状态。

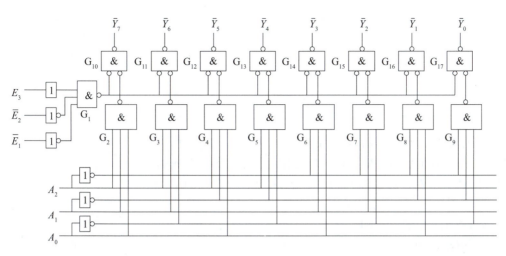

图 7-4　74HC138 芯片内部电路

7.2.2　ADC0809 地址锁存原理

1. D 锁存器

D 锁存器是数字逻辑电路中常用的时序逻辑器件之一，其逻辑符号和内部电路如图 7-5、图 7-6 所示。由图 7-6 可见，D 锁存器实际是由一个高电平有效的基本 SR 锁存器和一个控制逻辑电路构成。只有当 E 为高电平时，与门 G_3 和 G_4 才能使 D 和 $\bar{D}$ 输出。当 $E=1$，$D=0$ 时，与门 G_3 输出为 0，G_4 输出为 1，锁存器 $Q=0$，$\bar{Q}=1$；当 $E=1$，$D=1$ 时，与门 G_3 输出为 1，G_4 输出为 0，锁存器 $Q=1$，$\bar{Q}=0$。而当 $E=0$ 时，与门 G_4 和 G_3 输出均为 0，SR 锁存器保持原来的状态。

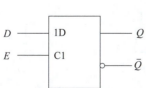

图 7-5　D 锁存器逻辑符号

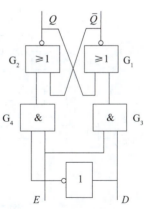

图 7-6　D 锁存器逻辑电路

D 锁存器的功能表如表 7-2 所示。

表 7-2 D 锁存器功能表

E	D	Q^{n+1}
0	×	不变
1	0	0
1	1	1

D 锁存器的功能可用特性方程 $Q^{n+1} = D$ 表示。Q^{n+1} 称为"次态",是在使能信号有效,输入信号作用下触发器将变成的状态。相对于次态,触发器当前的状态称为"现态",用 Q^n 表示。

2. 集成 8D 锁存器 74HC373

(1) 引脚结构。

74HC373 是中规模的集成 8D 锁存器,芯片封装形式为 DIP20,有双列直插 20 个引脚,其引脚排列如图 7-7 所示。

(2) 引脚功能。

$\overline{OE}$:输出允许信号,低电平时锁存器数据才能输出。

LE:使能信号,高电平时锁存器才能接收数据。

$D_0 \sim D_7$:输入引脚。

$Q_0 \sim Q_7$:输出引脚。

V_{CC}:电源端。

GND:接地端。

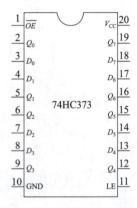

图 7-7 74HC373 引脚排列

(3) 内部电路。

74HC373 内部电路如图 7-8 所示。由图可见,74HC373 主要由 8 个 D 锁存器和 8 个三态门构成。

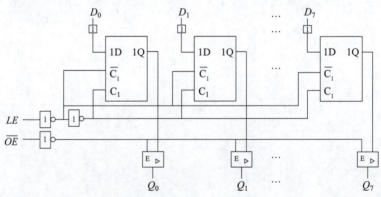

图 7-8 74HC373 内部电路

三态门是一种增加了使能控制端的逻辑器件。"三态"是指其输出有"0 态""1 态"和"高阻态"3 种状态。

图 7-9 所示为两类常见的三态门。图 7-9 (a) 和图 7-9 (b) 分别是高、低电平有效的三态与非门,图 7-9 (c) 和图 7-9 (d) 分别是高、低电平有效的三态传输门。

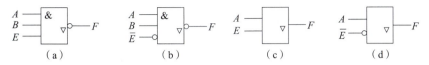

图 7-9 常见三态门逻辑符号

(a) 高电平有效三态与非门；(b) 低电平有效三态与非门；
(c) 高电平有效三态传输门；(d) 低电平有效三态传输门

对于高电平有效的三态与非门，当 $E=1$ 时，$F=\overline{AB}$；低电平有效的三态与非门，当 $\overline{E}=0$ 时，$F=\overline{AB}$。

对于高电平有效的三态传输门，当 $E=1$ 时，$F=A$；低电平有效的三态传输门，当 $\overline{E}=0$ 时，$F=A$。

（4）逻辑功能。

当 $LE=1$ 时，非运算后，使 8 个 D 锁存器互反的使能控制端 C_1 和 $\overline{C_1}$ 的信号同时有效，8 个 D 锁存器分别接收其输入端 $D_0 \sim D_7$ 输入的数据。

当 $\overline{OE}=0$ 时，非运算后，使输出三态传输门的使能控制信号有效，8 个 D 锁存器数据可以传输到各自的输出端 $Q_0 \sim Q_7$。

7.2.3 ADC0809 的地址译码锁存电路仿真

根据 ADC0809 的地址译码锁存电路的功能及实现方法，由 Proteus 仿真的案例电路如图 7-10 所示。

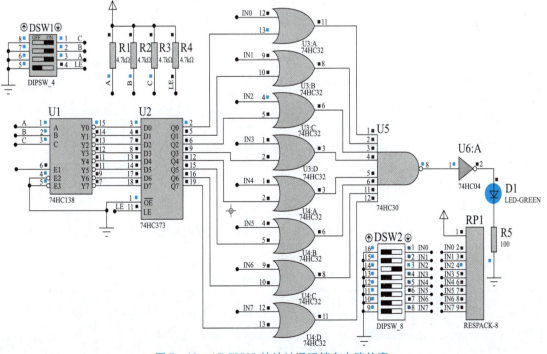

图 7-10 ADC0809 的地址译码锁存电路仿真

图 7-10 中，ADC0809 的通道地址码从 3-8 译码器 74HC138 的输入端 C、B、A 输入，使对应用于通道地址码的输出端为低电平，在 8D 锁存器 74HC373 的使能信号 $LE=1$ 时，该低电平信号进入锁存器锁存，在允许输出信号 $\overline{OE}=0$ 时，该低电平信号从锁存器输出，使对应的模拟输入通道 IN_i 的或门打开，实现了通道选择。

7.3 触发器

触发器与锁存器都是构成时序逻辑电路的基本器件，功能也基本一样，都具有置 1、置 0、保持等功能。主要区别是触发器是用信号边沿触发，而锁存器是用电平信号触发。

常见的触发器有 SR 触发器、JK 触发器、D 触发器、T 触发器、T′ 触发器。

微课 触发器认知

SR 触发器除需要脉冲信号边沿触发外，其他功能与 SR 锁存器相同，在此不再介绍。

7.3.1 D 触发器

D 触发器是在时钟信号的边沿触发下，输出状态随数据输入端 D 而变化的时序逻辑器件。D 触发器的逻辑功能通常用逻辑符号（即逻辑图）、特性方程、功能表及状态图等表示。

1. 逻辑符号

时钟脉冲上升沿触发的 D 触发器较为常见，其逻辑符号如图 7-11 所示。

图中，时钟脉冲输入端的">"号表示时钟信号上升沿有效，即在时钟脉冲上升沿时，触发器的状态随输入端 D 变化；而时钟脉冲信号无效时，触发器的状态则保持不变。

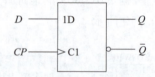

图 7-11 D 触发器逻辑符号

2. 特性方程

$$Q^{n+1} = D$$

特性方程是描述触发器输入输出及时序关系的一种数学工具。由上述特性方程可知，在时钟信号有效时，若 $D=0$，则 $Q^{n+1}=0$；若 $D=1$，则 $Q^{n+1}=1$。即触发器的次态与时钟信号有效时刻的输入信号相等。

3. 功能表

D 触发器的功能表如表 7-3 所示。由功能表可知，在时钟信号上升沿时刻，D 触发器的次态 Q^{n+1} 与输入端 D 的状态相同。

表 7-3 D 触发器功能表

CP	D	Q^{n+1}
⎍	0	0
⎍	1	1

4. 状态图

状态图是表示触发器状态转换条件与转换结果的一种方式。D 触发器的状态图如图 7 – 12 所示。图中，圆圈中的数字表示触发器的状态；箭头表示现态到次态的转换方向；箭头旁边标注的是实现转换的输入状态。例如，触发器由 0 态转换为 1 态，需要的输入状态是 $D=1$。

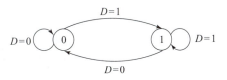

图 7 – 12　D 触发器状态图

7.3.2　JK 触发器

JK 触发器是所有触发器中功能最完善的触发器，具有保持、置 1、置 0 和翻转功能。

1. 逻辑符号

JK 触发器的逻辑符号如图 7 – 13 所示。由图可见，JK 触发器有 J、K 两个输入端，时钟信号输入端的 "◇" 表示时钟脉冲下降沿有效。

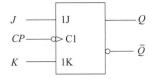

图 7 – 13　JK 触发器逻辑符号

2. 特性方程

$$Q^{n+1} = J\bar{Q}^n + \bar{K}Q^n$$

3. 功能表

JK 触发器的功能表如表 7 – 4 所示。由功能表可知，在时钟信号下降沿时刻，若 $J=0$、$K=1$，触发器的次态 $Q^{n+1}=0$，即触发器被置 0；若 $J=1$、$K=0$，触发器的次态 $Q^{n+1}=1$，即触发器被置 1；若 $J=K=0$，触发器保持原态，即 $Q^{n+1}=Q^n$；若 $J=K=1$，触发器将翻转，即 $Q^{n+1}=\bar{Q}^n$。

表 7 – 4　JK 触发器功能表

CP	J	K	Q^{n+1}	功能说明
⎍	0	0	Q^n	保持
⎍	0	1	0	置 0
⎍	1	0	1	置 1
⎍	1	1	$\bar{Q}^n$	翻转

4. 状态图

JK 触发器的状态图如图 7 – 14 所示。图中，"×" 表示取值任意，即不论取 0 还是取 1，结果都一样。例如，触发器现态 Q^n 为 0 时，若使其次态 Q^{n+1} 为 1，在时钟信号有效时，只要 $J=1$，不管 K 是 0 还是 1 都能实现状态转换。

JK 触发器的功能，也可描述如下。

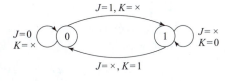

图 7 – 14　JK 触发器状态图

(1) 当时钟脉冲无效时，触发器的次态保持不变，即 $Q^{n+1} = Q^n$。
(2) 当时钟脉冲有效时：
① 若 $J \neq K$，触发器的次态与 J 相同，即 $Q^{n+1} = J$；
② 若 $J = K = 0$，触发器保持原态，即 $Q^{n+1} = Q^n$；
③ 若 $J = K = 1$，触发器状态翻转，即 $Q^{n+1} = \overline{Q}^n$。

7.3.3 T 触发器

T 触发器是一种在时钟脉冲有效时，只有两种状态的触发器。当 $T = 0$ 时，触发器的次态保持不变，即 $Q^{n+1} = Q^n$；当 $T = 1$ 时，触发器翻转，即 $Q^{n+1} = \overline{Q}^n$。

1. 逻辑符号

T 触发器的逻辑符号如图 7-15 所示。由图可见，T 触发器是时钟脉冲上升沿有效的触发器，只有一个输入端 T。

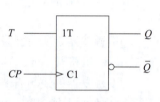

图 7-15 T 触发器逻辑符号

2. 特性方程

$$Q^{n+1} = T\overline{Q}^n + \overline{T}Q^n$$

3. 功能表

T 触发器的逻辑功能如表 7-5 所示。

表 7-5 T 触发器功能表

CP	T	Q^{n+1}	功能说明
⎍	0	Q^n	保持
⎍	1	$\overline{Q}^n$	翻转

4. 状态图

T 触发器的状态图如图 7-16 所示。

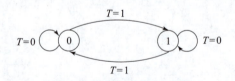

图 7-16 T 触发器状态图

7.3.4 T′触发器

T′触发器是 T 触发器的输入 T 恒为 1 的一种特殊情况，即每当时钟脉冲信号的上升沿时刻，触发器均翻转。

1. 逻辑符号

T′触发器的逻辑符号如图 7-17 所示。

2. 特性方程

$$Q^{n+1} = \overline{Q}^n$$

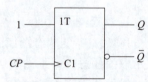

图 7-17 T′触发器逻辑符号

3. 功能表

T′触发器的功能表如表 7-6 所示。

表 7－6　T'触发器功能表

CP	Q^n	Q^{n+1}
⎍	0	1
⎍	1	0

4. 状态图

T'触发器的状态图如图 7－18 所示。

图 7－18　T'触发器状态图

7.3.5　触发器转换

实际应用中，当某种类型的触发器不能满足需求时，可用其他触发器转换。图 7－19 所示为几种触发器相互转换的案例。

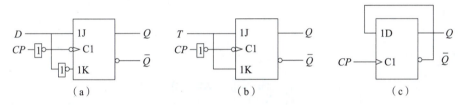

图 7－19　触发器转换案例

(a) JK 触发器转 D 触发器；(b) JK 触发器转 T 触发器；(c) D 触发器转 T'触发器

图 7－19（a）所示为 JK 触发器转换成 D 触发器的实现方法。由图可见，JK 触发器的 J 端与 K 端通过反相器连接，J 端作为 D 触发器的 D 输入端。时钟脉冲 CP 通过反相器接入到 JK 触发器的时钟信号输入端。当时钟信号 CP 的上升沿时刻，JK 触发器的时钟端 C1 得到了一个下降沿，若 $D=0$，则 $J=0$、$K=1$，触发器的输出 $Q^{n+1}=0$；若 $D=1$，则 $J=1$、$K=0$，触发器的输出 $Q^{n+1}=1$。故在时钟脉冲信号的上升沿，$Q^{n+1}=D$，实现了 D 触发器的逻辑功能。

图 7－19（b）所示为 JK 触发器转换成 T 触发器的实现方法。由图可见，JK 触发器的 J 端与 K 端直接连接，J 端作为 T 触发器的 T 输入端。时钟脉冲 CP 同样通过反相器接入到 JK 触发器的时钟信号输入端。当时钟信号 CP 的上升沿时刻，JK 触发器的时钟端 C1 得到了一个下降沿，若 $T=0$，则 $J=K=0$，触发器保持原态；若 $T=1$，则 $J=K=1$，触发器翻转。

图 7－19（c）所示为 D 触发器转换成 T'触发器的实现方法。由图可见，D 触发器的 D 端与触发器的 $\overline{Q}$ 端连接。若触发器初始状态 $Q=0$，则 $\overline{Q}=1$，时钟信号 CP 的上升沿时刻，因 $D=\overline{Q}=1$，故 $Q^{n+1}=1$，$\overline{Q^{n+1}}=0$。下一个时钟脉冲上升沿，因 $D=\overline{Q}=0$，故 $Q^{n+1}=0$，$\overline{Q^{n+1}}=1$，因此实现了触发器每个时钟脉冲上升沿翻转的功能。

7.4　寄存器

微课　寄存器认知

寄存器是数字逻辑电路中应用非常广泛的时序逻辑器件。ADC0809

内部的核心电路就是逐次逼近寄存器。根据功能，寄存器分为数据寄存器和移位寄存器两大类。

7.4.1 数据寄存器

数据寄存器的功能是在接收脉冲的作用下，并行输入输出数据。由 D 触发器构成的 4 位数据寄存器电路如图 7-20 所示。

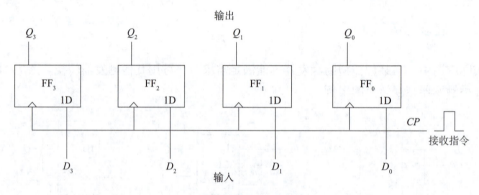

图 7-20 4 位数据寄存器

由图可见，4 个 D 触发器共用时钟脉冲，但彼此相互独立。当输入端 $D_3D_2D_1D_0$ 置入一个 4 位二进制数时，在接收脉冲 CP 的上升沿，4 个 D 触发器同时接收各自 D 输入端的数据，即 $Q_3Q_2Q_1Q_0 = D_3D_2D_1D_0$。

7.4.2 移位寄存器

移位寄存器的功能是在时钟脉冲的控制下，逐位串行输入、并行/串行输出数据。根据移位方式，移位寄存器可分为左移位寄存器、右移位寄存器、双向移位寄存器。

（1）左移位寄存器。

左移位寄存器的电路如图 7-21 所示。

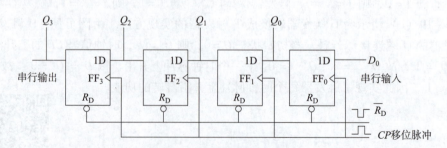

图 7-21 左移位寄存器电路

图中 $\overline{R}_D$ 为低电平有效清 0 端。CP 为移位脉冲，D_0 为串行数据输入端，Q_3、Q_2、Q_1、Q_0

为并行数据输出端，Q_3 为串行数据输出端。

由图 7-21 可见，移位寄存器中前一级触发器的输出作为后一级触发器的输入，从 D_0 输入的数据，在第一个时钟脉冲信号的上升沿后，送入 Q_0，即 $Q_0 = D$。因 Q_0 与触发器 FF_1 的输入端 D 连接，在第二个时钟脉冲上升沿后，$Q_1 = Q_0$，即 D_0 的数据送入 Q_1。如此，每个时钟信号的上升沿，从串行输入端输入的数据向左移一位，经过 4 个时钟脉冲后，第一个时钟脉冲信号上升沿前的串行输入数据从串行输出端 Q_3 输出，第一至第四个时钟脉冲信号上升沿前 D_0 的数据从并行输出端 $Q_3 Q_2 Q_1 Q_0$ 输出。

左移位寄存器的时序图如图 7-22 所示。

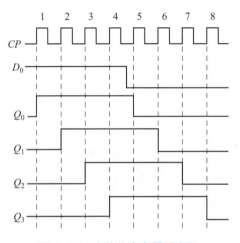

图 7-22 左移位寄存器时序图

（2）右移位寄存器。

右移位寄存器的电路如图 7-23 所示。

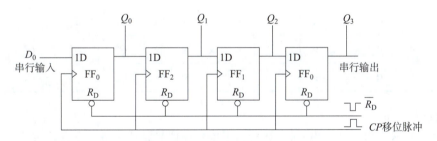

图 7-23 右移位寄存器电路

由图 7-23 可见，右移位寄存器与左移位寄存器相比，只是移位方向不同，数据传送过程及时序完全一样。右移位寄存器的时序图如图 7-24 所示。

（3）集成双向移位寄存器 74LS194。

74LS194 是一款比较典型的中规模集成双向移位寄存器。其引脚图和功能表分别如图 7-25 和表 7-7 所示。

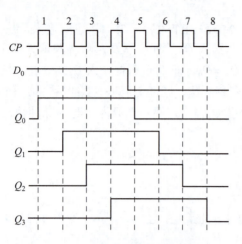

图 7-24 右移移位寄存器时序图

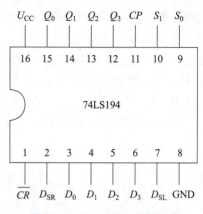

图 7-25 74LS194 引脚排列

表 7-7 74LS194 功能表

序号	清零	使能		串行输入		时钟	并行输入				输出			
	$\overline{CR}$	S_1	S_0	D_{SL}	D_{SR}	CP	D_0	D_1	D_2	D_3	Q_0^{n+1}	Q_1^{n+1}	Q_2^{n+1}	Q_3^{n+1}
1	0	×	×	×	×	×	×	×	×	×	0	0	0	0
2	1	×	×	×	×	0	×	×	×	×	Q_0^n	Q_1^n	Q_2^n	Q_3^n
3	1	1	1	×	×	↑	d_0	d_1	d_2	d_3	d_0	d_1	d_2	d_3
4	1	0	1	×	1	↑	×	×	×	×	1	Q_0^n	Q_1^n	Q_2^n
5	1	0	1	×	0	↑	×	×	×	×	0	Q_0^n	Q_1^n	Q_2^n
6	1	1	0	1	×	↑	×	×	×	×	Q_1^n	Q_2^n	Q_3^n	1
7	1	1	0	0	×	↑	×	×	×	×	Q_1^n	Q_2^n	Q_3^n	0
8	1	0	0	×	×	×	×	×	×	×	Q_0^n	Q_1^n	Q_2^n	Q_3^n

由功能表可知：

$\overline{CR}$ 是寄存器的清 0 端，当 $\overline{CR} = 0$ 时，不论其他信号是什么值，寄存器直接清 0；

D_{SL}、D_{SR} 分别是寄存器的左移位和右移位串行输入端，S_0 和 S_1 是寄存器工作方式选择的使能控制端。在 $\overline{CR} = 1$ 为无效信号时，若 $S_0 = S_1 = 1$ 时，寄存器在 CP 脉冲的作用下执行并行输入功能；若 $S_0 = 0$、$S_1 = 1$ 时，寄存器在 CP 脉冲的作用下执行左移位功能，数据从 D_{SL} 端输入并依次向左移位；若 $S_0 = 1$、$S_1 = 0$ 时，寄存器在 CP 脉冲的作用下执行右移位功能，数据从 D_{SR} 端输入并依次向右移位；若 $S_0 = S_1 = 0$ 时或 $CP = 0$ 时，寄存器保持原来的数据不变。

7.5 ADC0809 的 D/A 转换电路

7.5.1 ADC0809 的 A/D 转换思想

ADC0809 的 A/D 转换采用的是逐次比较方法，所谓的"逐次比较"实际是一种"试权"的方法，类似于天平称重的原理。

在 A/D 转换启动脉冲的作用下，移位寄存器先将 10000000 置入数据寄存器，并由 D/A 转换电路进行数/模转换，转换结果 v'_o 送入电压比较器与输入的模拟量 v_i 进行比较，若 $v'_o < v_i$，电压比较器输出为 1；否则输出 0。

第一个时钟脉冲上升沿后，上一次比较结果送入数据寄存器的 D_7 位，同时 D_6 位被置 1，重复上述操作，直到最低位（D_0）转换结束。

7.5.2 开关树型 D/A 转换电路

1. 电路功能

图 7-26 所示为 ADC0809 的逐次比较电路的结构框图。

由图可见，开关树型 D/A 转换电路是 ADC0809 中模/数转换的关键电路，负责将逐次比较寄存器的数字量转换成模拟量与输入模拟量进行比较。

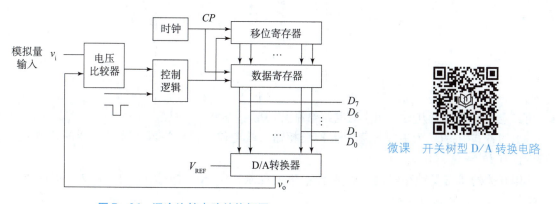

微课 开关树型 D/A 转换电路

图 7-26 逐次比较电路结构框图

2. 电路结构

开关树型 D/A 转换电路如图 7-27 所示，为简化原理，以 4 位数码转换电路为例。

由图可见，开关树型 D/A 转换电路由电子开关、权电阻网络和求和电路三部分构成。

（1）电子开关。

S_n 是受锁存器输入的数字量 D_n 控制的电子开关，当 $D_n = 1$ 时开关闭合，$D_n = 0$ 时开关断开。

（2）权电阻网络。

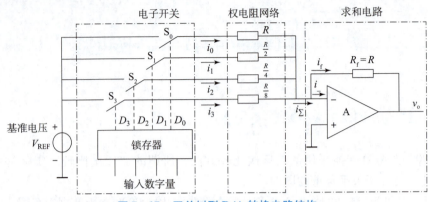

图 7-27 开关树型 D/A 转换电路结构

电阻 R、$R/2$、$R/4$、$R/8$ 构成权电阻网络，分别接于电子开关 S_0、S_1、S_2、S_3 控制的分支电路中，当开关 S_n 闭合时，权电阻 $R/2^n$ 接入电路。

（3）求和电路。

求和电路是由集成运算放大器与反馈电阻构成的反相比例运算放大电路。

V_{REF} 为转换基准电压。

3. 电路原理

（1）权电阻网络电流计算。

由图 7-27 知，当电子开关 $S_3 \sim S_0$ 闭合时，根据基尔霍夫电压定律，有

$$\begin{cases} i_0 = \dfrac{V_{REF} - U_-}{R} \\ i_1 = \dfrac{V_{REF} - U_-}{R/2} \\ i_2 = \dfrac{V_{REF} - U_-}{R/4} \\ i_3 = \dfrac{V_{REF} - U_-}{R/8} \end{cases}$$

当电子开关 S_n 断开时，相应的电路电流 $i_n = 0$。

上述各式中，U_- 为集成运算放大器反相输入端电位，根据集成运算放大器的"虚短"特性，有 $U_- \approx U_+ = 0$。

因开关的状态受锁存器输入的数字量 D_n 的控制，$D_n = 1$ 时开关 S_n 闭合，$D_n = 0$ 时开关 S_n 断开。故上述各式可表示为

$$\begin{cases} i_0 = \dfrac{2^0 V_{REF}}{R} D_0 \\ i_1 = \dfrac{2^1 V_{REF}}{R} D_1 \\ i_2 = \dfrac{2^2 V_{REF}}{R} D_2 \\ i_3 = \dfrac{2^3 V_{REF}}{R} D_3 \end{cases}$$

根据基尔霍夫电流定律,则有

$$i_\Sigma = \frac{V_{REF}}{R}(2^3 D_3 + 2^2 D_2 + 2^1 D_1 + 2^0 D_0) = \frac{V_{REF}}{R}\sum_{i=0}^{3} 2^i D_i$$

对于 n 位的 D/A 转换电路,上式应为

$$i_\Sigma = \frac{V_{REF}}{R}\sum_{i=0}^{n-1} 2^i D_i$$

(2) 输出电压计算。

在求和电路中,根据基尔霍夫电流定律,有

$$i_\Sigma = i_f + i_-$$

又根据集成运算放大器的"虚断"特性,有 $i_- \approx 0$,所以有 $i_f = i_\Sigma$。
再根据基尔霍夫电压定律,有

$$i_f = \frac{U_- - v_O}{R_f}$$

代入 U_- 和 i_Σ、$R_f = R$ 则得

$$v_O = -V_{REF}\sum_{i=0}^{3} 2^i D_i$$

推广到 n 位数字量,转换结果为

$$v_O = -V_{REF}\sum_{i=0}^{n-1} 2^i D_i$$

由此可见,数/模转换实质就是将输入的二进制数加权,再乘以基准电压。

4. D/A 转换器的主要技术参数

(1) 分辨率。

D/A 转换器对输入微小量变化的敏感程度,称为分辨率。用输出模拟电压被分离的级数表示,n 位数/模转换器的分辨率为 2^n。

(2) 转换精度。

因元件参数误差、基准电压不稳、集成运算放大器零点漂移等原因,转换器输出的模拟量与理想值之间存在差距,误差的最大值称为转换精度。

(3) 转换速度。

输入数字量变化时,输出模拟量达到规定误差范围所需的时间,称为转换速度。

(4) 温度系数。

D/A 转换器的温度系数是指输入不变情况下,输出模拟量随温度变化产生的变化量。用满刻度输出条件下温度每升高 1 ℃,输出电压变化的百分比表示。

7.6 ADC0809 的逐次比较型 A/D 转换电路

逐次比较型 A/D 转换电路是 ADC0809 内部的核心电路,主要由 D 触发器、数据寄存器和移位寄存器构成,功能是对预设的数字量进行逐次比较和结果处理。

1. 电路结构

4 位逐次比较型 A/D 转换电路如图 7-28 所示。由图可见，逐次比较型 A/D 转换电路由 1 个 5 位的移位寄存器、5 个 D 触发器构成的数据寄存器、D/A 转换器、电压比较器和启停控制 D 触发器、逻辑门等逻辑控制电路构成。

微课 逐次比较型 A/D 转换电路

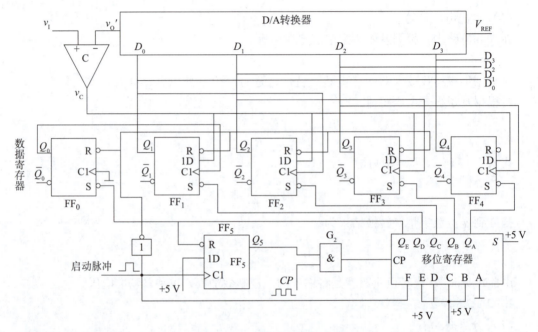

图 7-28 A/D 转换内部电路

其中，各 D 触发器的 R 端为低电平有效的复位端，S 端为低电平有效的置位端；移位寄存器的 A、B、C、D、E 为并行输入端，F 为高电平有效的并行输入使能控制端，当 $F=1$ 时，移位寄存器的输出 $Q_E Q_D Q_C Q_B Q_A = EDCBA$。$S$ 为左移位串行输入端，在时钟脉冲信号 CP 的控制下，依次进行左移一位操作。

2. 电路原理

（1）启动脉冲作用下，电路的工作状态。

①反相器使 D 触发器 $FF_0 \sim FF_3$ 的低电平有效的清 0 端 R 得到低电平有效信号，清 0。

②移位寄存器的 F 端得到高电平信号，实现并行输入，$Q_E Q_D Q_C Q_B Q_A = 11110$。

③D 触发器 FF_4 的置位端 S 得到低电平有效信号，置 1。

④$D_3 D_2 D_1 D_0 = 1000$，送入 D/A 转换电路，转换结果送电压比较器反相输入端。

⑤D 触发器 FF_5 的输出端 Q_5 接收输入端 D 的数据，$Q_5 = 1$，与门 G_2 开启，CP 脉冲进入移位寄存器。

（2）1CP 上升沿后，电路的状态。

①移位寄存器输入串行端 S 的数据，$Q_E Q_D Q_C Q_B Q_A = 11101$，$FF_3$ 的置位端得到低电平有效信号，$D_2 = Q_3 = 1$。

②因 $Q_3 = 0 \to 1$，触发器 FF_4 时钟信号出现上升沿，FF_4 接收第一位数字量转换后的电压

比较器输出结果,如 $v'_O < v_I$,$Q_4 = 1$;如 $v'_O > v_I$,$Q_4 = 0$。

(3) 2CP 上升沿后,电路的状态。

①移位寄存器继续左移,$Q_E Q_D Q_C Q_B Q_A = 11011$,$FF_2$ 的置位端得到低电平有效信号,$D_1 = Q_2 = 1$。

②因 $Q_2 = 0 \to 1$,触发器 FF_3 时钟信号出现上升沿,FF_3 接收第二位数字量转换后的电压比较器输出结果,如 $v'_O < v_I$,$Q_3 = 1$;如 $v'_O > v_I$,$Q_3 = 0$。

(4) 3CP 上升沿后,电路的状态。

①移位寄存器继续左移,$Q_E Q_D Q_C Q_B Q_A = 10111$,$FF_1$ 的置位端得到低电平有效信号,$D_0 = Q_1 = 1$。

②因 $Q_1 = 0 \to 1$,触发器 FF_2 时钟信号出现上升沿,FF_2 接收第三位数字量转换后的电压比较器输出结果,如 $v'_O < v_I$,$Q_2 = 1$;如 $v'_O > v_I$,$Q_2 = 0$。

(5) 4CP 上升沿后,电路的状态:

①移位寄存器继续左移,$Q_E Q_D Q_C Q_B Q_A = 01111$,$FF_0$ 的置位端得到低电平有效信号,$Q_0 = 1$。

②因 $Q_0 = 0 \to 1$,触发器 FF_1 时钟信号出现上升沿,FF_1 接收最后一位数字量转换后的电压比较器输出结果,如 $v'_O < v_I$,$Q_1 = 1$;如 $v'_O > v_I$,$Q_1 = 0$。

③因 $Q_E = 0$,触发器 FF_5 的低电平有效复位端信号有效,$Q_5 = 0$,与门 G_2 截止,时钟脉冲信号 CP 被阻断,转换结束。

7.7 单片机简介

7.7.1 概述

微课 C51 单片机的硬件系统认知

单片机是采用超大规模集成电路技术把具有数据处理能力的中央处理器 CPU、随机存储器 RAM、只读存储器 ROM、多种 I/O 接口和中断系统、定时器/计数器等集成到一块半导体芯片上的微型计算机系统,是典型的嵌入式微控制器,在工业控制领域、智能电子产品及物联网终端设备等领域广泛应用。

单片机种类很多,较典型的有 Intel 公司的 MCS – 51 系列、Atmel 公司的 AT89 系列和 AVR 系列、Philips 公司的 80C51 系列、ARM 公司的 ARM 系列等。其中 51 系列单片机是最基本、最通用且目前仍在广泛应用的单片机。

7.7.2 51 系列单片机硬件系统简介

1. 内部结构

AT89C51 是一款应用较广泛的典型 8 位微处理器的 51 系列单片机。其内部结构如图 7-29 所示。

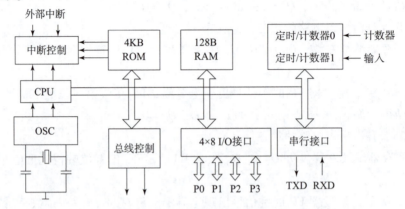

图 7-29 AT89C51 单片机内部结构示意图

由图可见，AT89C51 芯片内部主要包括：
- 1 个 8 位的 CPU；
- 1 个 4KB 的程序存储器 ROM[①]；
- 1 个 128B 的数据存储器 RAM[②]；
- 4 个并行的 8 位 I/O 端口 P0~P3；
- 1 个全双工的串行端口；
- 2 个 16 位的定时/计数器；
- 5 个中断源：2 个外中断，2 个定时/计数器溢出中断，1 个串口中断。

2. 引脚结构

DIP 封装的 AT89C51 芯片，有双列直插 40 个引脚。其引脚结构如图 7-30 所示。

3. 引脚功能

（1）V_{CC}：接电源，+5 V/3.3 V/2.7 V。

（2）V_{SS}：接地。

（3）XTAL1、XTAL2：晶振电路反相输入端和输出端。

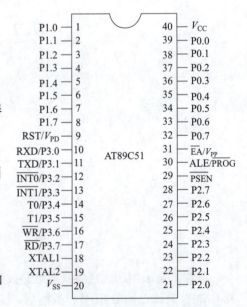

图 7-30 AT89C51 单片机引脚图

（4）$\overline{ALE/PROG}$：地址锁存允许/片内 EPROM 编程脉冲。ALE：用于锁存 P0 端口送出的低 8 位地址。$\overline{PROG}$：片内 EPROM 芯片的编程脉

---

① ROM 为只读存储器，其存储的数据是在存储器出厂时写入的，用户只能读出不能写入。
② RAM 为随机存储器，允许用户按地址随机读出或写入数据，但其数据掉电时会丢失，属易失性存储器。

冲输入端。

(5) $\overline{\text{PSEN}}$：外 ROM 读选通信号，寻址外部 ROM 时，选通外部 EPROM 的读控制端（OE），低电平有效。

(6) RST/VPD：复位/备用电源。

RST（Reset）是复位信号输入端，AT89C51 的复位，需要持续 2 个机器周期以上的高电平，一般取 10 ms 以上；

VPD 用于在 V_{CC} 掉电情况下，接入备用电源。

(7) $\overline{\text{EA}}/V_{PP}$：内外 ROM 选择/片内 EPROM 编程电源。

$\overline{\text{EA}}$ 用于选择内外 ROM。$\overline{\text{EA}} = 1$ 时，先访问内 ROM，当 PC（程序计数器）值超过 4 KB（0FFFH）时，自动转向执行片外 ROM 中的程序。$\overline{\text{EA}} = 0$ 时，只访问片外 ROM；V_{PP} 为片内 EPROM 芯片编程电源输入端。

(8) I/O 线：AT89C51 有 4 个 8 位的并行 I/O 端口 P0、P1、P2、P3，共 32 个引脚。其中：

P0 口为集电极开路输出模式，作为输出端口时，需通过一个上拉电阻与电源连接；

P3 口为复用端口，具有第二功能，用于特殊信号和控制信号输入输出，属于控制总线。其第二功能如表 7-8 所示。

表 7-8 P3 口的第二功能

引脚	第二功能
P3.0	串行数据接收
P3.1	串行数据发送
P3.2	外部中断 0 申请
P3.3	外部中断 1 申请
P3.4	定时/计数器 0 的外部输入
P3.5	定时/计数器 1 的外部输入
P3.6	外部 RAM 或外部 I/O 写选通
P3.7	外部 RAM 或外部 I/O 读选通

7.7.3 单片机程序设计简介

单片机控制程序可以用汇编语言编写，也可用高级语言编写，高级语言中应用较广泛的是 C 语言。单片机的 C 语言程序结构一般包括预处理、主函数和子函数 3 个部分。

微课 单片机 C 语言控制程序简介

1. 预处理

单片机 C 语言源程序中，预处理是程序的开始部分。主要由头文件、变量定义、位名称定义等语句构成，功能是进行相关定义及声明。

例如：

```
#include <reg51.h>
unsigned char code SEGTAB [ ] = {0x3f,0x06,0x5b,0x4f,0x66,0x6d,0x7d,
0x07,0x7f,0x6f};
```

```
    unsigned int i,j,k,temp;
    unsigned char value;
    sbit ST = P3^0;
```

第一条语句为头文件,功能是用文件包含命令"#include"包含 51 单片机中的寄存器,以便在程序中可以调用这些寄存器。

第二条语句是数组定义语句,定义了一个有 10 个元素的字符型数组 SEGTAB。

第三条、第四条语句是变量定义语句,定义了 4 个整型变量 i、j、k、temp 和一个字符型变量 value;

第五条是位定义语句,用 sbit 命令定义一个位变量 ST 表示单片机的 P3.0 位。

2. 主函数

作为一种结构化程序,C 语言源程序是由函数构成的。函数由函数定义和函数体两部分组成。一般格式为:

    函数类型 函数名 函数参数
    void   delay (unsigned int i)

式中:"void"表示函数无返回值;"delay"为函数名;"unsigned int i"为函数参数。

每个 C 语言源程序必须有且仅有一个主函数 main(),主函数是无参函数,程序的执行总是从主函数开始。

例如:

```
    void main()
    {
    TimeInitial();
    while(1)
    {
    ST = 0;
    ST = 1;
    ST = 0;
    P3_5 = 0;
    P3_6 = 0;
    P3_7 = 1;
    while(EOC == 0);
    value = P1;
    display();
    }
    }
```

3. 子函数

C 语言源程序除主函数外的其他函数均为子函数。一个 C 语言源程序中可以有若干个子函数。主函数可以调用子函数,子函数也可以调用其他子函数,还可以自我调用,实现递归。

举例如下:
(1) 定时/计数器 T1 的初始化子函数。

```c
void TimeInitial()
{
 TMOD = 0x20;
 TH1 = 0xff;
 TL1 = 0xff;
 EA = 1;
 ET1 = 1;
 TR1 = 1;
}
```

(2) 延时子函数。

```c
void delay(unsigned int k)
{
 for(;k>0;k--)
 for(j=0;j<120;j++);
}
```

7.7.4　AT89C51 单片机的定时/计数器及应用

微课　C51 单片机的
定时/计数器及应用

1. 定时/计数器功能

如前所述,AT89C51 单片机内有两个 16 位的定时/计数器 T0 和 T1,应用时可用作两个 8 位的计数器,分别为 TH0、TL0 和 TH1、TL1。定时/计数器的功能是定时和计数。其中,定时是对单片机内部特定周期的时钟脉冲按设定好的工作方式和计数值计数,从而实现定时功能;计数是对从 P3.4、P3.5 输入的外部时钟信号进行计数。

2. 定时/计数器工作机制

AT89C51 单片机的定时/计数器采用"溢出中断"的工作机制,当计数值超出设定的最大值时,将使其溢出标志位置 1。

3. 定时/计数器的工作过程

AT89C51 单片机的定时/计数器应用时,需遵循 4 个工作过程,即设置工作方式、设置计数初值、启动定时/计数器、等待溢出中断。

(1) 设置工作方式。

AT89C51 单片机的定时/计数器有 4 种工作方式,即方式 0、方式 1、方式 2 和方式 3。

方式 0 为 13 位定时/计数器方式,计数寄存器为高 8 位和低 5 位,计数器的模为 2^{13} = 8192。

方式 1 为 16 位定时/计数器方式,计数寄存器为高 8 位和低 8 位,计数器的模为 2^{16} =

65536。

方式 2 为自动重装计数初值的 8 位定时/计数器方式，计数器的模为 $2^8 = 256$。TLi 用作 8 位计数器，THi 保存初值（i = 0，1）。当 TLi 计数中断时，THi 会自动将保存的初值装入 TLi。

方式 3 为 T0 独用的 8 位计数器方式，此时 T0 被拆分成两个 8 位的计数器 TH0 和 TL0，且 TH0 占用 T1 的控制位，故此方式下 T1 不工作。

定时/计数器的工作方式需由工作方式寄存器 TMOD 设置。TMOD 为 8 位的专用寄存器，字节地址为 0x89。其各位的功能如图 7 – 31 所示。

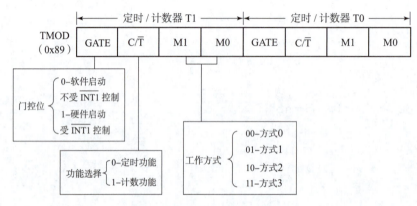

图 7 – 31　TMOD 控制位及含义

因定时/计数器 T1 和 T0 的工作方式设置内容相同，图 7 – 31 中仅给出定时/计数器 T1 的工作方式控制位的含义。

定时/计数器工作方式及功能如表 7 – 9 所示。

表 7 – 9　定时/计数器工作方式及功能

M1	M0	工作方式	功能说明
0	0	方式 0	13 位计数器（Ti 高 8 位，Ti 低 5 位（$i = 0, 1$））
0	1	方式 1	16 位计数器
1	0	方式 2	自动重载初值 8 位计数器
1	1	方式 3	T0 分成两个 8 位计数器，T1 停止工作

（2）设置计数初值。

AT89C51 单片机的 T0 和 T1 都是 16 位加法计数器。在计数器允许的计数范围内，计数器可以从任何数值开始加 1 计数，当计数值超出最大值时产生溢出。例如，对于 16 位计数器，当计数值到 65535 时，再加 1，计数值则变为 0，产生溢出。

由于实际应用中定时、计数的需求不同，要求定时/计数器计数的个数也不同。但因单片机中定时/计数是以"溢出"机制工作的，因此，对不同的定时、计数需求是以装入不同的计数初值实现的。如工作在定时功能的计数器，因其累计的是单片机内机器时钟脉冲的个数，而单片机内的机器时钟脉冲为晶振脉冲的 12 分频，在单片机外接晶振频率为 12 MHz

时,其机器周期为 1 μs。所以,当需定时 50 ms 时,需定时/计数器计数 50000 次。若选用方式 1,则在程序控制中,装入计数初值的 C 语言源程序语句为:

```
THi=(65536-50000)/256;//取计数器高 8 位数的十六进制数给 THi
TLi=(65536-50000)%256;//取计数器低 8 位数的十六进制数给 TLi
```

(3) 启动定时/计数器。

定时/计数器的启动是由定时/计数器控制寄存器 TCON 中的 TRi 位控制的。TCON 也是 51 系列单片机的专用寄存器,字节地址为 0x88,可以进行位寻址①,即可以对其中的任意二进制位编程。TCON 的控制位及含义如图 7-32 所示。

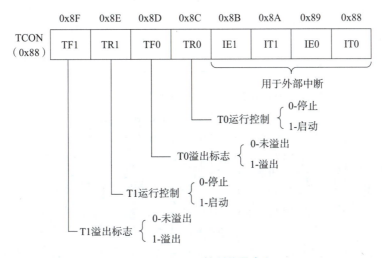

图 7-32 TCON 控制位及含义

(4) 溢出处理。

单片机对定时/计数器的溢出处理有程序查询和中断两种方式。

①程序查询。程序查询方式是通过查询溢出标志位 TFi 是否为 1,是则向下执行,并清除溢出标志位,不是则继续等待。

例如,查询定时/计数器 T1 溢出的 C 语言源程序语句为:

```
While(!TF1);
TF1=0;
```

②中断方式。中断方式是根据溢出标志位 TFi 的情况,是 1 则执行中断函数,溢出标志位由硬件清 0;不是 1 则继续执行主函数。

中断是单片机等智能处理芯片中,CPU 与接口及外部设备之间信息传输的重要方式之一。中断是指 CPU 检测到中断源的中断请求时,停止正在执行的主程序,转去执行中断服务程序的工作方式。

---

① 位寻址是单片机技术中按位操作的含义。单片机中的每个专用寄存器都有一个存储地址,也称字节地址。存储地址是对应一个 8 位的存储单元的地址。对于存储地址尾数为"0"和"8"的寄存器可以进行位寻址,而非"0"和"8"的寄存器只能按字节寻址。

中断源是能够引起中断的事件。AT89C51 单片机有 5 个中断源，按照中断优先级从高到低的顺序，分别是外部中断 0、定时/计数器 0 中断、外部中断 1、定时/计数器 1 中断和串口中断。每个中断源有一个中断类型号，对应中断服务程序的入口地址，即中断服务程序的首地址。5 个中断源的中断类型号如表 7-10 所示。

表 7-10　单片机中断源的中断类型号

中断源	中断类型号 n	中断服务程序入口地址
外部中断 0	0	0003H
定时/计数器 0	1	000BH
外部中断 1	2	0013H
定时/计数器 1	3	001BH
串行口	4	0023H

在单片机的应用程序中，中断功能是由中断函数实现的，中断函数的定义格式为：

void　函数名（）　interrupt　n

例如，用定时/计数器 T1 实现的 60 s 定时程序中的中断函数为：

```
void timer_1() interrupt 3
{ TH1 = (65536 - 50000)/256;     //定时50 ms的计数初值的高8位数的十六进制数
  TL1 = (65536 - 50000)%256;     //定时50 ms的计数初值的低8位数的十六进制数
  count ++;                      //中断次数变量 +1
  if(count ==20)                 //如果中断次数等于20次,则定时 1 s
  {count =0;                     //中断次数变量清0
  miao ++;                       //秒变量 +1
  if(miao ==60)miao =0;          //定时 60 s,秒变量清0
  }
}
```

上述程序案例中的变量"count"和"miao"已在预处理部分进行了相应的定义。

7.7.5　单片机数码管显示控制

1. 数码管简介

七段数码管是电子电路中常用的数码显示器件，其结构主要由 a、b、c、d、e、f、g 七段发光二极管和小数点 dp 组成，能显示 0~9、A~F、H、L、P、R、U、Y、负号（-）和小数点（.），如图 7-33（a）所示。

按工作方式，数码管分共阳极数码管和共阴极数码管，如图 7-33（b）和图 7-33（c）所示。其中，共阳极数码管 7 个发光二极管的阳极共同接于电源正极，阴极接收到低电平信号的字段发光；共阴极数码管 7 个发光二极管的阴极共同接地，阳极接收到高电平信号的字段发光。

项目 7 数字温度传感电路设计

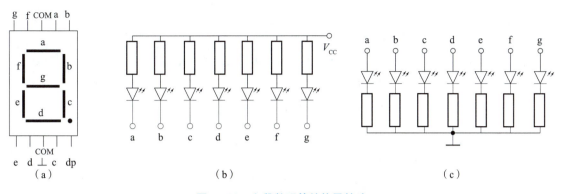

图 7-33 七段数码管结构及接法
(a) 七段数码管结构；(b) 共阳极接法；(c) 共阴极接法

共阳极、共阴极两种数码管的字型码如表 7-11 所示。

表 7-11 七段数码管字型码

显示值	共阳极								共阴极							
	dp	g	f	e	d	c	b	a	字型码	dp	g	f	e	d	c	b	a	字型码
0	1	1	0	0	0	0	0	0	C0H	0	0	1	1	1	1	1	1	3FH
1	1	1	1	1	1	0	0	1	F9H	0	0	0	0	0	1	1	0	06H
2	1	0	1	0	0	1	0	0	A4H	0	1	0	1	1	0	1	1	5BH
3	1	0	1	1	0	0	0	0	B0H	0	1	0	0	1	1	1	1	4FH
4	1	0	0	1	1	0	0	1	99H	0	1	1	0	0	1	1	0	66H
5	1	0	0	1	0	0	1	0	92H	0	1	1	0	1	1	0	1	6DH
6	1	0	0	0	0	0	1	0	82H	0	1	1	1	1	1	0	1	7DH
7	1	1	1	1	1	0	0	0	F8H	0	0	0	0	0	1	1	1	07H
8	1	0	0	0	0	0	0	0	80H	0	1	1	1	1	1	1	1	7FH
9	1	0	0	1	0	0	0	0	90H	0	1	1	0	1	1	1	1	6FH
A	1	0	0	0	1	0	0	0	88H	0	1	1	1	0	1	1	1	77H
b	1	0	0	0	0	0	1	1	83H	0	1	1	1	1	1	0	0	7CH
C	1	1	0	0	0	1	1	0	C6H	0	0	1	1	1	0	0	1	39H
d	1	0	1	0	0	0	0	1	A1H	0	1	0	1	1	1	1	0	5EH
E	1	0	0	0	0	1	1	0	86H	0	1	1	1	1	0	0	1	79H
F	1	0	0	0	1	1	1	0	8EH	0	1	1	1	0	0	0	1	71H
H	1	0	0	0	1	0	0	1	89H	0	1	1	1	0	1	1	0	76H
L	1	1	0	0	0	1	1	1	C7H	0	0	1	1	1	0	0	0	38H
P	1	0	0	0	1	1	0	0	8CH	0	1	1	1	0	0	1	1	73H
r	1	1	0	0	1	1	1	0	CEH	0	0	1	1	0	0	0	1	31H

续表

显示值	共阳极								共阴极							
	dp	g	f	e	d	c	b	a	字型码	dp	g	f	e	d	c	b	a	字型码
U	1	1	0	0	0	0	0	1	C1H	0	0	1	1	1	1	1	0	3EH
Y	1	0	0	1	0	0	0	1	91H	0	1	1	0	1	1	1	0	6EH
−	1	0	1	1	1	1	1	1	BFH	0	1	0	0	0	0	0	0	40H
•	0	1	1	1	1	1	1	1	7FH	1	0	0	0	0	0	0	0	80H
灭	1	1	1	1	1	1	1	1	FFH	0	0	0	0	0	0	0	0	00H

2. 数码管的显示控制方式

单片机控制数码管显示有静态显示控制与动态显示控制两种方式。

（1）数码管的静态显示控制。

将各数码管的 COM 端（公共端）接电源（共阳极）或接地（共阴极），段控端接单片机的 I/O 口的对应位，接收单片机相应 I/O 口的字型编码以显示相应字符的控制方式为数码管的静态显示方式，如图 7 – 34 所示。

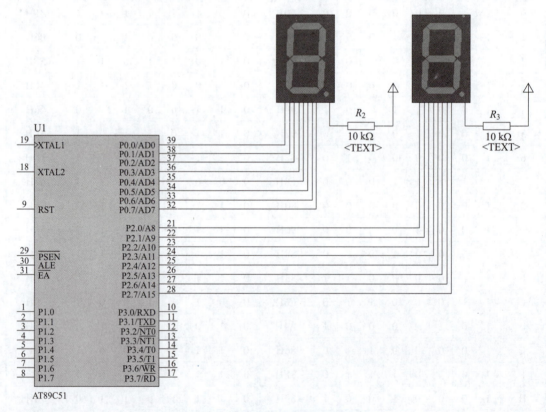

图 7 – 34　数码管的静态显示接线方式

由图 7 – 34 可见，两个共阳极数码管的公共（COM）端分别通过上拉电阻接电源，而段控端则各自接于单片机的 P0.0 ~ P0.7 和 P2.0 ~ P2.7 上。

静态显示方式控制比较简单,但因每个数码管都需通过一个 8 位的 I/O 口接收字型码,会导致多位数码管时 I/O 口不够用的问题,因此仅适用于数码管少的情况。

(2) 数码管的动态显示控制。

数码管的动态显示是利用人眼的视觉"滞留效应"原理工作的一种显示控制方式。视觉滞留效应是指当人眼所看到的影像消失后,影像仍在大脑中停留 0.1~0.4 s 的时间。

采用动态显示方式,各数码管的段控端同接单片机一个 I/O 口,COM 端分接其他 I/O 口的对应位或通过译码器接于单片机的其他 I/O 口。单片机每次向各数码管的段控端发送同一字型码,但高速轮流向各数码管的 COM 端发送有效信号,即位选码。因此,虽然各数码管都收到同一个字型码,但每次只有一个数码管公共端有效,显示其对应的内容。

数码管动态显示方式的连接方法如图 7-37 所示。

由图 7-37 可见,单片机的 P0 口,通过双向缓冲驱动器 74LS245 和限流电阻接于 4 位共阴极数码管的段控端,作为 4 位数码管的段选码的输出端。如前所述,51 单片机的 P0 口为极电极开路输出模式,因此作为输出端口时,接了上拉电阻。而 4 位数码管的公共端则接在集成译码器 74LS138 的输出端 $\overline{Y_0} \sim \overline{Y_3}$,由单片机的 P2.2、P2.3、P2.4 输出的位选码控制,因译码器的低电平有效的输出端输出信号具有互斥性,当 P2.4、P2.3、P2.2 高速轮流输出 000~011 时,$\overline{Y_0} \sim \overline{Y_3}$ 依次轮流为低电平,使每次只有一位数码管显示,其他数码管内容则是利用人眼的视觉滞留效应呈现的。

3. 三态双向总线转换器 74LS245 简介

74LS245 是 8 路同相三态双向总线收发器。常用于电平转换或驱动 LED、数码管等显示设备,以提高数码管的亮度以及 P0 口带负载能力。其封装为 DIP20 形式,芯片外形及引脚排列如图 7-35 和图 7-36 所示。

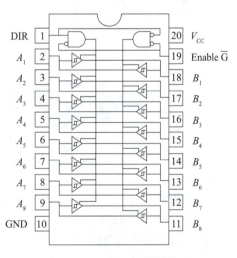

图 7-35　74LS245 芯片封装　　　　图 7-36　74LS245 引脚排列

74LS245 的 $\overline{G}$ 为低电平有效的片选端,DIR 为数据传输方向控制端。当 $\overline{G}=0$ 时,DIR = 0,信号由 B 向 A 传输;DIR = 1,信号由 A 向 B 传输。当 $\overline{G}=1$ 时,A、B 均为高阻态。

项目实施

任务 7.1　基于集成模–数转换器的数字温度监测系统硬件电路的仿真设计

微课　基于 ADC0809
的数字温度监测
电路的仿真设计

1. 任务目标

参照图 7–37 所示仿真电路，在 Proteus 中设计一个智能温度监测电路，将与热敏电阻采集的温度对应的电压值通过数码管进行实时显示。

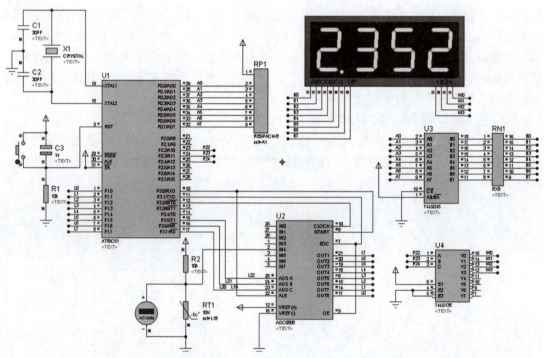

图 7–37　基于 ADC0809 的数字温度监测电路

2. 任务要求

（1）在 Proteus 中设计电路。
（2）进行电路仿真及调试。
（3）设计要求。
①电路结构正确。
②器件参数正确。
③电路功能正常。
④布局合理、美观。

3. 任务实施

第一步：器件选择。

（1）单片机可用 AT89C51 或 AT89C52。

（2）因 Proteus 软件中没有 ADC0809 的仿真模型，建议用 ADC0808 替代。

（3）数码管建议选择 4 位共阴极数码管 7SEG – MPX4 – CC – BLUE。

（4）数码管采用动态显示，建议用 74HC138 控制位选码的发送。

（5）如用单片机的 P0 口给数码管输出段选码，需要接上拉电阻，为简化电路连接，建议选用排阻 RESPACK – 8。

（6）数码管的段选码传输建议用 74LS245 缓冲器驱动，并串接限流电阻，可用排阻 RX8。

第二步：电路连接。

（1）单片机采用最小系统①。

（2）热敏传感电路的模拟电压信号可从 IN_0~ IN7 中任意一路输入。

（3）ADC0808 的数字量输出线需与单片机的 I/O 端口倒序连接。

（4）可选用单片机的 3 根 I/O 线作为控制地址选择端。

（5）ALE 与 START 短接后接于一根 I/O 线。

（6）EOC 与 OE 短接后接于一根 I/O 线。

（7）CLOCK 接一根 I/O 线，用定时/计数器 T1 提供 500 kHz 的脉冲信号。

第三步：参数设置。

（1）晶振电路：晶体振荡器的振荡频率设置为 12 MHz，微调电容 C_1、C_2 设置成 30 pF。

（2）复位电路：电阻 R_1 和 C_3 的参数值需保证单片机可靠复位，即持续 2 个机器周期以上（一般取不小于 10 ms）的高电平，即使 $\tau = R_1 C_3$ 不小于 10 ms。

任务 7.2　基于集成模 – 数转换器的数字温度监测系统控制程序设计及调试

1. 任务目标

根据数字温度监测电路设计图，编写 C 语言源程序，并用 Keil 软件编辑、调试。

2. 任务要求

（1）编写数字温度监测系统的 C 语言源程序。

（2）用 Keil 软件编辑、调试程序。

（3）设计要求。

①程序编写规范。

②程序文件命名、管理规范。

微课　数字温度监测系统
程序的仿真设计及调试

---

① 单片机的最小系统是使单片机工作的最基本连接，由单片机芯片、电源、接地线、晶振电路和复位电路五部分构成。

③在确保功能实现的前提下，程序尽量简练。

3. 任务实施

（1）练习应用 Keil 软件。

第一步：创建新工程。

①启动 Keil μVision4，单击"工程"→"新建 μVision 工程"菜单命令，如图 7 – 38 所示。

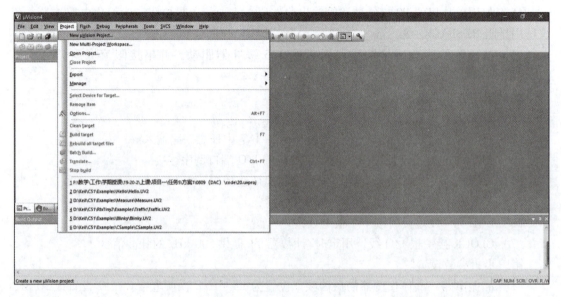

图 7 – 38　创建新工程向导 1

②在"Create New Project"对话框中，设置保存路径及文件名。要求每个工程一个单独的文件夹，如 E：\File51，文件名为"temperature. uvproj"，如图 7 – 39 所示。

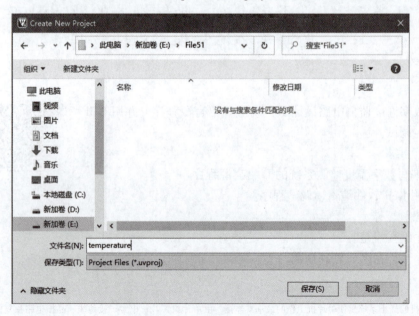

图 7 – 39　创建新工程向导 2

③在"Atmel"下拉列表框中选择目标器件"AT89C51"后单击"OK"按钮,在弹出对话框中单击"是"按钮,完成对器件的选择设置,如图7-40所示。

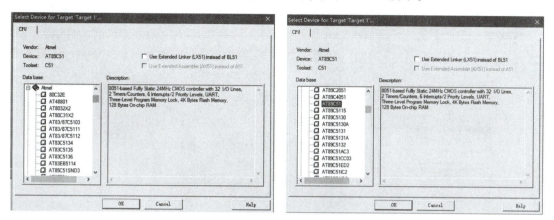

图 7-40　创建新工程向导 3

第二步:创建新源文件。

①单击"文件"→"新建"菜单命令,打开"Text1"窗口,编辑 C 语言源程序,以"∗.c"保存到工程文件夹中,如 temp.c,如图 7-41 所示。

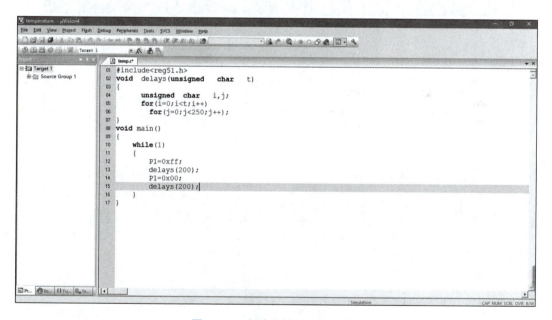

图 7-41　创建新的源文件向导 1

②展开目标文件夹,按图示右键单击"源组 1",选择右键菜单中的"添加文件到源组 1"命令,将文件添加到工程中,如图 7-42 所示。

第三步:设置输出 .hex 文件。

右击目标 1,选择右键菜单中的"为目标'目标 1'设置选项"命令(或按 Alt + F7 组合键),打开"为目标'目标 1'设置选项"对话框,单击"输出"选项卡,选中"产生 HEX 文件"单选择钮,单击"确定"按钮,如图 7-43 所示。

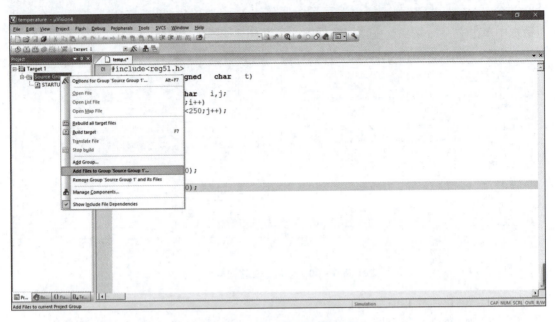

图 7-42　创建新的源文件向导 2

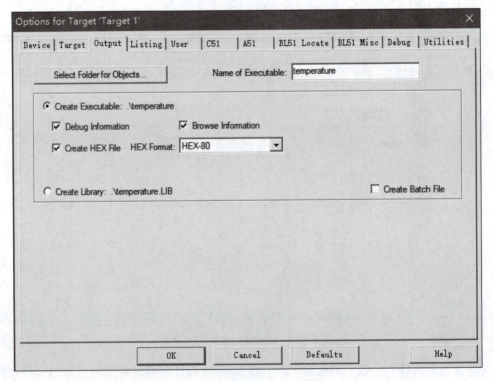

图 7-43　设置输出 .hex 文件

第四步：编译连接工程。

单击"工程"→"编译"菜单命令（或按 F7 键、单击调试按钮 ），编译成功界面如图 7-44 所示。

图 7-44 编译界面

第五步：调试运行。

①单击"调试"→"启动/停止仿真调试"菜单命令（或按 Ctrl + F5 组合键），进入调试模式。

②按 F5 键，执行全速运行。

③检查工程文件夹中是否生成扩展名为".hex"的文件，若有则停止调试；若没有则检查设置选项，是否勾选了"Creat HEX File"复选框，重新启动调试。

（2）设计智能数字温度监测系统的 C 语言源程序。

C 语言是结构化程序，建议用程序流程图引导编程思路，并分模块设计。

①预处理模块。

a. 预处理模块需有头文件和变量声明及定义等内容。如果单片机用 AT89C51，则头文件用#include < reg51.h >；如果单片机用 AT89C52，则头文件用#include < reg52.h >。

b. 数组建议定义 2 个。本项目对应温度的电压值满量程为 5V，4 位数码管的最高位为整数，后 3 位为小数，最高位数码管需显示小数点。

- 定义不显示小数点的 0~9 的共阴极字型码：

unsigned char code SEGTAB1[ ] = {0x3f,0x06,0x5b,0x4f,0x66,0x6d,0x7d,0x07,0x7f,0x6f};

- 定义显示小数点的 0~9 的共阴极字型码：

unsigned char code SEGTAB2[ ] = {0xbf,0x86,0xdb,0xcf,0xe6,0xed,0xfd,0x87,0xff,0xef};

c. 4 位测量值建议用数组存储，可定义一个有 4 个元素的数组，初值都赋 0，如

```
unsigned char disp[4]={0,0,0,0};
```

d. 程序中用到的所有变量，建议在预处理模块定义，数据类型根据具体应用确定。

e. 延时函数中的循环控制变量和数码管显示数据，可定义为整型；从 ADC0808 读出的数字量，可定义为字符型。例如：

```
unsigned int i,j,k,temp;        //temp 为显示数值
unsigned char value;            //value 为读出的 ADC0808 的数字量
```

f. 单片机的控制位，根据实际连线情况用位定义指令 sbit 定义。例如：

```
sbit ST = P3^0;//定义 P3.0 脚为 START 信号输出脚
sbit EOC = P3^1;//定义 P3.1 脚为 EOC 信号输入脚，待程序查询
sbit CLK = P3^2;//定义 P3.2 脚为 CLOCK 信号输出脚，输出 500 kHz 脉冲信号
sbit P3_5 = P3^5;//定义 P3.5 脚与 P3.6 脚、P3.7 脚共同进行模拟通道选择
sbit P3_6 = P3^6;//定义 P3.6 脚
sbit P3_7 = P3^7;//定义 P3.7 脚
```

②定时器/计数器初始化函数和中断函数。建议采用单片机的定时/计数器中断溢出方式为 ADC0808 提供 500 kHz 的 CLOCK 脉冲信号。500 kHz 的脉冲信号，周期为 2 μs，可用定时/计数器定时 1 μs 的中断方式实现。为了保证定时更精确，可使定时/计数器工作在方式 2。因单片机的晶振频率 f_{osc} = 12 MHz 时，机器周期为 1 μs，计数初值可取 255。因此，定时/计数器的初始化函数和中断函数可按下述方法设计：

```
void TimeInitial()              //T1 初始化函数
{
  TMOD=0x20;                    //设置定时器/计数器 T1 为定时器、工作方式 2，即初
                                  值自动重载的 8 位计数器
  TH1=0xff;                     //设置 T1 的计数器值高 8 位为 255
  TL1=0xff;                     //设置 T1 的计数器值低 8 位为 255
  EA=1;                         //开总中断
  ET1=1;                        //开定时器 T1 中断
  TR1=1;                        //启动定时/计数器 T1
}
void int_1()interrupt 3         //T1 中断函数
{
  CLK=~CLK;                     //获得周期为 2 μs、频率为 500 kHz 的 CLOCK 时钟
                                  脉冲信号
}
```

③延时函数。本项目的数码管采用动态显示方式。动态显示是让多个数码管的段选端同时接收同一个字型码，而控制各数码管的位选端（公共端）高速轮流为有效信号。如果用共阴极数码管，则位选端的有效信号是低电平；如果用共阳极数码管，则位选端的有效信号

为高电平。各数码管的位选端轮流为有效信号的时间间隔不能超过人眼对影像的残留效应(0.1~0.4 s)。数码管位选信号切换的时间间隔可用下述延时函数实现：

```
void delay(unsigned int k)  //延时函数,约延时1 ms
{
 for(;k>0;k--)
 for(j=0;j<120;j++);
}
```

④显示函数。因仿真系统没有提供热敏电阻的值阻与温度的对应关系，本项目数码管显示的内容是与热敏电阻采集的温度 temp（程序中定义的变量）对应的电压值。电压的最大值为 5 V，对应的数字量是 11111111，要想显示实时温度对应的电压值，需将从 ADC0808 中读出的数字量再换算成模拟量，换算的方法为

$$\frac{5}{255} = \frac{\text{temp}}{\text{value}}$$

即 temp = 0.0196value。

为使数码管显示格式为"5.000"格式的数值，需将 temp 值扩大 10000 倍，即将 temp × 10000 = 196value。

同时，将 temp 的值送 4 位数数码管显示时，需将各位数字分别提取出来，可采用下述算法实现。

提取万位（最高位）数：disp[3] = temp/10000；
提取千位（次高位）数：disp[2] = (temp/1000)%10；
提取百位（次低位）数：disp[1] = (temp/100)%10；
提取十位（最低位）数：disp[0] = (temp/10)%10；

因只有 4 位数码管，个位数直接舍去。

数码管的最高位需显示小数点，因此引用预处理部分定义的数组 SEGTAB2[]。

据此，显示函数可参考下述方法设计：

```
void display()              //显示函数
{
 temp = value * 196;        //将从ADC0808读出的数字量换算成模拟量,
                            //并扩大10000倍
 disp[3] = temp/10000;      //提取显示数据的最高位数
 disp[2] = (temp/1000)%10;  //提取显示数据的次高位数
 disp[1] = (temp/100)%10;   //提取显示数据的次低位数
 disp[0] = (temp/10)%10;    //提取显示数据的最低位数
 P2 = 0x00;                 //给最低位数码管送低电平位选码
 P0 = SEGTAB1[disp[0]];     //给数码管送最低位(十位)数字的字型码
 delay(1);                  //延时约1 ms
 P2 = 0x01;                 //给次低位数码管送低电平位选码
 P0 = SEGTAB1[disp[1]];     //给数码管送次低位(百位)数字的字型码
```

```
    delay(1);                    //延时约 1 ms
    P2 = 0x02;                   //给次高位数码管送低电平位选码
    P0 = SEGTAB1[disp[2]];       //给数码管送次高位(千位)数字的字型码
    delay(1);                    //延时约 1 ms
    P2 = 0x03;                   //给最高位数码管送低电平位选码
    P0 = SEGTAB2[disp[3]];       //给数码管送最高位(万位)数字的字型码
    delay(1);                    //延时约 1 ms
}
```

⑤主函数。根据 ADC0808 的控制要求，主函数中需由单片机给 ADC0808 传送启动正脉冲，即控制 START 端进行 0→1→0 的切换。

主函数中还需进行 ADC0808 的地址选择控制和转换结束的查询。

本项目主函数可参考下述方法设计：

```
void main()
{
 TimeInitial();     //调用定时/计数器初始化函数,实现 T1 初始化
 while(1)
  {
  ST = 0;           //为 ADC0809/0808 提供启动正脉冲,同时使通道地址锁存信号有效
  ST = 1;
  ST = 0;
  P3_5 = 0;         //选择 IN4 为热敏电阻传感器采集的模拟电压信号输入通道
  P3_6 = 0;
  P3_7 = 1;
  while(EOC == 0);  //等待转换结束
  value = P1;       //读取转换结果
  display();        //调用显示函数,实现数字显示
  }
}
```

(3) 用 Keil 软件编辑、调试程序，生成 .hex 文件。

(4) 加载 .hex 文件。

①打开先前设计的硬件电路原理图文件（.DSN）。

②右键单击单片机模型后，再左键单击，弹出图 7-45 所示对话框。

③单击图中"Program File"文本栏后的浏览按钮，查找并打开程序调试输出的 .hex 文件后，单击"OK"按钮确定。

(5) 仿真调试。

①单击图 7-46 所示 Proteus 应用程序窗口左下角的播放按钮▶，启动仿真。

②观察数码管显示的电压值和电压表或电压探针监测的电压值是否相等。

③单击停止仿真按钮■，改变热敏电阻的阻值，观察数码管的显示值和电压表或电压探针监测的电压值的变化情况。

项目7 数字温度传感电路设计

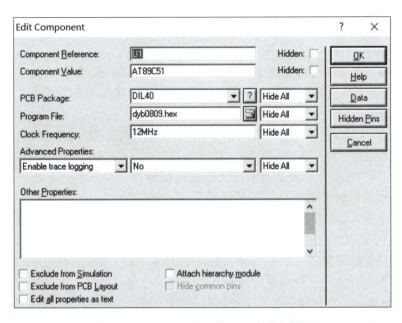

图 7-45 Proteus 中加载 .hex 文件示意图

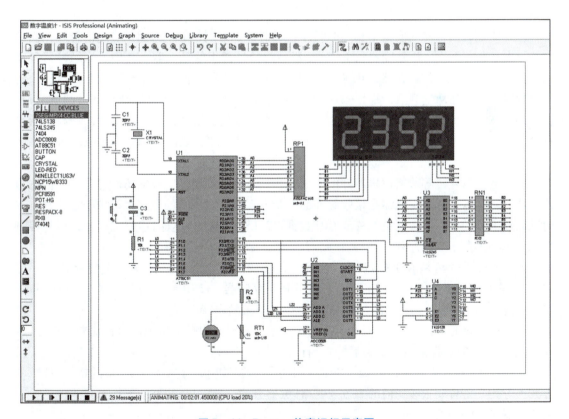

图 7-46 Proteus 仿真运行示意图

237

项目总结

本项目以数字温度传感电路为载体，主要介绍 ADC0809 模/数转换器、译码器、锁存器、触发器、寄存器、开关树型 D/A 转换电路、逐次比较型 A/D 转换电路、单片机等器件的相关知识及电路分析、单片机程序设计等技术。

ADC0809 是一款集成的 8 位 A/D 转换芯片，可与单片机连接，实现模数转换。ADC0809 内部主要由输入通道电路、逐次逼近型 A/D 转换器、三态输出锁存器 3 部分构成。

译码器是 ADC0809 中实现通道地址译码选择的器件。其基本功能是将具有特定含义的二进制或其他编码转换成对应的信号输出的组合逻辑器件。74HC138 是一款在使能信号控制下有 3 个输入端、8 个输出端、低电平输出有效的译码器。在使能信号有效时，对应于 000～111 中的某个二进制输入编码，只有一个对应的输出端为低电平，其他输出端为高电平；在使能信号无效时，不论输入编码是什么，输出端全为高电平，呈现高阻态。

锁存器是 ADC0809 中实现通道地址锁存的一种时序逻辑器件，也是构成各种时序逻辑电路的基本单元电路。在规定的电平信号作用下，其输出状态可以改变，也可以保持原来的状态。74HC373 是一款集成的 8D 锁存器，封装形式为 DIP20，在使能信号 LE 为高电平时，锁存器可以接收输入端输入的数据。在输出允许信号 $\overline{OE}$ 为低电平时，锁存器数据可以输出。

触发器是与锁存器功能基本相同的时序逻辑器件，区别是触发器用信号边沿触发，而锁存器用电平信号触发。D 触发器和 JK 触发器是两种最常用的触发器。其中，D 触发器的逻辑功能最简单，常用作寄存器；JK 触发器逻辑功能最完善，常用作计数器。上升沿有效的 D 触发器在时钟脉冲上升沿，$Q^{n+1} = D$；下降沿有效的 JK 触发器在时钟脉冲信号的下降沿，若 $J = K = 0$，触发器保持原态；若 $J \neq K$，触发器状态与 J 相同；若 $J = K = 1$，触发器状态翻转，即 0 变 1、1 变 0。触发器的逻辑功能可以用逻辑图、特性方程、功能表和状态图表示。

寄存器是单片机等数字逻辑器件中应用最多的时序逻辑器件。根据功能可分为数据寄存器和移位寄存器。数据寄存器在接收脉冲的控制下，接收输入端的数据；移位寄存器则可在时钟脉冲信号的作用下，逐位左移或右移数据。74LS194 是一款双向移位寄存器，可在控制端 S_1、S_0 的控制下串行左移、串行右移、并行输入数据或保持原态。

AT89C51 单片机是应用较广泛、通用性较强的 8 位单片机。其典型封装形式之一为 DIP40，芯片内部有一个 8 位的 CPU、4KB 的程序存储器、128B 的数据存储器、2 个 16 位的定时/计数器、4 个并行 I/O 端口 P0～P3、1 个全双工的串行端口。

单片机的定时/计数器有定时和计数两个功能。定时是对单片机内部时钟信号进行计数，计数是对单片机外部输入的脉冲信号进行计数。

定时/计数器有 4 种工作方式，方式 1 和方式 2 较常用。方式 1 是 16 位的定时/计数器方式，方式 2 是自动重装初值的 8 位定时/计数器方式。定时/计数器的工作方式需由工作方式寄存器 TMOD 设置。

定时/计数器的工作过程分为设置工作方式、设置计数初值、启动定时/计数器、等待溢出 4 个步骤。

中断是单片机的 CPU 与外围设备及接口通信的重要方式。中断功能需通过中断函数实现，中断函数的定义格式为"void 函数名() interrupt n"，n 为中断类型号。

对 51 单片机编程时，需要在预处理部分包含头文件"#include < reg51.h >"，才可以在程序中使用单片机内部的寄存器。如需对单片机的引脚进行位定义，可使用位定义命令"sbit"。

数字温度监测系统以热敏电阻为温度传感器件，热敏电阻采集的温度信号通过分压电路转换成电压信号后，送 ADC0809 模数转换芯片中进行模数转换，转换出来的数字量送入单片机的某 I/O 端口，经单片机处理后由单片机的另一 I/O 口输出到数码管中进行数字显示。

项目练习

1. 单项选择题

（1）ADC0809 的 CLOCK 引脚的外接时钟源频率通常取（　　）。
A. 500 Hz　　　B. 500 kHz　　　C. 200 Hz　　　D. 200 kHz

（2）ADC0809 在转换结束，数据输出时（　　）。
A. START 须置高电平　　　　　B. ALE 须置高电平
C. EOC 须置高电平　　　　　　D. OE 须置高电平

（3）在启动 ADC0809 进行 A/D 转换时，START 信号需（　　）。
A. 置高电平　　　　　　　　　B. 先置高电平，再置低电平
C. 置低电平　　　　　　　　　D. 先后置低电平→高电平→低电平

（4）图 7-2 所示的 ADC0809 的引脚图，当 ADD_C、ADD_B、ADD_A 为 010 时，（　　）。
A. IN_0 通道被选择　　　　　　B. IN_1 通道被选择
C. IN_2 通道被选择　　　　　　D. IN_3 通道被选中

图 7-2

（5）74HC138 是一个（　　）。
A. 8 线输入 – 3 线输出的集成译码器
B. 3 线输入 – 8 线输出的集成译码器
C. 8 线输入 – 3 线输出的集成编码器
D. 3 线输入 – 8 线输出的集成编码器

（6）图 7-47 所示为 74HC138 芯片引脚图，使能信号有效时，若 3、2、1 脚输入 011，则（　　）。
A. 14 脚输出低电平　　　　　　B. 13 脚输出低电平
C. 12 脚输出低电平　　　　　　D. 9 脚输出低电平

（7）图 7-6 所示 D 锁存器电路，当 $E=1$ 时，输出（　　）。
A. $Q=0$　　　B. $Q=1$　　　C. $Q=D$　　　D. 呈高阻态

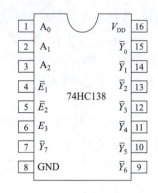

图 7-47 74HC138 芯片引脚图

图 7-6

(8) 图 7-6 所示 D 锁存器电路,当 $E=1$、$D=1$ 时,输出 Q（　　）。
    A. 为 0   B. 为 1   C. 保持原态   D. 呈高阻态

(9) 图 7-6 所示 D 锁存器电路中,当 $E=0$、$D=1$ 时,输出 Q（　　）。
    A. 为 0   B. 为 1   C. 保持原态   D. 呈高阻态

(10) 图 7-14 所示是 JK 触发器的状态转换图,图中 "×"（　　）。
    A. 一定是 0   B. 一定是 1   C. 0 或 1   D. 不存在

(11) 图 7-13 所示 JK 触发器在 CP 由 1 变 0 时刻,$J=1$、$K=1$ 时,输出 Q（　　）。
    A. =0   B. =1   C. 保持不变   D. 翻转

图 7-14 + 图 7-13

(12) 图 7-13 所示 JK 触发器在 $CP=1$,$J=1$、$K=1$ 时,输出 Q（　　）。
    A. =0   B. =1   C. 保持不变   D. 翻转

(13) 图 7-48 所示触发器状态转换图中,在时钟信号有效的条件下,①~④处的值分别应是（　　）。
    A. 1、1、0、0   B. 0、1、0、1
    C. 1、0、1、0   D. 0、0、1、1

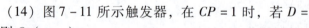

图 7-48 D 触发器状态图

(14) 图 7-11 所示触发器,在 $CP=1$ 时,若 $D=0$,则 Q（　　）。
    A. 等于 0   B. 等于 1
    C. 保持原态   D. 不定

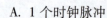

图 7-11

(15) 图 7-23 所示电路中,若现态 $Q_3Q_2Q_1Q_0=1000$,串行输入端 D_0 在第 2 个脉冲信号之前为 1,之后为 0,则第 3 个时钟脉冲后,$Q_3Q_2Q_1Q_0=$（　　）。
    A. 1000   B. 0001   C. 0011   D. 0110

图 7-23

(16) 图 7-23 所示电路,若使从 D_0 输入的数据,从 Q_1 输出,需送（　　）。
    A. 1 个时钟脉冲   B. 2 个时钟脉冲
    C. 3 个时钟脉冲   D. 4 个时钟脉冲

（17）图 7-20 所示电路中，若现态 $Q_3Q_2Q_1Q_0 = 1010$，$CP = 1\to 0$ 时，$D_3D_2D_1D_0 = 0110$，则次态为（　　）。

　　A. 1010　　　　B. 0110　　　　C. 1001　　　　D. 0101

（18）图 7-20 所示电路中，若现态 $Q_3Q_2Q_1Q_0 = 0110$，$CP = 0\to 1$ 时，$D_3D_2D_1D_0 = 1110$，则次态为（　　）。

　　A. 0110　　　　B. 0101　　　　C. 1110　　　　D. 1001

（19）图 7-27 所示电路如果扩展成 8 位的 D/A 转换电路，其 $S_7S_6S_5S_4$ 支路所接的权电阻应该是（　　）。

　　A. R、$R/2$、$R/4$、$R/8$　　　　B. $R/16$、$R/32$、$R/64$、$R/128$
　　C. R、$2R$、$4R$、$8R$　　　　　D. $16R$、$32R$、$64R$、$128R$

（20）图 7-28 所示逐次比较 A/D 转换电路中，在启动脉冲作用下，$FF_0 \sim FF_4$ 的输出为（　　）。

　　A. 00000　　　B. 00001　　　C. 10000　　　D. 01000

2. 判断题（正确：T；错误：F）

（1）ADC0809 需要一个启动负脉冲才能启动 A/D 转换。　　　　　　　　（　　）
（2）当 ADC0809 转换结束时，转换结束标志 EOC = 1。　　　　　　　　（　　）
（3）二进制译码器的输入如果为 n 位，输出端应为 2^n 个。　　　　　　（　　）
（4）锁存器和触发器实质是同一种电路的不同叫法。　　　　　　　　　（　　）
（5）JK 触发器在时钟脉冲下降沿时刻，若 $J = K = 1$，则实现状态翻转。（　　）
（6）通过适当的电路连接，不同触发器可以相互转换。　　　　　　　　（　　）
（7）图 7-23 的移位寄存器，经过两个时钟脉冲后，串行输入端 D_0 的数据会移位到 Q_0 端。　　　　　　　　　　　　　　　　　　　　　　　　　　　　　　（　　）
（8）图 7-27 所示电路，当 $D_3D_2D_1D_0 = 1001$ 时，输出电压 $v_0 = -9V_{REF}$。（　　）
（9）图 7-28 所示电路，当启动脉冲使 $F = 1$ 时，移位寄存器并行输入数据。
　　　　　　　　　　　　　　　　　　　　　　　　　　　　　　　　　（　　）
（10）图 7-28 所示电路，在启动脉冲作用下，$D_3D_2D_1D_0 = 1000$。　　（　　）

3. 填空题

（1）分析图 7-27 所示电路，在空白处填上恰当的内容。

①图示电路，当 $D_3D_2D_1D_0$ 的值为 1010 时，开关 $S_3S_2S_1S_0$ 的状态分别为 _____、_____、_____、_____（闭合/断开）。

②在 $D_3D_2D_1D_0$ 的值为 1010 时，电流 $i_0 = $ _____，电流 $i_1 = $ _____，电流 $i_2 = $ _____，电流 $i_3 = $ _____，电流 $i_\Sigma = $ _____。

③在 $D_3D_2D_1D_0$ 的值为 1010 时，输出电压 $v_0 = $ _____。

（2）分析图 7-28 所示电路，在空白处填上恰当的内容。

①在启动脉冲作用下，$Q_E Q_D Q_C Q_B Q_A = $ _____。

②1CP 上升沿后，$Q_E Q_D Q_C Q_B Q_A = $ _____；若第一位数字量转换后 $v'_0 < v_i$，$Q_4 = $ _____；如 $v'_0 > v_i$，$Q_4 = $ _____。

③2CP 上升沿后，$Q_E Q_D Q_C Q_B Q_A = $ _____；3CP 上升沿后，$Q_E Q_D Q_C Q_B Q_A = $ _____。

④电路需经过_____个 CP 脉冲后，转换结束，结束时 Q_E = _____，Q_5 = _____，与门 G_2 _____，时钟脉冲信号 CP 被阻断，转换结束。

知识拓展

项目7 参考答案

拓展 7.1 码转换器 74LS248 简介

在实际应用数码管时，有时需要将 0～9 的 8421BCD 码转换为七段数码管的显示字型码，74LS248 就是实现将 0～9 的 8421BCD 码转换为七段数码管的字型码的中规模集成码转换器。

74LS248 的引脚结构如图 7-49 所示，功能如表 7-12 所示。

由引脚图和功能表可见，74LS248 为 DIP16 型封装，是双列直插 16 个引脚的集成芯片，各引脚功能如下：

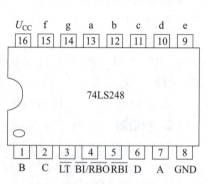

图 7-49 74LS248 引脚图

- U_{CC}（16 脚）：为电源输入端。
- GND（8 脚）：为接地端。
- D～A（6 脚、2 脚、1 脚、7 脚）：BCD 码输入端，高电平有效。
- a～g（13～9 脚、15 脚、14 脚）：七段数码译码输出端，高电平有效。
- $\overline{LT}$（3 脚）：为灯测试输入端，低电平有效。
- $\overline{BI}/\overline{RBO}$（4 脚）：为消隐输入/脉冲消隐输出，低电平有效。
- $\overline{RBI}$（5 脚）：脉冲消隐输入端，低电平有效。

当 $\overline{BI}/\overline{RBO}=0$ 时，不论其他输入信号为高电平还是低电平，a～g 输出均为低电平，数码管消隐。

当 $\overline{BI}/\overline{RBO}=1$、$\overline{LT}=0$ 时，不管其他输入信号为高电平还是低电平，a～g 均输出高电平，数码管试灯。

当 $\overline{LT}=1$，$\overline{RBI}=0$，D、C、B、A 输入均为低电平时，脉冲消隐输出 $\overline{BI}/\overline{RBC}=0$，a～g 均输出低电平。此功能又称为"动态消零"，用于消除冗余零，即不需要显示的"0"。如 4 位数码管显示"0010"时，百位、十位的"0"即为冗余零，可不显示。

74LS248 在译码输出显示 1～9 时，$\overline{BI}/\overline{RBO}$、$\overline{LT}$ 端均需接高电平，当译码输出显示 0 时，$\overline{RBI}$ 也需接高电平，故 74LS248 用于正常译码时，$\overline{BI}/\overline{RBO}$、$\overline{LT}$、$\overline{RBI}$ 均接高电平。

表 7-12 74LS248 功能表

控制信号		输入				$\overline{BI}/\overline{RBO}$	输出							字型/功能
$\overline{LT}$	$\overline{RBI}$	D	C	B	A		a	b	c	d	e	f	g	
1	1	0	0	0	0	1	1	1	1	1	1	1	0	0
1	×	0	0	0	1	1	0	1	1	0	0	0	0	1

续表

控制信号		输 入				$\overline{BI}/\overline{RBO}$	输 出							字型/功能
$\overline{LT}$	$\overline{RBI}$	D	C	B	A		a	b	c	d	e	f	g	
1	×	0	0	1	0	1	1	1	0	1	1	0	1	2
1	×	0	0	1	1	1	1	1	1	1	0	0	0	3
1	×	0	1	0	0	1	0	1	1	0	0	1	1	4
1	×	0	1	0	1	1	1	0	1	1	0	1	1	5
1	×	0	1	1	0	1	0	0	1	1	1	1	1	6
1	×	0	1	1	1	1	1	1	1	0	0	0	0	7
1	×	1	0	0	0	1	1	1	1	1	1	1	1	8
1	×	1	0	0	1	1	1	1	1	0	0	1	1	9
×	×	×	×	×	×	0	0	0	0	0	0	0	0	消隐
1	0	0	0	0	0	0	0	0	0	0	0	0	0	脉冲消隐
0	×	×	×	×	×	1	1	1	1	1	1	1	1	试灯

拓展 7.2　基于 DS18B20 的温度监测系统

1. DS18B20 温度传感器简介

（1）DS18B20 的主要特性。

DS18B20 是单线数字温度传感器，即"一线器件"。测量温度范围为 -55 ~ +125 ℃，精度为 ±0.5 ℃。可以通过程序设定 9 ~ 12 位的分辨率（出厂时设置为 12 位）。以 12 位分辨率为例，转换后 12 位数据在 ROM 中存放格式如表 7-13 所示。

表 7-13　DS18B20 温度数据格式　　　　　　　（单位：℃）

2^3	2^2	2^1	2^0	2^{-1}	2^{-2}	2^{-3}	2^{-4}	LSB
S	S	S	S	S	2^6	2^5	2^4	MSB

表 7-13 中，二进制的前 5 位是符号位，如果测量温度为正，该 5 位为"0"；反之，该 5 位为"1"。

DS18B20 的部分温度与数据的关系如表 7-14 所示。

表 7-14　DS18B20 温度与数据关系表

温度/℃	数字输出/（二进制）	数字输出（十六进制）
+125	0000 0111 1101 0000	07D0h
+85	0000 0101 0101 0000	0550h

续表

温度/℃	数字输出/（二进制）	数字输出（十六进制）
+0.5	0000 0000 0000 1000	0008h
+0	0000 0000 0000 0000	0000h
-0.5	1111 1111 1111 1000	FFF8h
-25	1111 1110 0111 0000	FE70h
-55	1111 1100 1001 0000	FC90h

（2）DS18B20 的引脚结构及电路连接方式。

①引脚结构及封装形式。DS18B20 采用单线传输，只有 3 个引脚，其外形、封装形式如图 7-50 所示。

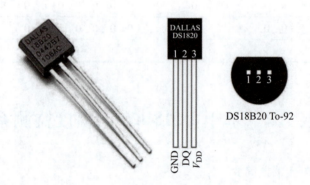

图 7-50　DS18B20 外形及封装

②引脚功能。
- V_{DD}：电源引脚，3.0~5.5 V，DC。
- DQ：数字信号输入输出端。
- GND：接地。

③电路连接方式。DS18B20 的实用参考电路如图 7-51 所示。

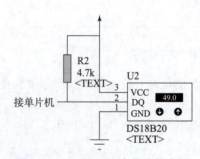

图 7-51　DS18B20 电路连接案例

（3）DS18B20 的工作过程。

DS18B20 的工作过程主要包括初始化、ROM 操作命令、存储器操作命令、数据处理等过程，各过程需遵循相应的操作时序。

第一步：初始化。

DS18B20 的初始化包括主机总线发出一个复位脉冲，由从机发送存在脉冲。其时序图如图 7 – 52 所示。

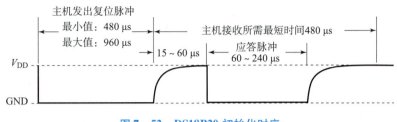

图 7 – 52　DS18B20 初始化时序

具体要求如下。

①数据线拉到低电平 480 μs。

②数据线拉到高电平 15 ~ 60 μs，等待 DS18B20 作出反应拉低电平。

③读数据线状态，如果在 15 ~ 60 μs 时间内产生一个由 DS18B20 所返回的低电平 "0"，则初始化成功，结束；否则等待，但不能无限等待，不然会进入死循环，需要进行超时判断。

④CPU 读到了数据线上的低电平 "0" 后，延时至少 480 μs。

第二步：给出 ROM 操作命令。

DS18B20 应用中常用的 ROM 操作命令有 Read ROM、Match ROM、Skip ROM。

①Read ROM ［33h］：允许主机读 DS18B20 的 8 位产品系列编号及 8 位的 CRC[①]。每个 DS18B20 都有一个唯一的 48 位序列号，此命令只能在总线上仅有一个 DS18B20 的情况下使用。

②Match ROM ［55h］：允许总线主机对多点总线上特定的 DS18B20 寻址。

③Skip ROM ［CCh］：在单点总线系统中，此命令通过允许总线主机不提供 64 位 ROM 编码而访问存储器操作来节省时间。

第三步：给出存储器操作命令。

常用的存储器操作命令有读暂存存储器命令和温度转换命令。

①读暂存存储器 ［BEh］：此命令读暂存存储器的内容。

②温度转换 ［44 h］：此命令开启温度转换。

第四步：数据处理。

从 DS18B20 读取的温度数据首先需进行正数、负数的判断，然后再进行数据处理。数据处理主要是位写入和位读取，需按照相应的时序进行。

①位写入时序。

位写入时序如图 7 – 53 所示。

具体要求如下。

● 数据线先置低电平 "0"。

---

① CRC 为循环冗余校验码。

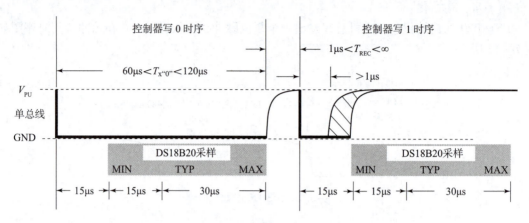

图 7-53 DS18B20 位写入时序

- 延时 15 μs。
- 按从低位到高位的顺序发送数据，一次只发送一位。
- 延时 60 μs。
- 将数据线拉到高电平。
- 重复上述步骤，直到发送完整的字节，将数据线拉高。

②位读取时序。

位读取时序如图 7-54 所示。

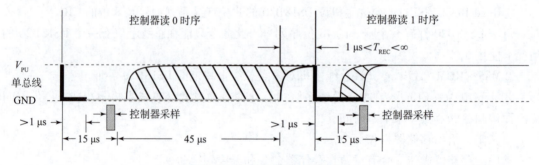

图 7-54 DS18B20 位读取时序

具体要求如下。

- 将数据线拉低"0"，延时 1 μs。
- 将数据线拉高"1"，释放总线准备读数据。
- 延时 10 μs。
- 读数据线的状态得到 1 个状态位，并进行数据处理。
- 延时 45 μs。
- 重复上述步骤，直到读完一个字节。

2. 仿真电路参考

基于 DS18B20 的数字温度监测仿真电路，如图 7-55 所示。

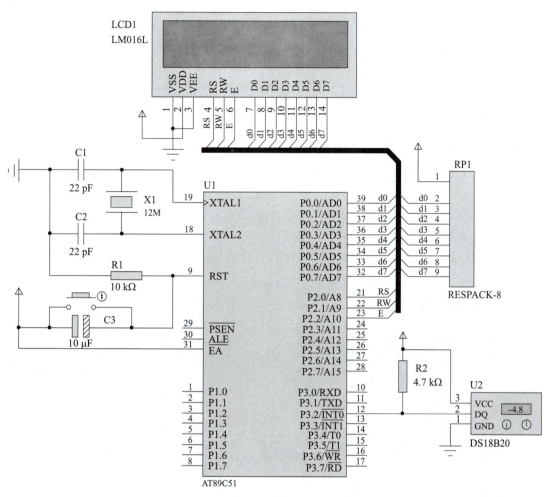

图 7-55 基于 DS18B20 的智能数字温度监测仿真电路

3. 程序设计参考

（1）预处理模块。

```
#include <reg51.h>
sbit ds = P3^2;
sbit rs = P2^0;
sbit rw = P2^1;
sbit en = P2^2;
unsigned char data dis[7] = {0x00,0x00,0x00,'.',0x00,0xeb,'C'};
void delayms(unsigned int ms);
void ds_init();
void write_byte(unsigned char com);
bit read_bit();
```

```c
unsigned char read_byte();
void temp_exchange();
unsigned int get_temp();
void write_com(unsigned char com);
void write_data(unsigned char dat);
void lcd_init();
```

(2) 1 ms 单位延时函数。

```c
void delayms(unsigned int ms)
{
    unsigned int j,k;
    for(j=0;j<ms;j++)
    for(k=0;k<115;k++);
}
```

(3) DS18B20 初始化函数。

```c
void ds_init()
{
    unsigned int i;
    ds=0;                   //主机拉低总线
    i=100;
    while(i>0)i--;          //延时800μs
    ds=1;                   //主机拉高总线
    i=5;
    while(i>0)i--;          //延时45μs
    while(ds==1);           //等待从机发来低电平存在脉冲
    i=15;
    while(i>0)i--;          //延时120μs
    ds=1;                   //主机拉高总线
}
```

(4) DS18B20 写控制字函数。

```c
void write_byte(unsigned char com)
{
    unsigned int i,j;
    bit single;
    for(j=0;j<8;j++)
    {
        single=com%2;
```

```c
            com = com >> 1;
            if(single == 1)
            {
                    ds = 0;
                    i ++;i ++;              //延时15μs
                    ds = 1;
                    i = 8;
                    while(i > 0)i --;       //延时45μs
            }
            else
            {
                    ds = 0;
                    i = 10;
                    while(i > 0)i --;       //延时80μs
                    ds = 1;
                    i ++;i ++;              //15μs
            }
        }
}
```

(5) DS18B20 读 1 位数据函数。

```c
bit read_bit()
{
    bit date;
    unsigned int i;
    ds = 0;i ++;
    ds = 1;i ++;i ++;
    date = ds;
    i = 8;
    while(i > 0)i --;
    return date;
}
```

(6) DS18B20 读 1 个字节数据函数。

```c
unsigned char read_byte()
{
    unsigned char i,j;
    unsigned char date = 0;
    for(i = 0;i < 8;i ++)
```

```
    {
        j = read_bit();
        date = (j<<7)|(date>>1);
    }
    return date;
}
```

(7) DS18B20 启动温度转换函数。

```
void temp_exchange()
{
    ds_init();
    delayms(1);
    write_byte(0xcc);     //跳过 ROM,不进行 ROM 检测
    write_byte(0x44);     //启动温度转换
}
```

(8) 获取 DS18B20 温度数据函数。

```
unsigned int get_temp()
{
    unsigned int temp,i;
    unsigned char ram[2];
    ds_init();
    delayms(1);
    write_byte(0xcc);     //跳过 ROM,不进行 ROM 检测
    write_byte(0xbe);     //读暂存寄存器
    for(i=0;i<2;i++)
    {
     ram[i] = read_byte();
    }
    temp = ram[1];
    temp = temp<<8;
    temp = temp|ram[0];
    return temp;
}
```

(9) lcd1602 液晶写命令函数。

```
void write_com(unsigned char com)
{
    rs=0;
```

```
        rw = 0;
        P0 = com;
        delayms(1);
        en = 1;
        delayms(1);
        en = 0;
}
```

(10) lcd 1602 液晶写数据函数。

```
void write_data(unsigned char dat)
{
        rs = 1;
        rw = 0;
        P0 = dat;
        delayms(1);
        en = 1;
        delayms(1);
        en = 0;
}
```

(11) lcd 1602 液晶初始化函数。

```
void lcd_init()
{
    write_com(0x38);        //16*2 显示,5*7 点阵,8 位数据接口
    write_com(0x0c);        //开显示,光标不显示
    write_com(0x06);        //写完一个字符,地址指针加 1
    write_com(0x01);        //清屏
    delayms(1);
}
```

(12) DS18B20 温度数据处理函数。

```
void chuli(unsigned int temperature)
{
    float t;
    if(temperature&0x8000)          //判断是否为负数
    {
        temperature = ~ temperature +1;  //取反加 1
        dis[0] = 0xb0;                   //显示负号
    }
```

```c
    else
    {
        dis[0]=0x2b;                        //显示正号
    }
    t=temperature* 0.0625+0.05;             //计算出温度值,百分位四舍五入
    temperature=t* 10;                      //显示到小数点后1位,乘10,以便分离
                                            //得到十分位
    dis[4]=temperature%10+0x30;             //取余得温度十分位,转换成ASCII
    dis[1]=temperature/100+0x30;            //取整得温度十分位
    dis[2]=temperature%100/10+0x30;         //取整得温度个位
}
```

(13) 温度显示函数。

```c
void show()
{
    unsigned char i;
    write_com(0x80+4);                      //设置第一行显示地址
    for(i=0;i<7;i++)                        //循环10次,写完1行
    {
        write_data(dis[i]);                 //写入该行数据
    }
}
```

(14) 主函数。

```c
void main()
{
    unsigned int num=1000;
    lcd_init();
    ds_init();
    delayms(10);
    while(1)
    {
        temp_exchange();
        num=get_temp();
        delayms(1);
        chuli(num);
        show();                             //显示温度值
    }
}
```

拓展 7.3　基于 DHT11 的温湿度监控系统

1. DHT11 的数据格式及通信过程

（1）数据格式。

如项目 5 中所述，DHT11 数字温湿度传感器是一款含有已校准数字信号输出的温湿度复合传感器。与微处理器之间采用单总线数据传输，数据传输格式为：

8 bit 湿度整数数据 + 8 bit 湿度小数数据 + 8 bit 温度整数数据 + 8 bit 温度小数数据 + 8 bit 校验和

（2）通信过程。

DHT11 具体的通信过程如图 7 - 56 所示。

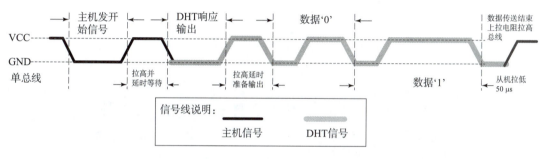

图 7 - 56　DHT11 的通信过程 1

①总线空闲状态为高电平，主机把总线拉低等待 DHT11 响应，时间必须大于 18 ms，保证 DHT11 能检测到起始信号。

②DHT11 接收到主机的开始信号后，等待主机开始信号结束，然后发送 80 μs 低电平响应信号。

③主机发送开始信号结束后，延时等待 20~40 μs，读取 DHT11 的响应信号。

④主机发送开始信号后，可以切换到输入模式，或者输出高电平，总线由上拉电阻拉高，如图 7 - 57 所示。

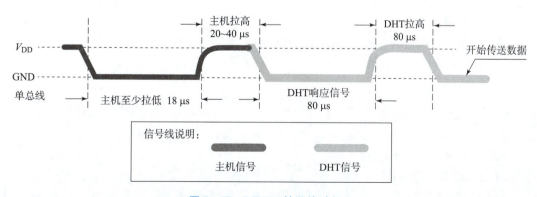

图 7 - 57　DHT11 的通信过程 2

⑤总线为低电平，说明DHT11发送响应信号。

⑥DHT11发送响应信号后，再把总线拉高80 μs，准备发送数据，每一位数据都以50 μs低电平时隙开始，高电平的长短决定数据位是0还是1。

数字0的表示方法如图7-58所示，数字1的表示方法如图7-59所示。

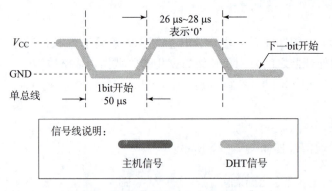

图7-58 数字0的表示方法

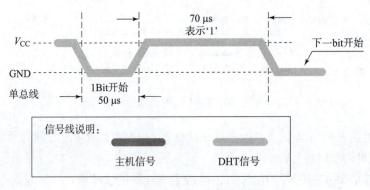

图7-59 数字1的表示方法

⑦如果读取响应信号为高电平，则DHT11没有响应，请检查线路是否连接正常。当最后一位数据传送完毕后，DHT11拉低总线50 μs，随后总线由上拉电阻拉高进入空闲状态。

2. 仿真电路参考

基于DHT11温湿度传感器的温湿度监控电路如图7-60所示。

3. 程序设计参考

(1) 预处理。

```
#include<reg51.h>
sbit LCDRS = P1^7;
sbit LCDRW = P1^6;
sbit LCDE = P1^5;
sbit TRH = P3^3;          //温湿度传感器DHT11数据接入
```

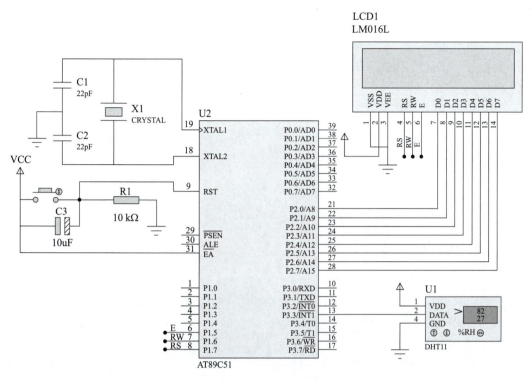

图 7-60 基于 DHT11 的温湿度监控系统

```
unsigned char str1[5];
unsigned char str2[5];
unsigned char R[] = "damp % ";
unsigned char T[] = "temp ℃ ";
unsigned char TH_data,TL_data,RH_data,RL_data,CK_data;
unsigned char TH_temp,TL_temp,RH_temp,RL_temp,CK_temp;
unsigned char com_data,untemp,temp;
unsigned char respond;
```

(2) 0.1ms 延时函数。

```
void delay_ms(unsigned char j)
{
  unsigned char i;
  for(;j >0;j --)
  {
    for(i =0;i <27;i ++);
  }
}
```

(3) 10μs 延时函数。

```c
void delay_us()
{
  unsigned  char i;
  i--;
  i--;
  i--;
  i--;
  i--;
  i--;
}
```

(4) 收发信号检测，数据读取函数。

```c
unsigned char receive()
{
    unsigned char i;
    com_data = 0;
    for(i = 0;i < =7;i ++)
    {
        respond = 2;
        while((!TRH)&&respond ++);
        delay_us();
        delay_us();
        delay_us();
        delay_us();
        if(TRH)
        {
            temp = 1;
            respond = 2;
            while((TRH)&&respond ++);
        }
        else
            temp = 0;
        com_data <<= 1;
        com_data |= temp;
    }
    return(com_data);
}
```

（5）温湿度读取函数。

```c
void read_TRH()
{
    TRH = 0;                    //主机拉低
    delay_ms(200);              //20ms
    TRH = 1;                    //主机拉高
    delay_us();                 //10ms
    delay_us();                 //10ms
    delay_us();                 //10ms
    TRH = 1;
    if(!TRH)                    //判断DHT11是否有低电平响应信号,不响应则跳
                                //出,响应则向下运行
    {
     respond = 2;        //判断DHT11发出80μs的低电平响应信号是否结束
    while((!TRH) && respond ++);
    respond = 2;        //判断从机是否发出80μs的高电平,是则进入数据接收状态
    while(TRH && respond ++);   //数据接收状态
    RH_temp = receive();
    RL_temp = receive();
    TH_temp = receive();
    TL_temp = receive();
    CK_temp = receive();
    TRH = 1;                              //数据校验
    untemp = (RH_temp + RL_temp + TH_temp + TL_temp);
    if(untemp == CK_temp)
    {
    RH_data = RH_temp;
    RL_data = RL_temp;
    TH_data = TH_temp;
    TL_data = TL_temp;
    CK_data = CK_temp;
    }
    }
    str1[0] = 0X30 + RH_data/10;         //湿度整数部分
    str1[1] = 0X30 + RH_data%10;
    str1[2] = 0x2e;                       //小数点

    str1[3] = 0X30 + RL_data/10;         //湿度小数部分
```

```
    str2[0]=0X30+TH_data/10;              //温度整数部分
    str2[1]=0X30+TH_data%10;
    str2[2]=0x2e;                          //小数点
    str2[3]=0X30+TL_data/10;               //温度小数部分
}
```

(6) lcd1602 液晶忙检测。

```
void LcdWaitReady()
{
    unsigned char sta;
    P2=0xff;
    LCDRS=0;
    LCDRW=1;
    do{
        LCDE=1;
        sta=P2;
        LCDE=0;
    }while(sta&0x80);
}
```

(7) lcd1602 液晶写数据。

```
void LcdWriteData(unsigned char dat)
{
    LcdWaitReady();
    LCDRS=1;
    LCDRW=0;
    P2=dat;
    LCDE=1;
    delay_ms(2);
    LCDE=0;
}
```

(8) lcd1602 液晶写指令。

```
void LcdWriteCmd(unsigned char cmd)
{
    LcdWaitReady();
    LCDRS=0;
    LCDRW=0;
    P2=cmd;
```

```c
    LCDE = 1;
    delay_ms(2);
    LCDE = 0;
}
```

(9) lcd1602 液晶确定当前坐标函数。

```c
void LcdSetCursor(x,y)
{
    unsigned char addr;
    if(y==0)
    {
     addr = 0x00 + x;
    }
    else
    {
     addr = 0x40 + x;
    }
    LcdWriteCmd(addr |0x80);
}
```

(10) lcd1602 液晶在确定坐标位置写数据函数。

```c
void LcdShowStr(unsigned char x,unsigned char y,unsigned char * str)
{
    LcdSetCursor(x,y);
    while(* str! ='\0')
    LcdWriteData(* str ++);
}
```

(11) lcd1602 液晶初始化函数。

```c
void Initlcd1602()
{
    LcdWriteCmd(0x38);
    LcdWriteCmd(0x0c);
    LcdWriteCmd(0x06);
    LcdWriteCmd(0x01);
}
```

(12) 主函数。

```c
void main()
{
    Initlcd1602();
    LcdShowStr(1,0,R);
    delay_ms(100);                //延时
    LcdShowStr(1,1,T);
    delay_ms(100);                //延时
    while(1)
    {
    read_TRH();
    LcdShowStr(6,0,str1);         //写数据
    LcdShowStr(6,1,str2);
    }
}
```

参 考 文 献

[1] 李桂秋. 计算机硬件技术基础［M］. 北京：高等教育出版社，2006.
[2] 李桂秋. 计算机硬件技术基础［M］. 北京：北京理工大学出版社，2015.
[3] 郑慰萱. 数字电子技术基础［M］. 北京：高等教育出版社，1998.
[4] 宋雪臣，单振清. 传感器与检测技术项目式教程［M］. 北京：人民邮电出版社，2015.
[5] 姚彬. 电子元器件与电子实习实训教程［M］. 北京：机械工业出版社，2009.
[6] 俞国亮. MCS-51单片机原理与应用［M］. 北京：清华大学出版社，2008.
[7] 张永枫. 单片机应用实训教程［M］. 北京：清华大学出版社，2008.
[8] 徐军，冯辉. 传感器技术基础与应用实训［M］. 北京：电子工业出版社，2014.
[9] 孙惠芹，刘南平，张材中. 传感器入门［M］. 北京：科学出版社，2006.
[10] 新大陆教育. 传感器技术及应用［M］. 北京：北京新大陆时代教育科技有限公司，2015.
[11] 叶鹏，姒依萍，曹勃. 任务型课程设计案例集［M］. 北京：高等教育出版社，2020.